山药栽培新技术

（第3版）

赵　冰　著

金盾出版社

内 容 提 要

本书第1版系首任中国农业科学院院长金善宝院士1998年推荐出版的我国第一本山药栽培专著，该书在小作物书籍中的发行量名列前茅，受到众多读者欢迎。第2版经过补充更新内容，于2010年正式出版发行，目前的发行量超过10万册。第3版的编写，作者根据中国山药栽培30余年的发展变化，将第2版章节内容进一步充实完善，并注重先进性和实用性有机融合，深入浅出，图文并茂，信息量大，适合广大菜农、山药产业化经营者、农林院校师生以及相关农业技术人员阅读参考。

图书在版编目（CIP）数据

山药栽培新技术 / 赵冰著. -- 3版. -- 北京 : 金盾出版社, 2025. 1. -- ISBN 978-7-5186-1810-1

Ⅰ. S632.1

中国国家版本馆CIP数据核字第2024RU6461号

山药栽培新技术（第3版）

SHANYAO ZAIPEI XINJISHU

赵 冰 著

出版发行：	金盾出版社	**开　　本：**	710mm×1000mm　1/16
地　　址：	北京市丰台区晓月中路29号	**印　　张：**	16.75
邮政编码：	100165	**字　　数：**	216千字
电　　话：	（010）68276683	**版　　次：**	2025年1月第3版
	（010）68214039	**印　　次：**	2025年1月第15次印刷
印刷装订：	北京凌奇印刷有限责任公司	**印　　数：**	103 001～105 000册
经　　销：	新华书店	**定　　价：**	59.00元

序

山药是我国最古老的农作物之一。据古籍《山海经》载：“景山，北望少泽，其草多薯蓣。”文中所指景山，乃今山西省闻喜县南部之中条山高峰，这里可能就是山药的故乡。山药主治“伤中，补虚羸，除热邪气，补中益气力，长肌肉。久服耳目聪明，轻身不肌延年”。它既是药中珍品，又是入馔佳蔬，还可以粮充饥。遗憾的是，有关山药栽培方面的著作寥若晨星，研究者甚少，专著至今尚未看到。

赵冰为了挖掘这一宝藏，对山药做了大量的考察，并对其栽培做了长期研究工作，参阅了 100 多种古今中外的有关著作。他所撰写的这本山药专著，对原产于我国的山药，从名称、起源，到生理生态特性，以及山药在植物分类学中的位置、主要栽培品种、各种栽培技术、贮藏加工技术和山药在人类生活中的特殊地位等，都做了详尽的介绍，从而填补了我国没有山药专著的空白。

有关山药的资料太少，似大海捞针。幸有关专家鼎力相助，得到了中国农业大学毛达如校长和张福锁教授以及山东农业大学蒋先明教授的有力指导，相信今后一定会使山药的研究工作更进一步。

中国农业科学院原院长 金善宝

第3版前言

光阴似箭，一转眼已经过去26年，现在回想起1997年撰写《山药栽培新技术》第1版的情景，真的是感慨万千。记得那年刚在中国农业大学博士毕业，留校分配在蔬菜系任讲师，那时候的蔬菜系正处于百废待兴时期，系里没有教授，副教授只有1名，全系科研经费为0，试验室无法运转，也没有像样的试验田。在这种情况下，开展正常的研究难乎其难。

当时我是一名毛头小伙子，唯一不缺的就是对山药研究的热情，我从1988年开始进行山药的研究工作，在9年的时间里进行了大量的试验，取得了不少宝贵的数据，对进一步的研究工作奠定了良好基础。所以，虽然当时条件艰苦，我却信心不减。我父亲是老一辈的农业科学家，他积极支持并鼓励我不要放弃对山药的研究。父亲常常引用《金刚经》里的“过去心不可得，现在心不可得，未来心不可得……不应住色生心，不应住声香味触法生心，应生无所住心。若心有住，则为非住”这几句话教育我搞科学研究要有平常心，不骄不躁，不以眼前的困难为困难，困难即非困难，是名困难。要不取于相，如如不动。只有以这样的心态坚持工作，最后才能获得一定的成果。

父亲还很有远见地说山药在农业生产中将占有重要的一席之地。他的看法已经得到验证：国内山药的市场消费量以每年5%～8%的幅度逐年提高，价格稳步提升。特别是自从北京奥运会百米冠军博尔特爱吃山药的事情报道后，国内外消费大众刮起了“山药旋风”，山药的药食兼用性获得了科学家和消费大众的空前关注。

“每个人都能在自家后院找到钻石。”营养学家曾借用此言，把山药比作全民养生的“钻石”。山药享有此美誉是毫不为过的：它价格不算昂贵，平民百姓都买得起；滋补功效全面，药食一体，男女老幼，人人适宜。

我在26年前撰写《山药栽培新技术》，可说从零开始，当时国内外还没有一本正式出版的山药专著，可供参考的学术论文也少得可怜，我记得为了解非洲卡宴薯的情况，我还专门向中国驻非洲大使馆索要材料。总之，山药资料的搜集相当困难，因此，该书的大部分内容只能在自己试验的基础上加以总结提炼。

特别幸运的是，我得到了农业界金善宝老院士的鼎力支持。金老先生德高望重，已过百岁，是首任中国农业科学院院长。金老不但认真审阅我的拙作，提出修改意见，还亲自撰写了序言，显示了一代大科学家对晚辈的关爱和无私栽培。

同时，我衷心感谢我的导师中国农业大学原校长毛达如教授、张福锁院士以及山东农业大学蒋先明教授，如果没有他们的有力指导和帮助，我对山药的研究工作是难以为继的。

本书第1版先后印刷6次，发行近7万册，在小作物书籍的发行量中名列前茅。由此接到了世界各地上千次的来信来电，很多读者提出了中肯的修改意见。第2版在充分听取读者意见的基础上，更新补充了较多内容。第3版结合山药产业发展的紧迫需求，把原有章节内容进一步充实完善，将先进性和实用性有机融合起来。山药栽培方式较多，无有定法，本书也只作参考，生产实践中还会遇到许多问题，需要读者开动脑筋，积极探索，形成一套适合本地区山药生产的技术体系。

本书虽由本人执笔，但书里凝聚着山药课题组诸成员共同的心血。正是由于山药课题组诸成员精诚团结，在科研第一线长期艰苦奋斗，才能取得比较好的成绩。

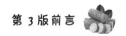

2009 年本课题组获得了国家科技进步奖二等奖，面对此殊荣，我的头脑是冷静的。成绩只能代表过去，面对未来，我衷心希望山药的研究工作百尺竿头，更进一步，为我国农业的发展做出积极贡献。

百劫难遇山药宝，今朝挖掘献众生。三根普被性中正，醍醐灌顶智慧升。

2023 年 2 月于中国农业大学
山药课题组汾阳山药基地 趙冰

CONTENTS / 目　录

第一章　概　　述

一、山药的药用价值及相关的药用薯蓣

山药是山中之药，食中之药。其价值主要是药用，然后才是食用。食用也多是为药用来的。人们吃山药，都是认为它能治病，可滋补，当然也可以充饥。山药发展到今天，已成为重要的国际性药食兼用作物和珍稀蔬菜。

山药属于薯蓣科薯蓣属植物。薯蓣属的植物多是珍贵的药材，对许多疾病有很好的疗效。

薯蓣科有 10 个属，薯蓣属是薯蓣科中的一个属，仅这一个属就有植物 600 多种。其中，可以食用的有 50 余种（图 1），山药是其中的一个种。

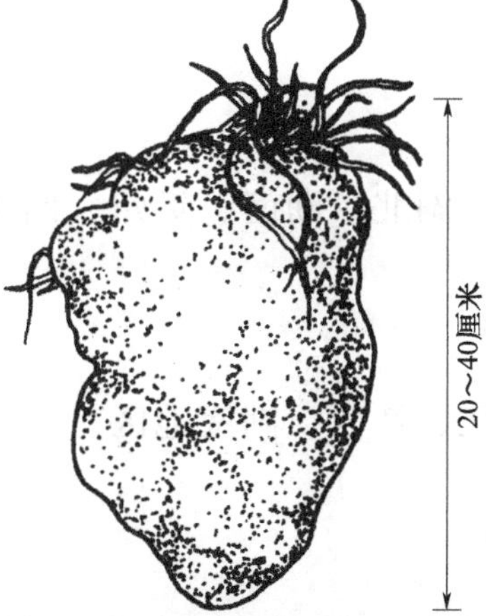

图 1　大薯中的广东白薯外形

几千年来，我国一直都食用薯蓣属植物的块茎。20世纪40年代末，发现一些种类的薯蓣块茎中含有薯蓣皂苷元（Diosgenin），而薯蓣皂苷元是合成甾体激素、避孕药等一些重要药材的起始源，这才引起了世界各国对薯蓣植物药用价值的重视。

20世纪50年代末，我国发现了含有薯蓣皂苷元的薯蓣，于1964—1974年把其列为国家重点研究项目，先后调查了全国20个省（自治区、直辖市）的620个县（市）。通过调查，发现我国薯蓣属植物很多，仅含有薯蓣皂苷元的就有17种，此外还有1个亚种、2个变种。其中，可直接提供工厂生产应用的就有10种。

（一）盾叶薯蓣

分布于秦岭山脉以南，南岭以北，大别山区以西，横断山脉以东。

（二）小花盾叶薯蓣

主要分布于云南地区。

（三）穿龙薯蓣

分布于华北、东北、西北和华东地区。

（四）柴黄姜

分布于秦岭以南、湖北、湖南、贵州、四川东部和甘肃南部。

（五）纤细薯蓣

分布于安徽、浙江、江西、湖南地区。

（六）义蕊薯蓣

分布于南起云南景东，北至陕西南部，西至云南腾冲，东至台湾基隆地区。

（七）粉背薯蓣

分布于南起福建厦门，北至安徽霍山，西至四川越西，东至台湾基隆地区。

（八）黄薯蓣

分布于南起云南蒙自，北至湖北巴东，西至云南兰坪，东至湖南平江地区。

（九）蜀葵叶薯蓣

分布于南起云南勐海，北至四川茂县，西至西藏波密，东至贵州玉屏地区。

（十）三角叶薯蓣

分布于南起云南禄劝，北至四川阿坝，西至西藏吉隆，东至四川理县地区。

从以上可以看出，薯蓣资源遍布全国。据估计，仅穿龙薯蓣的年产量就达 138 万多吨。这些薯蓣资源的药用价值，大致可以划分为以下 4 类。

第一类是盾叶薯蓣，是我国制造避孕药和甾体激素药类的主要原料。提取盾叶薯蓣根茎有效部位，又可制成盾叶冠心宁片，盾叶冠心宁片主要用于心血管疾病的治疗。

第二类是黄独，其块茎中含有黄药子素较多，主要用于治疗咽喉肿痛、痈肿疮毒和毒蛇咬伤等。

第三类是薯莨，其块茎中含有较多的缩合性鞣质、酚类以及两种苷，主要用于治疗妇科各类出血，也可提制烤胶，用于制革。

第四类就是山药，主要含有黏液质、胆碱、糖蛋白、多酚氧化酶、维生素C、甘露聚糖、植酸、16种氨基酸、尿囊素和3，4-二羟基苯乙胺等，是重要滋补食品，可以补脾健胃，降低血压和血糖，抑制肿瘤，延缓衰老。

二、山药的食用价值及相关的食用薯蓣

山药是薯蓣属植物。在薯蓣属中，可以食用的有50多种。一个属的植物中，有如此众多的食用种类，在植物界中是很罕见的。非洲西部的尼日利亚、加纳、多哥和亚洲的印度尼西亚等国多将薯蓣作为主食，中国、日本、朝鲜等国则多作为副食。

在世界范围内，食用薯蓣类植物可划分为4个起源和栽培中心：一是中国南部起源中心，包括台湾、广东、海南、云南、贵州、西藏、南海诸岛的热带和亚热带地区，主要食用的薯蓣属植物有大薯(图2)、黄独和小薯蓣等。二是我国中部起源中心，包括华北、华中、华东地区和华南、西南、西北、东北地区的部分省、自治区、直辖市，主要食用的薯蓣类植物就是山药。三是非洲西部起源中心，主要食用圆薯蓣、卡宴薯和非洲苦薯蓣等。四是加勒比海水域起源

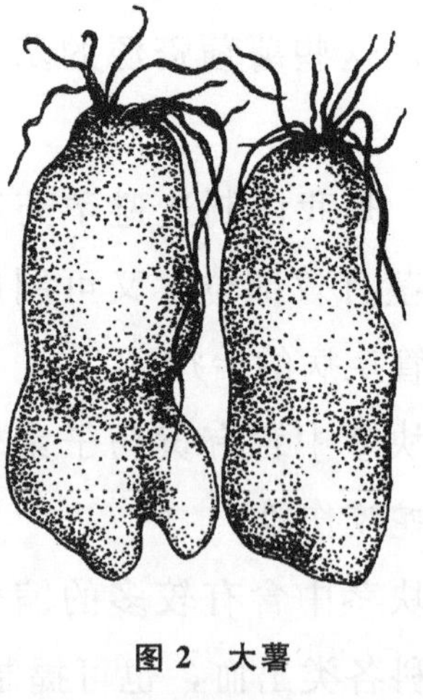

图2　大薯

中心，包括其周围各国，主要食用加勒比薯。

三、山药的起源

山药是薯蓣属植物，原产于温带，并被广泛栽培的作物。山药的食用历史很长，几乎和韭菜、小蒜等不相上下，都是在山林川泽间野生，也都是药食兼用的作物。

我国是山药的原产地。2000多年以前的《山海经》上就载有："又南三百里，曰景山，南望盐贩之泽，北望少泽，其上多草薯蓣。"文中所指的景山，就是当今山西省南部闻喜县境内的中条山高峰；古代所说的薯蓣，就是当今的山药。我国北部栽培或野生的薯蓣，也只有山药一种。

在漫长的岁月中，山药这种产于山中的块茎植物，大都是作为药用的，食用也是用于补养。

多年以来，山西省中南部的许多老年人，过着一种"食补山药一冬春"的生活方式，即每日食用长10～15厘米当地产的山药一节，结果多是益寿延年。当地农村小孩缺乳时，也常以山药补养，既营养又充饥，还能少生疾病，效果很好。

我国古代医书《图经本草》指出，山药以"北都、四明者最佳"。北都即当今山西省太原市，四明即当今浙江省的四明山。据此可以认为，太原是长山药原产地，浙江以产扁、圆山药为主。另外，《植物名实图考》记载，药用山药分布靠北，并渐以山西省和河南省交界处为中心。随着历史的发展，山药栽培地区逐渐扩大。据《中国药典》1990年版记载："怀山药主产地海拔150～1 500米，分布于河南、山西、河北、山东、安徽、浙江、湖北、湖南、贵州、四川、甘肃东部、陕西南部""块茎肉质肥厚，直径2～7厘米，外皮黑褐色，生有稀须根（铁棍山药）；或外皮黄褐色，须根较粗（太谷山药)。”这说明铁棍山药和太谷山药是怀山药的两大名产。

这里讲的铁棍山药，就是以块茎形状命名的长山药。而太谷山药，有的地方也叫铁棍山药。太谷山药早已闻名世界，是山西省太谷县的地方品种。这也从一个侧面说明普通山药中的长山药，由山西省中南部传入河南省北部，并逐渐形成了在山西省中南部和河南省焦作市附近地区的名产怀山药。

山西省中南部各县几乎都有自己的地方山药品种，这些都是太谷山药长期引种栽培而形成的地方品种，如孝义梧桐山药、曲沃山药、闻喜山药、太原山药、太谷山药、祁县山药、平遥山药、汾阳山药、文水山药等，都是又甜又绵、百食不厌的优质滋补食品。

山药由我国传至日本、朝鲜等国。目前，日本的长山药栽培面积在4 000公顷左右，主要集中在北部的青森、长野、北海道以及鸟取的沙丘地区。扁山药栽培面积在2 000公顷左右，集中在琦玉、千叶、神奈川等关东地区。圆山药以关西地区较多，尤以兵库、三重、京都、奈良为主，栽培面积600公顷左右。山药在19世纪传入欧洲，他们曾想用以替代马铃薯，经过试验，虽认为适合当地栽培，但与欧洲食谱差异较大，消费者不习惯，加之山药栽培耗费劳动力较大，与欧洲昂贵的人工成本不相适宜，后来未能得到大面积推广。现在去欧洲各国（地区）只能在植物园标本区见到山药的芳姿。

关于山药的原种，说法不一。一般认为，普通山药是由野山药进化而来，其形状、颜色、口味同野山药也差不多，只是口味不及野山药。也有的人认为野山药药性较好，但口味不佳。但是从微观角度来看，普通山药的染色体$n=70$，而野山药的染色体$n=20$，这说明两者没有直接的亲缘关系，普通山药是野山药经过长期进化变异后形成的。

我国食用山药的时代，可以追溯至公元前2000多年。前些年从敦煌莫高窟发掘的史料中，就有关于“神仙粥”的记载：“山药一斤，蒸熟后去皮；鸡头米半斤，煮熟后去壳捣为米，入粳米半升，慢火煮成粥，空腹食之。”为什么叫“神仙粥”呢？宋代诗人陆游曾写诗表述：“世人个个学长年，不悟长年在目前，我得宛丘平易法，只将食粥致神仙。”吃山药粥可以成仙，当然这是诗人的夸张。但山药粥确有调整食欲、养生延年之效，这是人所共知的。历史上有许多赞美山药的诗赋，陈达叟的《玉延赞》曰：“山有灵药，缘于仙方，削数片玉，清白花香。”朱熹的诗云：“欲赋玉延无好语，羞论蜂蜜与羊羹。”他们赞美山药色如玉，香似花，甜如蜜，味胜羊羹，评价很高。

近现代著名太极拳宗师陈发科小时候也曾受益于山药美食，当地流传着陈发科服食山药的故事。陈发科是河南温省县陈家沟村人，陈氏太极拳承前启后的一代大师。他是陈延熙晚年生的儿子，小时候身体并不好，到十二岁时还挺虚弱，经常犯病，不能正常练拳。父亲陈延熙不但拳法精湛，而且精通医道，遂令陈发科每日服食温县产的怀山药，不到一年时间身体就强健起来，练拳也走上正道。经过长期的刻苦训练，陈发科终成威震华夏的一代名师，他以“挨着何处何处击，将人击出不见形”的高超技艺令中国武术界叹服。

四、山药的名称

由于历史演变、地理影响、形状差异和产地不同等，山药的别名、俗名很多，给山药的生产和研究工作带来诸多不便。据不完全统计，山药的各种名称有 350 种左右。为了便于掌握，这里将山药的若干俗名、别名举例如下。

山药，又叫山芋、长芋、薯芋、薯蓣、藷芋、山蓣、土蓣、鲜芋、王芋、日本山芋、朝鲜山芋、拐弯山芋、薯药山芋、毛胶山芋、珠芽山芋等。

山药，也叫山薯、土薯、土藷、土鼠、掌薯、掌藷、大薯、大藷、田薯、甜薯、蜜薯、绵薯、长白薯、白长薯、早白薯、迟白薯、白圆薯、佛掌薯、朝鲜佛掌薯等。

山药，也叫薯药、藷药、怀药、毛山药、长山药、淮山药、怀山药、家山药、野山药、太谷山药、太原山药、怀庆山药、河南山药、山西山药、朝鲜圆山药、山药蛋、蛋山药等。

山药还被称为薯、藷、署、芋、预、蓣、玉延、儿草、淮山、怀山、佛掌、白苕、红苕、山羊、佛掌苛、淮山苛、天公掌、广东淮山、广西淮山等。

山药的名称还有很多，甚至还有新的名称不断出现。这些繁多的山药别名、俗名，不符合规范要求，造成了不必要的混乱。在进出口贸易以及国内外科技交流中，已引起了不少麻烦。今后应提倡使用“山药”这一正确的名称，尽量避免使用别名和俗名。

第二章　山药的生物学特性

山药的生物学特性，是进行山药栽培的根本依据。要使山药栽培获得优质高产的好成果，就必须了解山药的生物学特性，并使一切栽培管理活动，都严格地符合山药的生物学特性。

山药植株，由根、茎、叶、花、果实和种子等组成。

一、山药根的植物学特性

长期以来，人们常把吃的山药误认为是山药的根。直到现在，一些著作中还认为山药以块根为产品。山药长得确实像根，长在地下，毛根又很多，因此很容易被人误解。实际上，我们吃的山药，是其茎的变态，是一种块茎（也有学者认为是根状块茎），不是根。

山药真正的根在哪里呢？吃山药的人一般是见不到的。山药种薯萌芽后，在茎的下端便长出 10 条左右的粗根，一开始多是横向辐射生长，离土壤表面仅有 2～3 厘米，而后大多数根集中在地下 5～10 厘米处生长。每条根长到 20 厘米左右后，进而向下层土壤延伸，最深可延伸到地下60～80厘米处，与山药块茎深入土层的深度相适应，但一般很少超过山药地下块茎的深度（图 3）。

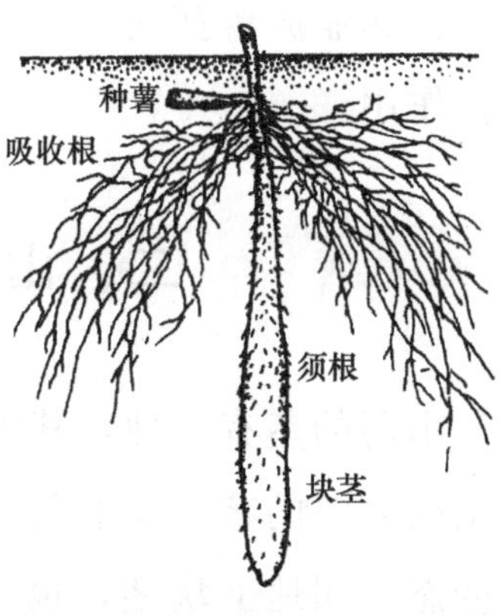

图 3　长山药地下部生长示意图

山药的这些根都发生在山药嘴处，因此一般都叫嘴根，这是维持山药一生的主要根系。一方面，山药的这些根，支撑着地上部茎叶的生长；另一方面，在土壤中吸收水分和养分，供应庞大的地上部茎蔓和地下部块茎的生长需要。因而，通常也叫它吸收根。

随着地下块茎的伸长和肥大，在新块茎上会长出很多不定根，这就是我们在吃山药时所遇到的烦人的毛毛根（也叫须根）。在块茎上端的不定根，特别是在近嘴根处，也有一定的长度，可以在土层中吸收水分和养分，协助嘴根营养植株。但到了块茎下端，特别是在土壤深层的不定根，则很短，也很细，基本上没有吸收水分和养分的能力。在土壤特别干旱时，块茎可以长出大量的纤维根，它们具有吸水能力。

山药的根系不是很发达，而且多分布在土壤浅层，但吸收水分和养分的任务很繁重。地上茎蔓长达 3 米，有的甚至更长，还要攀缘上架，叶片布满架材，这些都靠根系供给营养，进而才能枝叶繁茂，并利用光合作用制造更多的营养，不断将营养转移贮存在地下块茎中，逐渐形成质量达几千克的产品器官——山药。因此，在栽培中需要注意深耕养根，才能获得优质高产的山药。

比较起来，扁山药和圆山药的根系较浅。另外，薯蓣属的一些种类，如亚洲薯蓣的根，尤其是近地表的根，长有小刺，对块茎有保护作用。

二、山药茎的植物学特性

山药的茎有三种，其中两种在地上，一种在地下。上架的茎蔓，是山药真正的茎。地上茎叶腋间生长的零余子（俗称山药豆），是茎的变态，叫地上块茎，也叫气生块茎或珠芽。第三种茎，就是我们所吃的山药，也是茎的变态，叫地下块茎。地下块茎的位置和形状各不相同，但它们都是山药的茎，也属于变态茎。

在山药的 3 种茎中，有两种是山药的产品器官，也是山药的繁殖器官，又是人类栽培山药的收获目标。需要山药则收获地下块茎，需要零余子则收获地上块茎，或者两者全收，兼而有之。在山药栽培中，要适应山药茎的植物学特征，采取相应的技术，才能达到上述目的。为此，将山药茎的植物学特征分别介绍如下。

（一）地上茎蔓

种薯顶芽萌发出土，很快便会长出 10 多厘米长，紫色的柔软的茎，属于草质藤本，蔓性，光滑无翼，断面圆形，有绿色或紫色中带绿色的条纹。蔓长 3～4 米，茎粗 0.2～0.8 厘米。苗高 20 厘米时，茎蔓节间拉长，并具有缠绕能力，这时要设立支架。一开始只是 1 个主枝，随着叶片的生长，叶腋间生出腋芽，进而腋芽形成侧枝。

山药茎蔓的卷曲方向是一定的，一般是右旋，即新梢的先端向右顺时针旋转。食用薯蓣类中的大薯、卡宴薯、圆薯蓣都是右旋。但是，黄独、小薯蓣、非洲苦薯蓣和加勒比薯则是左旋。大薯的茎蔓为四棱形，有棱翼，可以辅助茎的直立。小薯蓣和非洲苦薯蓣的茎蔓上有刺。

山药的茎蔓是怎样出生和生长的呢？经解剖观察发现，先由分生带以内，靠近维管束周围的薄壁细胞进行分裂，产生不定芽原基，再由原基基部周围分化出叶原基，不定芽向外突破块茎的外层组织不断生长，继而伸出土面展叶。早期的营养供应来源于不定芽生长的营养供应过程。其后，分化出维管分子的同时，位于不定芽周围的薄壁细胞也分化出维管分子，而且与母体块茎的维管分子相连接，从而将营养运送到幼芽。

通过横切解剖可以看出，山药茎蔓有表皮、皮层和维管柱 3 部分。表皮为排列整齐的一层细胞。皮层外围是薄壁组织，里面是厚壁组织。厚壁细胞里是维管柱，维管柱最外层是一轮较大的外韧有限维管束。大维管束内，有些部位可见到散生的小维管束，里面是髓部和髓射线，髓为大型薄壁细胞充满。山药地上茎蔓的这一形态特征，不同于一般的单子叶植物，倒是与双子叶植物相似。

（二）零余子

山药在地下部形成块茎的同时，在地上部叶腋间着生很多的零余子。零余子是腋芽的变态，即侧枝的变形，称为地上块茎，也叫气生块茎或珠芽，普通称为山药豆。零余子呈椭圆形，长1～2.5厘米，直径0.8～2厘米，褐色或深褐色，每667 $米^2$ 产量可达200～600千克。

在一般情况下，山药零余子生长在茎蔓的第二十节以后，而且开始多发生在山药主茎或侧枝顶端向下第三节位的叶腋处。在解剖学上，零余子称为珠芽。常由叶腋表皮下1～2层细胞进行平周分裂，增加细胞层数，在第五至第六节上可以看见叶腋部位隆起。从纵切面看，表皮下的第二、第三层细胞继续进行平周和垂周分裂，形成一团分生组织的珠芽原基。在外观上看到绿色小珠芽时，内部才开始分化顶芽，同时形成根原基。由于珠芽分生带细胞的平周分裂，细胞数量增加，体积增大，珠芽进而成为球形的零余子。

零余子最外一层是排列整齐的薄壁细胞，其内为排列紧密的数层细胞。珠芽中部的薄壁细胞内，含有丰富的淀粉和蛋白质颗粒，外韧有限维管束散生于薄壁细胞之间。由于分生带细胞的不断增殖和增大，珠芽体积迅速增加，直至8月中下旬停止生长。从山药整株来看，从顶芽向下第五节至第十节的零余子体积最大。

成熟的零余子，表皮粗糙，最外面一层是较干裂的木栓质表皮，里面是由木栓形成层形成的周皮。从外部形态上可以看到，有像马铃薯块茎一样的芽眼和退化的鳞片叶，而且顶芽埋藏在周皮内，外观不易觉察。这与地下块茎是相似的，均没有明显的节。

仔细观察时可以看到，和马铃薯一样，零余子的芽眼有规律地排列着。从解剖结构上看，零余子仅有根原基和根的分化，没有侧根的分化，当年的顶芽也处于休眠状态。

零余子中，含有一种特殊的物质——山药素（batatasin），是其他部分所没有的。山药素只在零余子的皮中才有，这种物质对抑制生长和促进休眠具有很强的效应。零余子虽是由地上腋芽变态长成，但它必须经过一个成熟期或层积期，才能萌发。皮层成熟后，山药素含量最多；完全休眠的零余子，随着层积时间的延长，山药素含量减少。因此，刚采收的零余子，不能当种用。

有些薯蓣属植物的零余子很大，一个零余子质量为1～2千克，直径在5厘米以上。当然，也有一些薯蓣属植物没有零余子。就山药来说，长山药零余子较多，其次是扁山药，而圆山药则基本上不能形成零余子。

（三）地下块茎

山药的食用部分，不是肥大的根，而是肥大的茎，因此称块茎。因为长在地下，故叫地下块茎（图4）。因块茎长得像根，有时也叫根状茎，但不能叫块根。

山药的地下块茎是怎样形成的呢？种薯萌发后，先生长不定芽，伸出地面长成茎叶。在这个新生不久的地上茎基部，可以看到维管组织周围薄壁细胞在分裂，这就是块茎原基。继续分裂的结果，便是分化出散生维管分子。在块茎的下端，始终保留着一定体积，具有强劲分生能力的细胞群，这就是山药块茎的基端分生组织。

基端分生组织逐渐分化成熟，先形成幼小块茎的表皮，表皮内有基本组织，基本组织中有散生维管束。小块茎长到3～4厘米时，

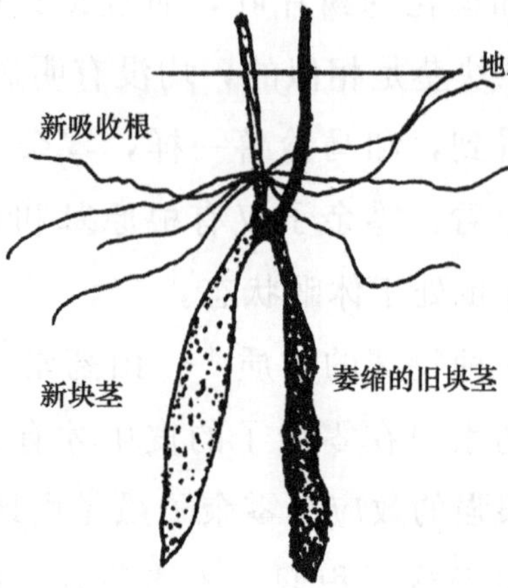

图4　自然状态下生长的山药

用肉眼可清楚地看到褐色的新生山药。块茎的肥大完全靠基端分生组织细胞数量的增加和体积的不断增大来完成。

从表皮的横切面可以看到，最外层是褐色的后生栓质化表皮。内为数层扁平的木栓细胞和木栓形成层以及栓内层组成的周皮。在较老的块茎中，周皮以内是一些大型薄壁细胞，且排列疏松，间隙很大。块茎中央薄壁细胞中散生着外韧有限维管束，两层薄壁细胞间有数层具有分裂能力的细胞（图5）。

细胞平周分裂形成圈分生带，由分生带分裂的细胞向内分化为维管分子和薄壁细胞，于是块茎不断增粗。可以看出，山药块茎中既没有植物根部特征的辐射维管束，也没有植物茎部特征的双韧维管束，只有并生维管束，因而具有根和茎的中间性质。因此，人们也将这种类型的块茎称为担根体。从进化角度来看，有些类型的薯蓣属植物，器官分化比较含糊，说它是块茎很勉强，因为它既有茎的性质，也有根的本能，在外观上也像是中间类型。

山药块茎形状的变异较多，虽然大致可以分为长山药、扁山药和圆山药，但在各个类型中都有中间类型的变异。尤其是扁山药，块茎变化最大，有掌形的、扇状的、“八”字形的，甚至还有长形的。山药块茎形状的变异，主要是受到遗传和环境的影响，其中土壤环境的影响最大。即使是各地系统分离的品种，个体的变异也很复杂。正因为块茎的多变性，完全可以根据既定方针进行不断选择，获得优质品种（图 6）。

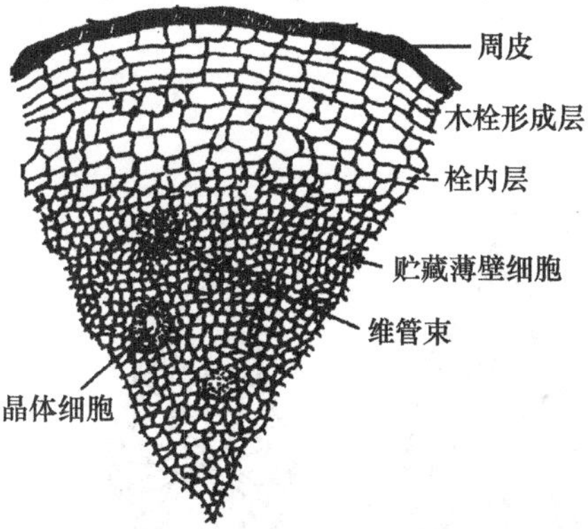

图 5　山药块茎横剖面

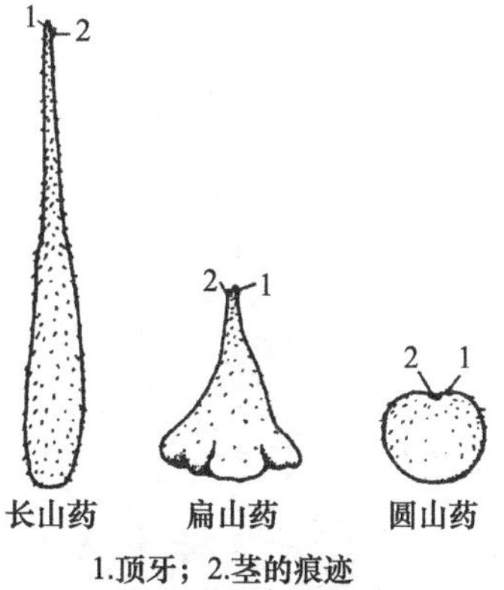

图 6　山药的三种类型

棍棒形长山药，上端很细，中下部较粗，一般长度为 60～90 厘米，最长的可达 2 米。其直径一般为 3～10 厘米，单株块茎质量为 0.5～3 千克，最重的可达 5 千克以上。棍棒形长山药，肉极白，黏液很多，其尖端组织色泽洁白或淡黄，且有深黄色根冠状附属物，此为栓皮质保护组织。块茎停止生长后，尖端逐渐变成钝圆，呈浅棕色。扁山药块茎扁平，上窄下宽，且具纵向褶襞，形如脚掌。圆山药多为短圆筒形，或呈团块状，长 15 厘米，直径 10 厘米左右。大薯的形状和颜色较多，有长形的、扁形的、圆形的，五股八杈，肉为红色或紫红色。

山药块茎上端有一个隐芽和茎的斑痕，通常用来做种，称山药栽子。除这一个顶芽外，其他部位都有不定芽。因此，把山药块茎的任何部分切段栽植，都可以长出山药来。

山药块茎的成分以淀粉为主，也含有蛋白质和黏液物质。

三、山药叶片的植物学特性

谈到山药叶片特征时（图 7），先应该说明一个较为敏感的问题。曾有人拿着山药的种子问道：“山药不是单子叶植物吗？山药种子怎么是两片子叶呢？”

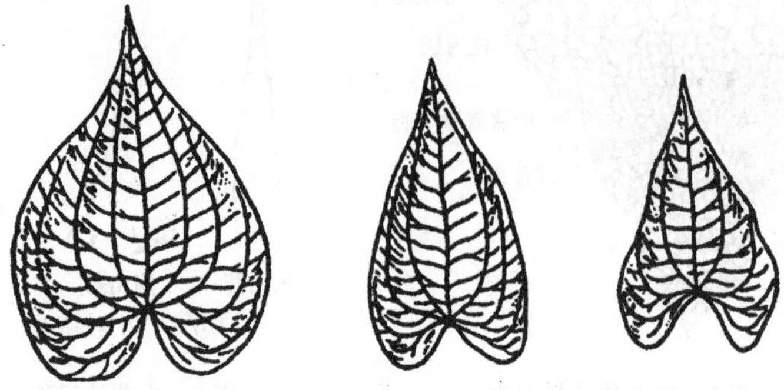

图 7　山药叶片的形状

山药是单子叶植物，而山药种子有两片子叶也是对的。这是怎么回事呢？一个原因是人们常常忽视山药种的存在。长期以来，都是用山药种山药，或者用零余子种山药，没有人用山药种子种山药，多数人连山药种子都没有见过。这是因为在我国生长的山药从不结籽，偶尔结籽的籽粒也很少，而且多是秕籽，空秕率极高，种下去也长不出山药。

实际上，不仅山药种子具有两片子叶这一单子叶植物不应有的性状，山药植株所有的茎、叶也都具有一些双子叶植物的特征。解剖山药的茎蔓和真叶可以看到，其排列成一圈的维管束，以及网状脉的两面叶结构，都是双子叶植物的性状。另外，山药的茎、叶还具有栅栏组织和海绵组织。所有这些说明，山药这一单子叶植物的茎、叶，与双子叶植物的茎、叶非常相似，或者说相同。

有些农民好奇地问道：“既然山药具有两片子叶，可是为什么山药种子出苗只长出一片真叶呢?”这就需要揭示山药种子的本来面目了。山药的子叶原基，是由合子分裂后顶端细胞产生的，在胚胎发育到梨形胚后期时，由于子叶原基细胞分裂不均衡，山药并不能像真正的双子叶植物那样均衡分裂成两片子叶，而是第一片子叶原基分裂较快，并在其一侧出现一个凹口，将第二片子叶原基挤到凹处，同时也将胚芽原基、胚根原基和外胚叶原基挤向凹部。这样，成熟的胚就只有一片较大的子叶了。这片子叶呈扇形，膜质，上端二叉分裂。在它的相对一侧，是第二片子叶，很小，心形，顶端微内凹。

种子萌发后，大子叶留在种子内并未出现，但它的子叶柄延长了，第二片子叶便随着第一片子叶延长的叶柄伸出种子外面，也有的是顺着种皮自己长出，结果成为山药植物的第一片真叶。这就说明山药种子虽具有两片子叶，但在形态和功能上与双子叶植物有所不同。第一片真叶伸展后，便开始进行光合作用，和以后的营养叶片几乎完全一样。但应该清楚，这片真叶原来是种子中两片子叶其中的一片，而另一片子叶留在种子中。

山药叶片，一般都是基部戟状的心脏形，或呈三角形卵形尖头，或呈基部深凹的心脏形。全叶呈浅绿色、深绿色或紫绿色，叶长8～15厘米，叶宽3～5厘米，叶柄较长，叶质稍厚，叶脉5～9条，基部叶脉2～4条，有分枝。山药茎的基部叶片多互生，以后的叶片多对生，也有轮生的叶片。

四、山药花的植物学特性

山药有花而不结实，或者不开花，或者开谎花，外形上是假结实而没有内容。

(一) 雄株雄花

山药是雌雄异株。雄花长在雄株上（图 8），雌花长在雌株上。长山药雌株很少，多是雄株。扁山药和圆山药多是雌株，雄株很少。

雄株的叶腋向上着生 2～5 个穗状花序，有白柔毛，每个花序有 15～20 朵雄花。雄花无梗，直径 2 毫米左右。从上面看，基本上是圆形，花冠两层，萼片 3 枚，花瓣 3 片，互生，乳白色，向内卷曲。有 6 个雄蕊和花丝、花药，中间有残留的子房痕迹。

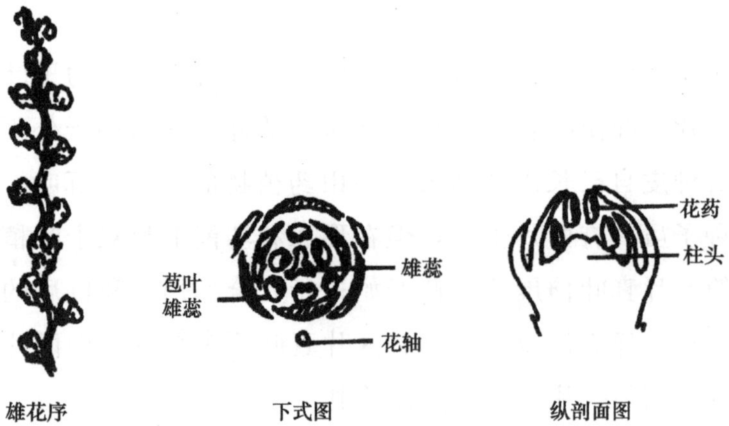

图 8　山药雄花解剖图

山药的孕蕾开花期，正好是地下部块茎膨大初期。雄株花期较短，在我国北方 6～7 月开花（这一时期为 30～60 天）。从第一朵小花开放到最后一朵小花开放，历时 50 天左右。一般都在傍晚后开放，多在晴天开花，雨天不开花。

一个花序从现蕾、开花到凋落的时间一般为 25～60 天。有的山药雄株不出现花蕾，有的雄株虽可看到花蕾，但不等开花便自行干枯脱落。山药雄花多为总状花序，似穗状，一般叫穗状花序，小花在花枝上互生（图 8）。

由于山药下面长块茎和上面开花都需要较多的优质营养，因此在花期有争夺养分的现象。但雄株花期较短，养分需求比较集中，对地下部块茎膨大和养分贮存影响相对较小，长得要比雌株扎实。在药用品种中，雄株的薯蓣皂苷元的含量明显高于雌株（图 9）。

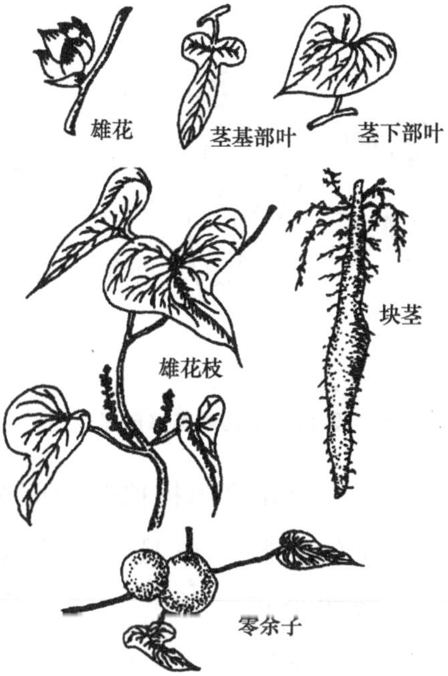

图 9　山药形态图

（二）雌株雌花

雌株着生雌花，穗状花序，花序下垂，花枝较长，花朵较大，但花朵较少，一个花序有 10 朵左右小花（图 10）。

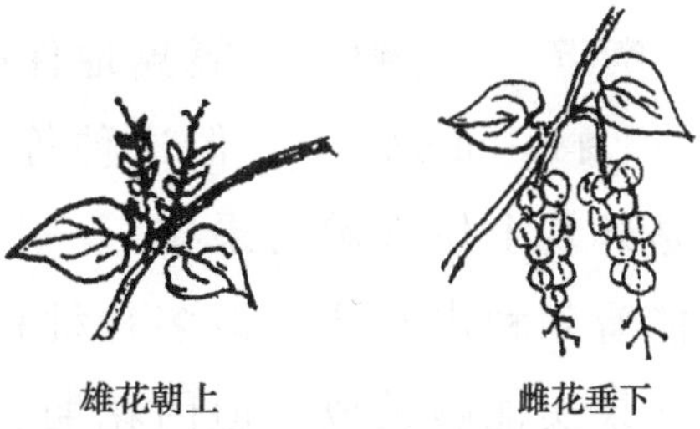

图 10　山药花序着生状态

雌花无梗，直径约 3 毫米，长约 5 毫米。从上面看，整个雌花呈三角形，花冠有花瓣和花萼各3片，互生，乳白色，向内卷。柱头先端有3裂而后成为两裂，下面为绿色的长椭圆形子房。子房有3室，每室有2个胚珠。有雄蕊6个，药室4个，内生花粉。花粉虽多，却没有内容，这些雌花均属于两性花，基本上不结种子（图11）。

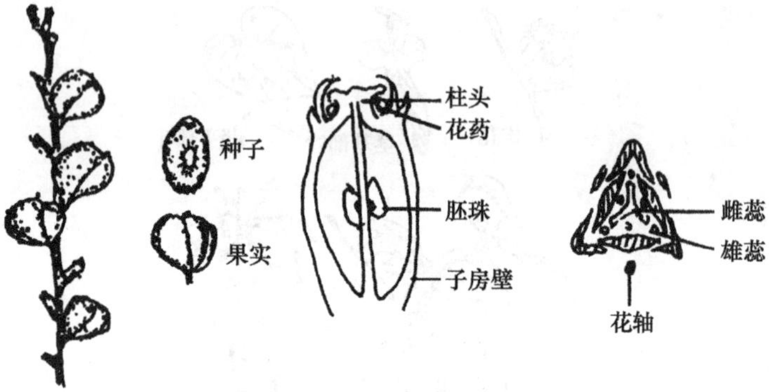

图11　山药雌花解剖图

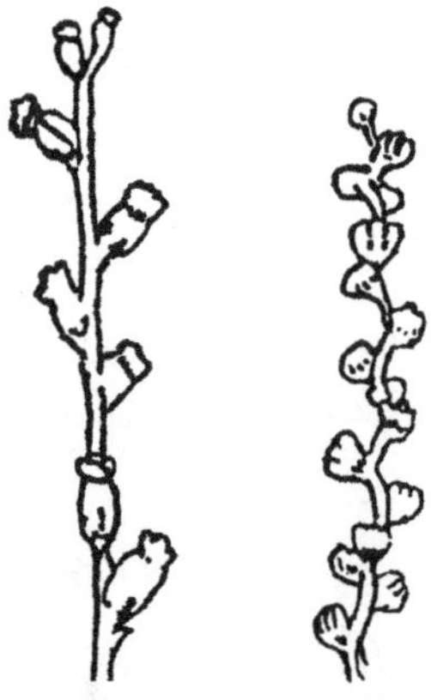

图12　山药花

雌花序由植株叶腋间分化而出，着生花序的叶腋一般只有一个花序，偶有一个叶腋两个花序的。一个花序中从现蕾、开花到凋落需30～70天。花期集中在6～7月。花朵在傍晚以后开放、晴天开放，雨天不开（图12）。

早期在近基部开放的花朵，有的可以结实，果实的外观也较肥大，有人还小心翼翼地保护，希望能得到实实在在的种子，但这种等待多半是没有用的。因为这种花只是外观上像饱满的果实，一旦到了后期便会自动停止发育，表面能看到种皮和翅，但多是秕籽，是缺少内容的不稔果实。也有少数果实能够长成，但因花期正值雨季，一旦遇水，不是腐烂就是发霉。

五、山药果实和种子的植物学特性

山药的果实为蒴果，多反曲。果实中种子多，每果含种子 4～8 粒，呈褐色或深褐色，圆形，具薄翅，扁平。饱满度很差，空秕率一般为 70%，高的达 90%以上。千粒重也很悬殊，低的 0.5～0.7 克，高的可达 10 克，一般为 6～7 克。

发芽率依千粒重不同而不同，千粒重为 1 克的发芽率为 10%，千粒重 9 克的发芽率为 90%。

种子的发芽适温为 30～32℃，45℃失去发芽力。经过 3～4 个月的贮存后，发芽快而整齐。在适宜的温度、湿度条件下，经 10 天即可大部出齐（图 13）。

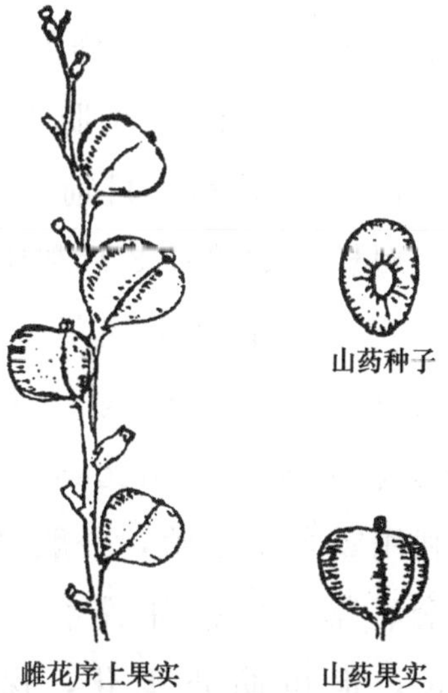

图 13　山药果实和种子

山药的种子很难得到。黄独种在热带结籽，种在温带地区难以形成种子。非洲苦薯蓣等品种种植在一年两次开花结果的地区，以秋季 8～9 月的种子质量较高，第二次花期结果也多，做种时多采用这两个时期的种子。

六、山药的生理生态特性

（一）山药的繁殖与休眠

山药的繁殖与休眠密切相关。山药在我国华北栽培时，一般到10月即可长成，然后便进入长达几个月的休眠期。这就是山药收获以后在窖中贮藏的时间。没有经过充分休眠的山药块茎不能用作繁殖，即使播种也不会萌芽。

叶腋间的山药零余子约在8月即可长成，不经过休眠也不能用来播种繁殖。有人将正在生长着的零余子原封不动地埋在地下，虽然可以发根，而且能继续肥大，但不能萌芽，也不会长出新的山药植株。这是因为零余子和地下块茎是一样的性质，埋入土中以后，不仅颜色由褐变白，而且可以继续生长肥大。零余子长成并脱离母体后，经过充足的休眠才能做种。目前利用很多办法想打破零余子的休眠，结果并不理想。如果在8月利用茎蔓叶腋间的零余子播种，年内可以长成一定大小的地下块茎。大薯有打破休眠进行温室栽培的，虽产量较低，但价格较高。不过，利用零余子栽培山药的还很少，因为零余子皮中的山药素，对抑制生长、促进休眠的作用很强。即使利用零余子繁殖，一般也需2年，第一年先培养成30～100克的种薯，第二年播种后才能长成大山药。虽然零余子繁殖的时间较长，但可防止退化，保证高品质和高产量(图14)。

利用山药块茎繁殖，可将块茎切成适当大小，春种秋收。

山药没有种子，或种子不稔，无法利用种子进行繁殖。可以使用茎蔓扦插繁殖，或进行试管苗组织培养，但目前距实际栽培还有一定的距离。

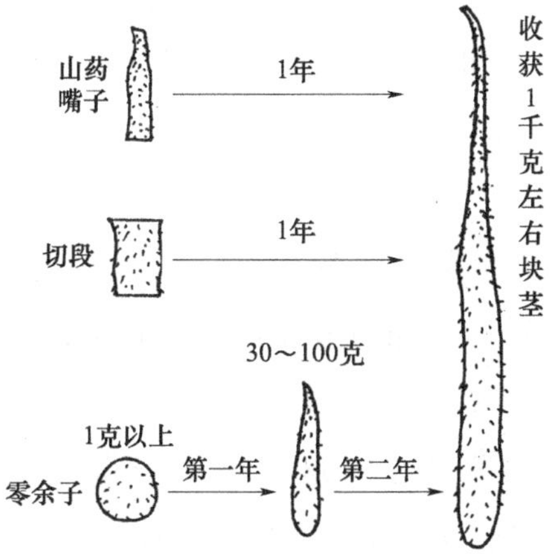

图14　山药繁殖示意图

大部分野生山药在入冬后，地上部枯萎，地下部休眠，翌年再萌发，形成新薯。

（二）山药的生育前期

山药生育前期主要依靠种薯中贮存的养分进行萌芽、生根和长叶。山药播种的地温要求在10～12℃。我国山药产区大多在4月中旬播种，经过约2个月的时间植株才有独立生活的能力。

在正常情况下，山药播种后20～30天即可萌芽出土（扁山药和圆山药因为切块种薯去掉了顶芽，萌芽出土需40～50天）。幼苗出土后，主茎迅速生长，到6月中旬便可长到主蔓应有的长度，即达到3.5～4米，以后一般不再伸长。

无论是切块播种还是播种1个整薯，只要遇有适当的湿度，立即可以发生山药的细须根，并参与种薯内营养分解转流所必需的水分和养分的吸收。

山药的吸收根共有10条左右，发生在萌芽茎的基部。整薯播种后1周开始萌芽，1周以后才可能发根，3周以后才能出土。切块播种的则需要3～4周时间。在萌芽初期，吸收根数目已经固定，以后不会再增加，增加的只是根长和根重。在5月下旬，根的长度急速增长，到6月中旬基本达到既定长度，即长到60～80厘米。同时，细须根数也在6月中旬达到最大值，以后的增长便缓慢下来。

在山药主茎伸长初期，叶片较小，作用不大。随着主茎的生长，叶片不断生长和展开，叶重便会逐渐超过茎重，这个时间大约在6月中旬。这就是说，以后山药植株可以靠着叶片的光合作用自己生活了。一般来说，种薯越小，这个时期来得越早。试验证明，6月中旬是种薯营养分解转流功能最旺盛的时候，此后这种作用便逐日明显减小，到7月下旬便完全失去活力（图15）。

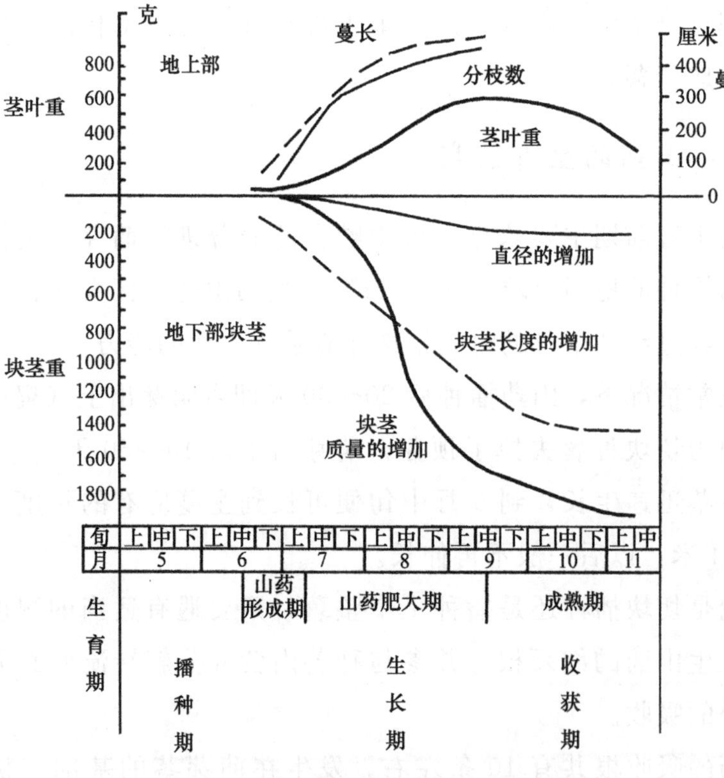

图15　中国北方山药生长发育过程示意图

从种薯内部养分的消耗过程来看，5月中旬消耗急剧增加，到

6月中旬已耗掉80%，剩下的20%在以后的一个多月里也慢慢耗尽。种薯养分的消耗，受到地温和土壤环境的显著影响：沙土地消耗得快，播种后2个月即可耗去80%的养分；在壤土上播种，耗去80%的养分则需3个月。如播种深度适宜，也可以减少消耗，有利于培育出壮苗。如果播种太深，不仅延长出苗时间，耗去过多的养分，并且在块茎上端常出现有茎节痕迹的茎和根的中间形态。

（三）山药的生育盛期

从播种起，山药经过2个月的生长，其主茎和吸收根均已长到足够的长度。种薯80%的营养已被消耗，整个植株迎来了生长盛期。在生长盛期，山药营养生长和生殖生长同时并进，要靠着自己的能力，繁茂茎叶，出生侧枝，长成零余子，孕蕾开花，特别要供给主要产品器官——地下块茎的营养，使其达到既定大小。这是山药一生中最重要的生育时期，大约需要3个月的时间，若从6月10日算起，到9月10日才能完成。在沙土地栽培山药，生长盛期可以提前1个月到来；在黏土地栽培山药，则生育盛期的到来要稍后一些日子。

在山药生育盛期，先看到的是在主茎下部的节位发生很多侧枝，叶片充分展开。从6月下旬至7月中旬，是茎叶最繁茂的时期，到7月下旬茎叶重达到最大值，以后便走下坡路了。开花和零余子的形成，都在7月上中旬。块茎虽在萌芽后不久便开始形成，但在6月20日以前生长极慢，块茎的成形和肥大主要在6月下旬以后。扁山药和圆山药的各个生育期都比长山药稍后。

据石正太等（1985—1987）在山东省邹平县苑城镇傅家村，对当地主栽品种大毛山药的调查观察，山药块茎膨大进程如表1所示。

表1　山药块茎膨大进程

日期	5月		6月			7月			8月			9月			10月		
	中旬	下旬	上旬	中旬	下旬	上旬	中旬	下旬	上旬	中旬	下旬	上旬	中旬	下旬	上旬	中旬	下旬
块茎长/厘米	3.0	5.4	8.0	15.5	24.9	28.6	33.7	44.7	53.2	62.7	66.9	68.1	69.4	70.7	70.8	—	—
块茎粗/厘米	0.5	0.8	0.9	1.2	2.1	2.5	3.5	3.9	4.0	4.2	4.4	4.5	4.6	4.6	4.6	—	—
块茎鲜重/(克/株)	2.0	7.7	10.5	23.5	52.3	88.1	130.8	248.3	365.1	509.7	644.7	736.7	753.1	765.6	768.5	—	—
地上部生育期	甩条发棵期			现蕾开花期(零余子形成)				茎叶生长缓慢(零余子增大)				茎叶渐衰(零余子脱落)				叶枯	
地下部生育期	块茎膨大始期			块大膨大初期				块茎膨大盛期				块茎膨大后期				休眠	

注:表中数据为1985—1987年调查结果平均值,栽植日期为4月5日。

块茎从5月中旬开始缓慢伸长，到9月中旬基本结束。伸长最快的是7月下旬至8月中旬，平均日伸长8.5～11毫米。以7月中旬块茎增粗的速度最快，平均日增粗达1毫米，9月中旬停止增粗，但伸长还在缓慢进行。从质量上看，以7月下旬至8月下旬增重最快，平均日增重为11.68～14.46克。增重的关键时期在7月20日至9月10日这52天内，这段时间虽只占整个生育期（187天）的27.8%，块茎增重却占全生育期的78.8%。

在山药生育盛期，地上部零余子也在争夺营养，同时盛花期的山药花也需要消耗更多更好的物质。因此，这一阶段的营养管理是最为重要的。

（四）山药的生育后期

根据上述观察，山药长到8月下旬，块茎已达鲜重的84%，此时已经可以采收。为了满足山药供应淡季的需求，同时为了增加效益，可以适当早收。适当早收还可早腾茬，变一年一作为两年三作。因此，不一定非要等霜降后再进行一次性刨收。

当然，在山药一年一茬的地区，应设法最大限度地延长块茎膨大时间。据江苏省泰兴市农业科学研究所的观察，山药产量在密度一定时，主要由块茎长度和粗度决定，粗度增加并不明显，因而块茎越长则产量越高。

一般说来，到8月下旬山药块茎已基本充实，即可先期采收。但采收不能过早，过早采收山药水分太大，收获后会失水萎缩。同时，过早采收，块茎还在旺盛生长中，先端仍很尖锐，损失太大。到了8月下旬，先端已基本长圆，细根已基本失去活力，这时采收勉强适宜。但过早收获后，应立即食用或出售。同时，应避免阳光直射，以免失水干缩。收获时应格外小心，防止折断或碰伤。

自9月下旬至10月上旬，山药块茎还在缓慢延长。直到10月中下旬，由于日照变短，气温下降，山药茎叶变黄，零余子落下。同时，地下部的吸收根也逐渐失去活力，细根基本上枯萎，块茎的表皮也相当硬化，内容已非常充实，这时即可进行一次性采收。

在较温和地区栽培的大薯或黄独，则一直是青枝绿叶，只有在生育中突然遇到降霜，才使茎叶受冻枯萎，采收时其块茎并未完全成熟。

中国农业大学山药课题组用华北地区3个山药主栽品种试验，首次证明收获期对山药的产量有显著的影响（表2），主要表现为8月下旬收获的山药产量显著低于9月下旬、10月下旬、11月下旬收获的（比后3期产量平均减少20%），说明山药如果在地上部茎叶生长旺盛期结束以前（9月下旬前）收获，山药产量的损失相当严重。如果单从追求产量考虑，由于在后3期收获的山药产量在同一品种间并无明显差异，因此可以认定9月下旬至11月下旬大约2个月的时间为收获适期。若从同时追求山药的产量和品质考虑，则收获越晚越好（图16至图18），11月下旬收获的要好于10月下旬收获的。当然，要考虑到当年气候的变化，如果霜冻来得较早，土壤提早上冻，晚收获不仅非常费工，而且山药块茎破损率相当高。因此，山药的最佳收获期为10月25日至11月25日，尤其是10月底至11月初收获比较合适，并应根据天气和劳动力情况灵活调整。

表2　收获期对山药产量（鲜重）的影响　　单位：千克/公顷

收获期	大和黑皮	怀山药	太谷山药
8月25日	27488a	22145a	36214a
9月25日	34775b	31028b	45120b
10月25日	34557b	32177b	43987b
11月25日	35272b	31998b	46124b

注：表中同列数据后不同小写字母表示处理间差异显著（$P<0.05$）。

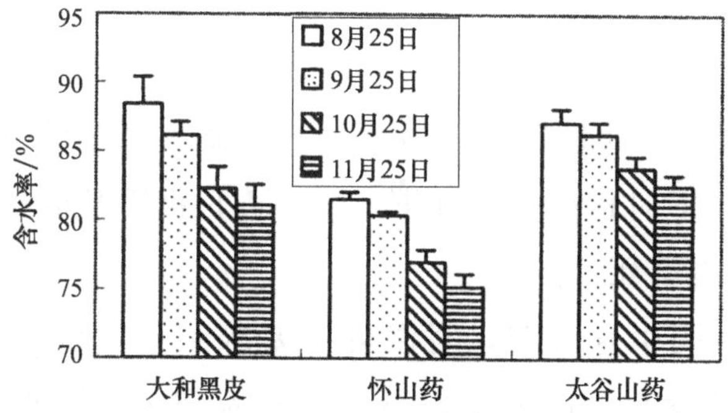

图 16　收获期对山药块茎含水率的影响

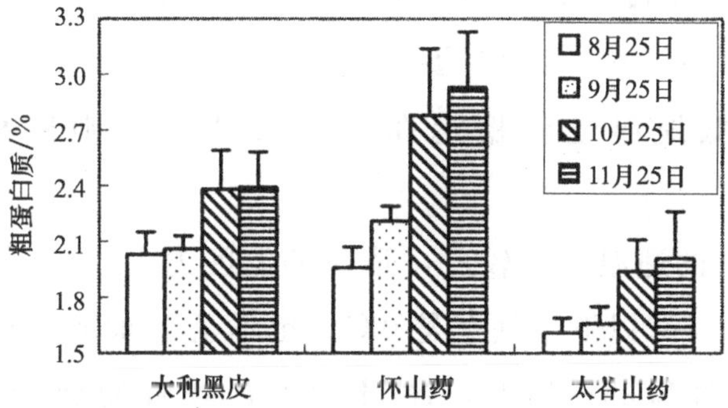

图 17　收获期对山药块茎粗蛋白质含量的影响

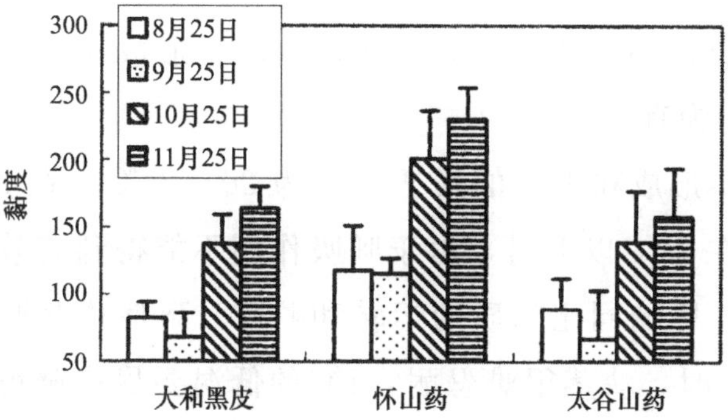

图 18　不同收获期对山药块茎黏度的影响

（五）山药对温度和光照的反应

山药属于高温短日照植物，生育适温为20～30℃，15℃以下不开花，10℃块茎可以萌芽，1℃不受冻。但地上部茎叶不耐霜冻，温度降至10℃以下时植株停止生长，5℃以下的低温很难忍耐，短时间的0℃气温也会死亡。

山药在不同生育时期，对温度的要求不同。由于山药是利用块茎繁殖，其发芽温度要求较低，有的品种在9℃即可萌动，不过在低温下萌动比较缓慢，而且出苗率低。块茎萌芽的适温为15℃，较高的温度可以促进呼吸和各种酶的活动，因而出土快，幼苗壮。在有限的季节内，要安排好山药的茬口，只有将播种期提前，但最低地温也应稳定在10℃以上，否则播种质量没有保证。

山药幼苗的适温范围较广，适宜的温度为15～20℃。但短时间的低温，如在5℃以下，甚至是0℃，也不至于冻死苗子。地上部茎叶的生长适温为25～28℃，超过30℃，呼吸便会同化上升；到40℃，茎叶基本停止伸长；到45℃，出现日灼，导致叶脉和幼嫩组织变色坏死。在5℃低温出现时，地上部茎叶停止生长。昼夜温差对山药的生长是必要的，尤其是在进入块茎形成期后，昼夜温差保持在5～10℃为宜。

山药块茎形成和肥大的最适气温为20～24℃。在20℃以下时，生长缓慢；在24℃以上时，由于呼吸作用不能得到有效的控制，消耗养分过多，影响同化物质的运转和贮存，致使块茎肥大受阻。温度在3℃以下时，块茎很难忍耐，1℃的低温要尽量避免。块茎到了肥大后期，尤其是进入休眠期以后，应通过降温，抑制养分的消耗，以延长贮存时间。

山药属于要求强光照的植物，在低光照条件下，光合能力显著降低。同时，山药也属于短日照植物。在一定的范围内，日照时间缩短，花期提早。在春季长日照下播种的山药，只能在夏、秋季短日照下开花。短日照对地下块茎的形成和肥大有利，叶腋间零余子也在短日照条件下出现。

第三章　山药常规栽培技术

一、品种选择

根据科学研究和栽培实践，适合我国常规技术栽培的山药，主要有以下 21 个品种。

（一）河南怀山药

河南怀山药又称铁棍山药（图 19），原为河南地方品种，是国家地理标志产品。在河南省温县、博爱县、沁阳市、武陟县和陕西省华县等地种植较多。该品种植株生长势强，茎蔓右旋，紫色，圆形，长 2.5～3 米，多分枝。叶片比普通山药小一半以上，绿色，基部戟形，缺刻小，先端尖，叶脉 7 条，基部 4 条，有分枝。叶片互生，中上部对生，叶腋间着生零余子。块茎圆柱形，栽子粗短，一般长 10～17 厘米，表皮浅褐色，密生须根，肉白，质紧，粉足，久煮不散，并有中药味。块茎最长的可达 80～100 厘米，直径 3 厘米以上。单株块茎质量为 0.5～1 千克，重者 1.5～2 千克，适宜做山药干。每 667 米^2 鲜山药产量为 1 500～2 500 千克。挖沟栽培的适宜密度为每 667 米^{2}4 000～4 500 株。由于铁棍山药普遍长细瘦，收获采挖运输比较困难，选育粗铁棍山药势在必行。

（二）太谷山药

太谷山药（图 20）原为山西省太谷县地方品种，后引种到河南、山东等地。该品种植株生长势中等，茎蔓绿色，长 3～4 米，圆形，有分枝。叶片绿色，基部戟形，缺刻中等，先端尖锐。叶脉 7 条，叶片互生，中上部对生。雄株叶片缺刻较大，前端稍长；雌株叶片缺刻较小。叶腋间着生零余子，形体小，产量低，直径 1 厘米左右，椭圆形。块茎圆柱形，不整齐，较细，长 50～60 厘米，直径 3～4 厘米，畸形较多，表皮黄褐色、较厚，密生须根、色深。栽子细短，肉极白，肉质细腻，纤维较多，黏液多，有甜药味，烘烤后有枣香味，易熟，熟后性绵。品种优良，药食兼用，以药为主，是太谷中药的主要原料。加工损耗率较高，质脆易断。每 667 米^2 产量为 1 500～2 000 千克。

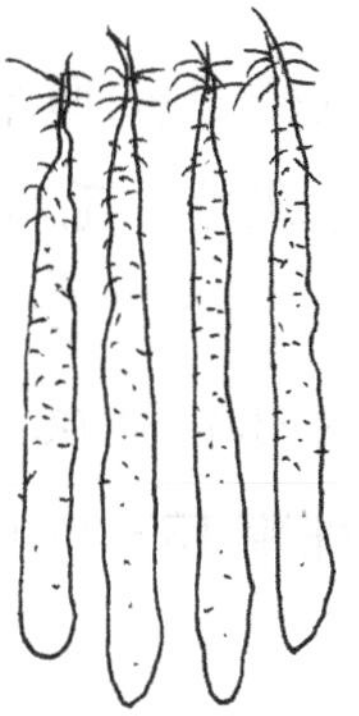

图 19　河南怀山药

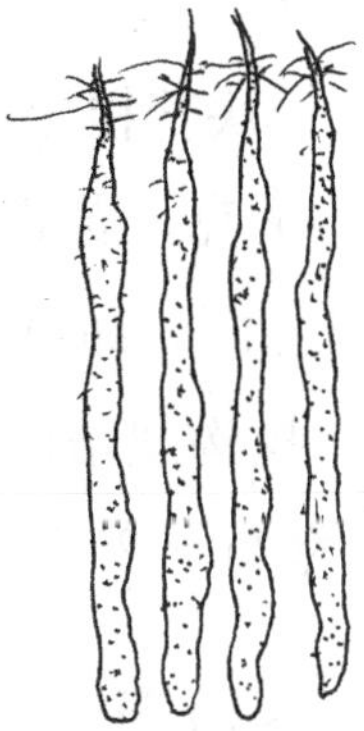

图 20　太谷山药

（三）梧桐山药

梧桐山药（图 21）原为山西省孝义市梧桐镇地方品种，后来传入河南、山东等地，是国家地理标志产品。该品种植株生长势强，茎蔓右旋，多分枝，紫绿色，蔓长 3～3.5 米。叶片绿色，较小，基部心脏形，缺刻大，先端长而尖。叶柄较长，叶脉 7 条，基部有 2 条分枝，叶片互生，中上部叶对生，间有轮生。块茎圆柱形，表皮褐色，栽子细而短（8～13 厘米）。块茎长 50～80 厘米，直径 4～6

厘米，瘤大而密、黑色，须粗而长，较坚韧，不易拔掉。零余子多，较大，长1.5～2厘米，直径0.8～1.5厘米，带甜味。肉极白，质脆，易熟，黏质多，黏丝不易拉断，带甜药味，药食兼用，品质优良。适宜沙壤土种植，黏壤土也可种植。每667米^{2}产量为2 000千克。

（四）嘉祥细毛长山药

嘉祥细毛长山药（图22）原为山东省济宁市的地方品种，当地称为明豆子。该品种茎蔓紫绿色，蔓长3.5～4.5米；叶片卵圆形，先端三角形，尖锐，绿色。叶腋间着生零余子，深褐色，椭圆形，长1.5～2.5厘米，直径0.8～1.2厘米。每667米^{2}产零余子250千克。花为淡黄色。块茎棍棒状，长80～110厘米，直径3～5厘米，单株块茎质量约1千克，黄褐色，有一至数块红褐色斑痣。毛根细，外皮薄，肉质细而面，甜味适中，菜药兼用。每667米^{2}产量为1 500～2 500千克。挖沟栽培的适宜密度为每667米^2 3 500～4 000株，沟距100厘米，宽20～25厘米，深80～120厘米，株距15～18厘米。

（五）水山药

水山药（图23）原为江苏省沛县、丰县地方品种，又名花籽山药、杂交山药，是由当地农民于1965年从毛山药中一株不结零余子的变异株选育而成。

水山药是江苏北部的特产，含水量在86%，品质脆且略有甜味，虽然品质一般，但是是做菜的好材料，所以又叫“菜山药”。目前，在江苏西北部一带发展很快。据统计，仅丰县一地的水山药种植面积已达4 000多公顷。每公顷产值达到7.5万元以上。水山药植株生长势强，蔓长3～4米，圆形，紫色中带绿色条纹。主蔓多分枝，除基部节间分枝较少外，每个叶腋间均有侧枝。叶片小，黄绿色，戟形，缺刻大，先端长而尖，叶柄较长，叶脉 5 条，基部 2 条多分枝。叶片互生，中上部对生，间有轮生。1 株产 2 千克山药的单株，约有叶片 1 800 片。单叶面积为长宽乘积的 25%～30%，平均单叶面积为 5 厘米^2，单叶鲜重约 0.137 克，单株累计叶面积 0.9 米^2，单株鲜叶总质量约 240 克，单株地上部最大鲜重为 380～400 克。每克地上部鲜茎枝叶的光合产物可供给地下部 5 克左右，其中每克鲜叶光合作用产物供给地下可生产鲜山药 8 克以上。光合效率很高，一般田块每公顷产量 45 吨，高产田每公顷产量 60 吨，最高可达 75 吨以上。

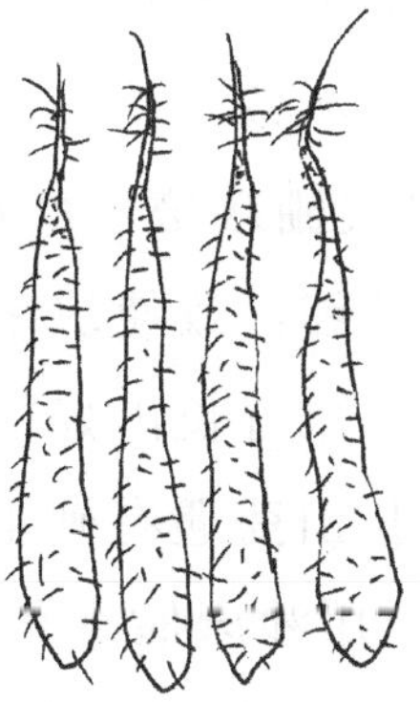

图 21　梧桐山药

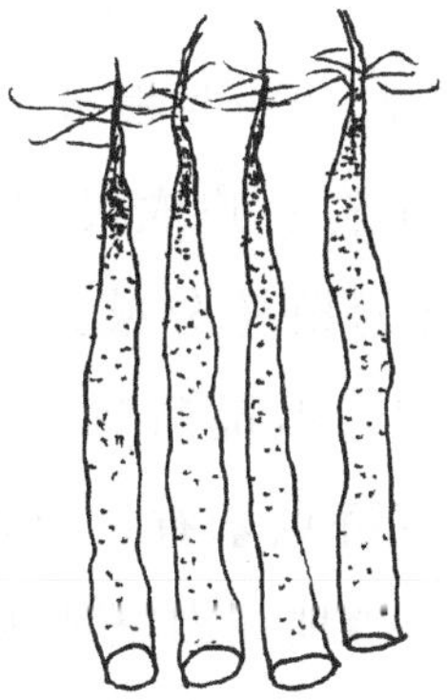

图 22　嘉祥细毛长山药

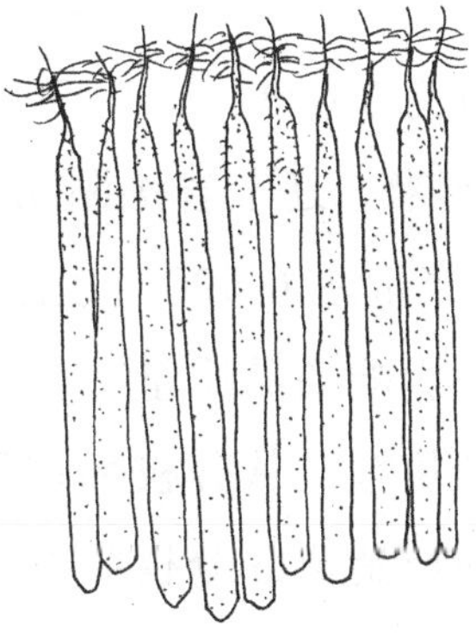

图 23　水山药

水山药为穗状花序，花小，黄色，单花，花被 6 个。蒴果三棱状，不结种子。块茎圆柱形，栽子细而短，10～15 厘米长。表皮黄褐色，瘤稀，须根少且短。肉白色，稍带玉青色，光鲜质脆，黏液汁多，块茎直径为 3～7 厘米，长 140～150 厘米，最长可达 170 厘米；单株块茎质量为 1.5～2 千克，最重者可达 6.8 千克，每 667 米^2 块茎产量约 3 000 千克，丰产田每公顷产量可超过 5 000 千克。挖沟栽培的适宜密度为每 667 米^2 3 000 株。水山药因为年年用块茎繁殖，又不长零余子，种性容易退化。因此，有人担心苏北山药产区的水山药会被其他品种取代。不过，有的山药不结零余子也留存下来了。水山药退化的标志是山药嘴变成紫红色，且逐渐向下发展，对此应注意观察。水山药栽培选用块茎近茎端长20～25厘米的一节比较可靠，将其切口蘸生石灰晒1天后，进行贮藏，翌年清明节前15天栽植。

（六）群峰山药

群峰山药（图24）是长山药演变来的一个新品系，可供食用和加工。该品种生长势强，主蔓2～4个，侧蔓8～15个，块茎短而多，长30厘米左右（短的10多厘米，长的40多厘米），单株块茎质量为1～2.5千克，重的可达3.7千克，每667米^{2}栽2 900株，产量为3 000～4 000千克。该品种吸收根可达17～33条，长达60～76厘米。辽宁省沈阳市八家子村一户农民用塑料大棚栽培，每667米^{2}产量达6 500千克。但有的植株分枝过多、过细，致使块茎太短，影响商品质量。虽可食用，但最适宜加工。1株可长出好几个山药块茎。从分枝部位和分枝特点来看，与普通长山药遇有硬土或石块所造成的分杈截然不同。当地在温室或火炕上用沙床催芽育苗，温度保持在17～25℃，空气相对湿度保持在30%～40%，20天后即可出苗移栽，要求土壤耕层50厘米左右。辽宁省南部地区每667米^{2}施圈粪5 000千克、酒糟3 000千克、磷酸二氢铵或复合肥30千克，另外还需追施尿素30千克。该品种产量较高，但需山药栽子少，因而育苗较为有利。

（七）济宁米山药

济宁米山药（图25）原为山东省济宁市品种。该品种生长势中等，长2～3米，主蔓多分枝。叶腋间着生零余子较多。叶片较小，戟形，叶脉7条，基生叶互生，中上部对生或轮生。块茎圆柱形，长80厘米左右，直径2～4厘米，粗的可达5厘米。栽子短而细，表皮浅褐色，皮薄，瘤稀，须根少，肉白，黏质多。单株块茎质量约 0.5 千克，重的达 1 千克。每 667 米^2 挖沟栽培6 000～7 000 株，产量为 1 600～1 800 千克。

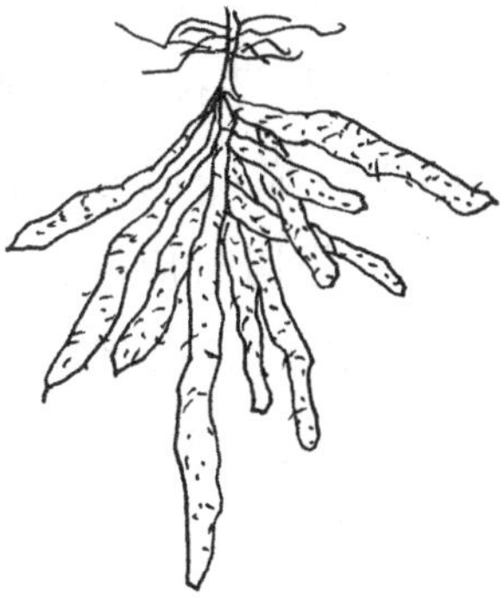

图 24 群峰山药

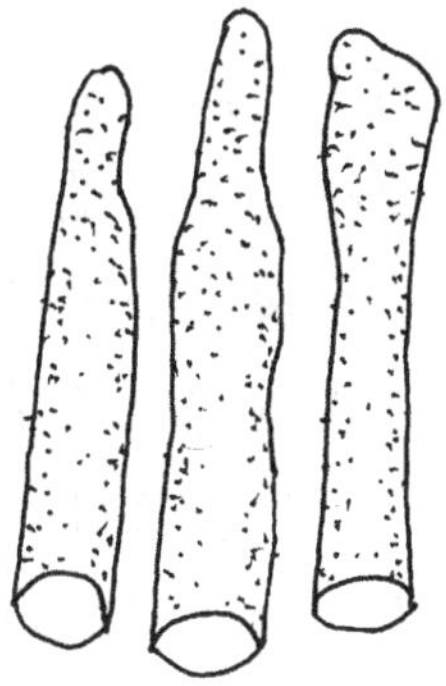

图 25 济宁米山药

（八）细毛长山药

细毛长山药又名鹅脖子（图 26），在江苏省北部、河北省南部和山东省西南部种植较多。该品种植株生长势强，蔓长 3 米以上，紫绿色，分枝多，叶腋间生零余子。叶大而厚，深绿色，基部戟状，缺刻小，先端钝。叶柄长，叶脉 7 条，基部两条叶脉各有 1 个分枝。基生叶互生，分枝上的叶片多对生。穗状花序。块茎圆柱形，栽子细而长，长可达 25～30 厘米，表皮褐色，瘤多，须根多而长。肉白色，质地紧实，黏液少。块茎长 100～140 厘米，直径 3～4 厘米。单株块茎质量约 1 千克，每 667 米^2 产量为 2 000～2 500 千克。该品种挖沟栽培的适宜密度为每 667 米^{2}3 000～4 000 株。

（九）农大短山药

农大短山药系列品种（图 27）是中国农业大学山药课题组从国内外引入的 27 个长山药品种中，经过 10 多年的现代优化设计试验选育出的一个新品种系列。该系列品种包括农大短山药1号（菜药兼用型短山药）、农大短山药2号（菜用型短山药）、农大短山药3号（药用型短山药）3个新品种。短山药用大零余子播种，必须催芽播种，单个种子5克以上，间苗后每667米^{2}保留8 000～9 000株。短山药用山药段子制备种薯，可将山药块茎按5～6厘米分切成段，分段时要将每段上端和下端统一用墨汁做好记号，以保证摆种时分布均匀。每块段子质量为50～60克。分切时应注意保留每块段子上的皮层，否则将来不能萌芽。种薯切块后，可埋在湿沙（不可带水）里催芽。种薯每排列一层，铺一层湿沙，湿沙每层厚2～3厘米，总厚度为30～40厘米。最外层用薄膜覆盖好。待芽吐出1～2厘米时，即可取出栽种。一代零余子收获后用麻、布袋盛种，在7～10℃下保存，翌年催芽播种为佳。分切山药段子必须选在晴天进行，一般在播种前1个月进行为好。使用分切的刀具要消毒，分切后将段子切口处蘸一层石灰粉或多菌灵粉剂，以减少病原微生物的侵染。种薯切块，后经日晒3～4天，每天翻动2～3次，当种薯断面向内收缩干裂时即可开始催芽。短山药也可用头年1～2克小零余子繁殖的小整薯做种薯。

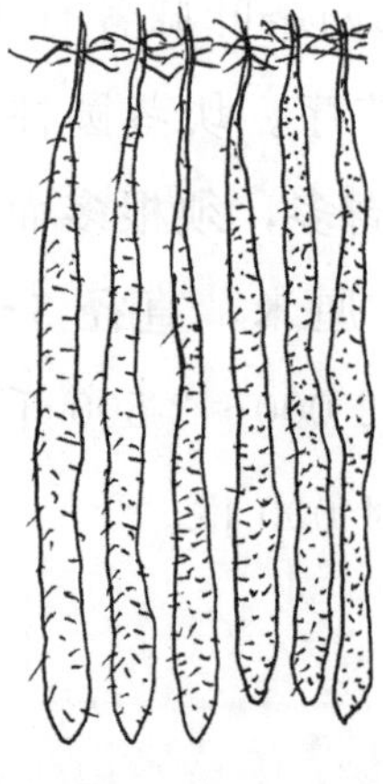

图26 细毛长山药

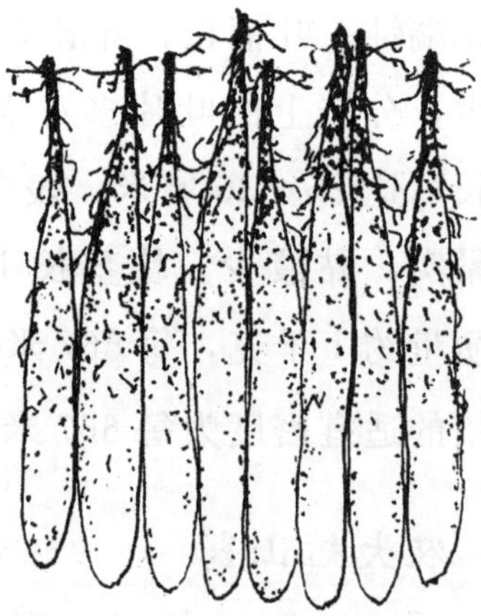

图27 农大短山药

1. 农大短山药 1 号（菜药兼用型短山药）　其性状表现为块茎质硬，雪白，粉性足，药性好，黏液较多，烘烤后有枣香味。新鲜块茎含水率 80%，粗蛋白质含量 2.39%，黏度 164 厘泊，锌含量 2.7 微克/克，锰含量 3.6 微克/克。生食、熟食、加工制药皆宜，尤其适合小孩和老人冬、春两季作为补品食用。该品种植株生长势中等，茎蔓长 3～4 米，断面圆形，绿色。基部叶片较大，互生，上部叶片对生，也有轮生的；叶长 7～15 厘米，叶宽 3～5 厘米，三角状卵形，尖头，叶色较深，叶质较厚，缺刻较浅，叶柄较长，叶脉 7 条。叶腋间着生零余子。一代零余子椭圆形，长 1.6 厘米，直径 1.1 厘米，表皮褐色。块茎长棒形，长 35～45 厘米，直径为 3～4 厘米，单个质量为 250～300 克，每 667 米^2 产量为 1 500～2 000 千克。该品种特别适合北方黄棕壤以及石灰性土壤种植，病虫害极少。该品种是雄株，穗状花序，每个花序有 16～18 朵雄花。雄花无梗，乳白色，有 6 个雄蕊、花丝和花药，中间有残留的子房痕迹，在晴天傍晚开花。块茎表皮褐色。有吸收根 9～15 条，须根较多，较细，一般应搭架栽培。该品种掘沟浅，深度不超过 50 厘米，省工，易于管理，非常适合高品质栽培。

2. 农大短山药 2 号（菜用型短山药）　其性状表现为块茎肉色雪白，粉性足，黏液汁很多。新鲜块茎含水率 82%，粗蛋白质含量 2.01%，黏度 158 厘泊，锌含量 1.5 微克/克，锰含量 1.2 微克/克。生食熟食皆宜，熟食发面发沙，味道微甜，适合小孩和老人食用。该品种植株生长势中等，茎蔓长 3～4 米，断面圆形，绿色。基部叶片较大，互生，上部叶片对生，也有轮生的，叶长 7～15 厘米，叶宽 3～5 厘米，三角状卵形，尖头，叶色深绿色，叶质较厚，缺刻较浅，叶柄较长，叶脉 7 条。叶腋间着生零余子。一代零余子椭圆形，长 1.8 厘米，直径 1.2 厘米，深褐色。块茎长棒形，长 40～45 厘米，直径为 3～5 厘米，单个质量为 300～400 克，每 667 米^2 产量为

1 600～2 200 千克，适合沙壤土和壤土种植，病虫害较少。该品种是雄株，穗状花序，每个花序有15～18 朵雄花。块茎表皮灰黄色。有吸收根 7～11 条，须根较少，较细，一般应搭架栽培。该品种掘沟浅，深度为 50～60 厘米，省工，易于管理，非常适合高品质栽培。

3. 农大短山药 3 号（药用型短山药） 其性状表现为块茎质硬，雪白，粉性足，药性好，黏液较多，有甜药味。新鲜块茎含水率75%，粗蛋白质含量2.93%，黏度 231 厘泊，锌含量 3.9 微克/克，锰含量 1.8 微克/克。该品种植株生长势中等，茎蔓长 3～4 米，断面圆形，绿色。基部叶片较大，互生，上部叶片对生，也有轮生的，叶长 6～13 厘米，叶宽 3～4 厘米，三角状卵形，尖头，叶色较深，叶质较厚，缺刻较浅，叶柄较长，叶脉 7 条。叶腋间着生零余子。一代零余子椭圆形，长 1.5 厘米，直径 0.9 厘米，深褐色。块茎长棒形，长 35～44 厘米，直径为 2.5～3 厘米，单个质量为 200～300 克，每 667 米^2 产量为 1 200～1 800 千克，特别适合壤土种植，病虫害较少。该品种是雄株，穗状花序，每个花序有 13～15 朵雄花。雄花无梗，乳白色，有 6 个雄蕊、花丝和花药，中间有残留的子房痕迹，在晴天傍晚开花。块茎表皮浅褐色。有吸收根 7～9 条，须根较多，较细，一般应搭架栽培。该品种掘沟浅，深度为 40～50 厘米，省工，易于管理，非常适合高品质栽培。

（十）麻山药

麻山药系河北省蠡县的地方品种（图 28），是国家地理标志产品，在河北省高阳县、安国市亦有大量栽培。茎蔓细长，绿色或紫绿色。叶片对生或三叶轮生，叶片三角状卵形，绿色。叶腋间生零余子，大而多。块茎圆柱形，长 60～70 厘米，最长可达 80 厘米，直径为 7～8 厘米。表皮暗褐色，粗糙。须根较长，粗而密。块茎单个质量约 280 克，外形好，皮厚，质地细软，含水分多，肉白，品质好。生长期 180 天左右。不宜在盐碱地栽培，喜疏松肥沃土壤。每 667 米^2 产量为 2 200～3 600 千克。10 月中下旬刨收。栽培前，施足基肥，做畦，行距 60～80 厘米，株距 15～20 厘米，4 月上旬切段播种，每段长 15～20 厘米。开沟后将种薯放入沟内，覆土。苗高 15 厘米时搭架。7 月上旬开始增加浇水次数，并追肥 1 次。

（十一）农大长山药

农大长山药系列品种（图 29）是中国农业大学山药课题组经过多年系选试验，所选育出的菜药兼用型山药新品种系列。该系列品种包括农大长山药 1 号、农大长山药 2 号、农大长山药 3 号 3 个新品种。农大长山药用山药段子制备种薯，可将山药块茎按 7～8 厘米分切成段，分段时要将每段上端和下端统一用墨汁做好记号，以保证摆种时分布均匀。每块段子重 60～70 克。分切时应注意保留每块段子上的皮层，否则将来不能萌芽。种薯切块后，可埋在湿沙（不可带水）里催芽。种薯排列一层，铺一层湿沙，湿沙每层厚 2～3 厘米，总厚度为 30～40 厘米。最外层用薄膜覆盖好。待芽吐出 1～2 厘米时，即可取出栽种。一代零余子收获后用麻、布袋盛种，在 7～10℃下保存，于翌年催芽播种为佳。分切山药段子必须选在晴天进行，一般在播种前 1 个月进行为好。使用分切的刀具要消毒，分切后将段子切口处蘸一层石灰或多菌灵粉剂，以减少病原微生物侵染。种薯切块后，要经过日晒 3～4 天，每天翻动 2～3 次，当种薯断面向内收缩干裂时即可开始催芽。该品种用头年 1～2 克小零余子繁殖的小整薯做种薯，同样进行催芽处理。

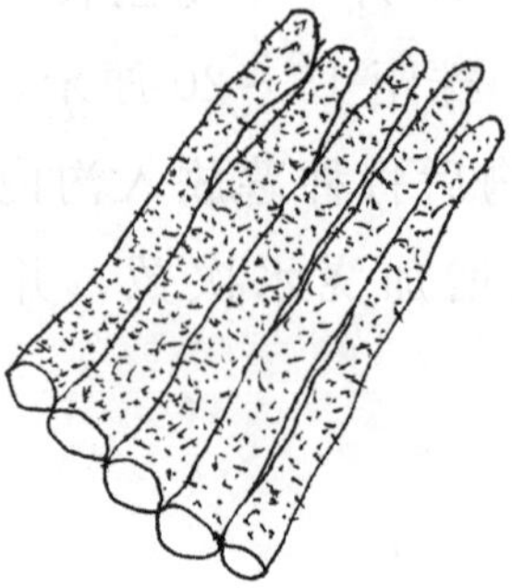

图28　麻山药

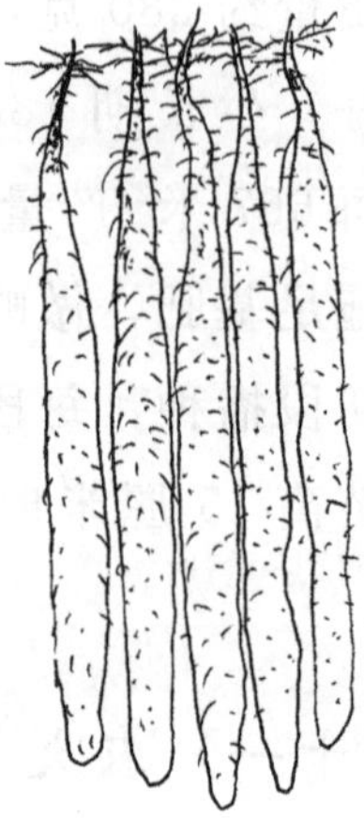

图29　农大长山药

1. 农大长山药1号　其性状表现为块茎质硬，雪白，粉性足，药性好，黏液较多，有甜药味。新鲜块茎中的含水率76%，粗蛋白质含量2.95%，黏度237厘泊，锌含量4.9微克/克，锰含量2.8微克/克。该品种植株生长势中等，茎蔓长3～4米，断面圆形，绿色。基部叶片较大，互生，上部叶片对生，也有轮生的，叶长6～11厘米，叶宽3～4厘米，三角状卵形，尖头，叶色较深，叶质较厚，缺刻较浅，叶柄较长，叶脉7条。叶腋间着生零余子。一代零余子椭圆形，长1.1厘米，直径0.7厘米，深褐色。块茎长棒形，长75～80厘米，直径为4～5厘米，单个质量为900～1 000克，每667米^{2}产量约3 000千克，特别适合壤土种植，病虫害很少。该品种是雄株，穗状花序，每个花序有12～15朵雄花。雄花无梗，乳白色，有6个雄蕊、花丝和花药，中间有残留的子房痕迹，在晴天傍晚开花。块茎表皮浅褐色，有吸收根7～9条，须根较多，较细，一般应搭架栽培。生产小山药用一代零余子播种，生产商品山药需用小山药或山药栽子、山药段子播种。该品种高产优质，易于管理，非常适合山药高品质栽培。

2. 农大长山药2号　其性状表现为块茎肉色雪白，粉性足，黏液汁很多。新鲜块茎中的含水率82%，粗蛋白质含量2.09%，黏度169厘泊，锌含量3.5微克/克，锰含量1.9微克/克。生食熟食皆宜，熟食发面发沙，味道微甜，适合小孩和老人食用。该品种植株生长势中等，茎蔓长3～4米，断面圆形，绿色。基部叶片较大，互生，上部叶片对生，也有轮生的，叶长8～15厘米，叶宽3～5厘米，三角状卵形，尖头，叶色深绿色，叶质较厚，缺刻较浅，叶柄较长，叶脉7条。叶腋间着生零余子。一代零余子椭圆形，长1.2厘米，直径0.9厘米，深褐色。块茎长棒形，长80～85厘米，直径为4～5厘米，单个质量为1 000～1 100克，每667米^{2}产量约4 000千克，适合沙壤土和壤土种植，病虫害很少。该品种是雄株，穗状花序，每个花序有15～18朵雄花。块茎表皮灰黄色，有吸收根7～11条，须根较少、较细，一般应搭架栽培。生产小山药用一代零余子播种，生产商品山药需用小山药或山药栽子、山药段子播种。该品种高产优质，易于管理，非常适合山药高品质栽培。

3. 农大长山药3号　其性状表现为块茎质硬，雪白，粉性足，药性好，黏液较多，烘烤后有枣香味。新鲜块茎含水率81%，粗蛋白质含量2.02%，黏度174厘泊，锌含量2.4微克/克，锰含量2.6微克/克。生食、熟食、加工制药皆宜，尤其适合小孩和老人冬、春两季作为补品食用。该品种植株生长势中等，茎蔓长3～4米，断面圆形，绿色。基部叶片较大，互生，上部叶片对生，也有轮生的，叶长5～10厘米，叶宽3～5厘米，三角状卵形，尖头，叶色较深，叶质较厚，缺刻较浅，叶柄较长，叶脉7条。叶腋间着生零余子。一代零余子椭圆形，长1.3厘米，直径0.8厘米，表皮褐色。块茎长棒形，长75～85厘米，直径为4～5厘米，单个质量为1 000～1 200克，每667米^{2}产量约3 500千克，特别适合北方的黄棕壤以及石灰质土壤种植，病虫害极少。该品种为雄株，穗状花序，每个花序有16～18朵雄花。雄花无梗，乳白色，有6个雄蕊、花丝和花药，中间有残留的子房痕迹，在晴天傍晚开花。块茎表皮黄褐色，有吸收根9～15条，须根较多，较细，一般应搭架栽培。生产小山药用一代零余子播种，生产商品山药需用小山药或山药栽子、山药段子播种。该品种高产优质，易于管理，非常适合高品质栽培。

（十二）汾阳山药

汾阳山药为山西省汾阳市冀村乡地方品种（图30），是国家地理标志产品。该品种生长势强，茎蔓右旋，多分枝，紫绿色，蔓长3.5～4.5米。叶片绿色，较小，基部心脏形，缺刻大，先端长而尖，叶柄较长，叶脉7条，基部有两条分枝。叶片互生，中上部叶对生，间有轮生。块茎扁圆柱形，表皮褐色。栽子细而短，一般长8～13厘米。块茎长50～80厘米，直径4～6厘米，生长期为160天。须根粗而长，较坚韧，不易拔掉。零余子多，较大，长1.5～2厘米，直径0.8～1.5厘米，带甜味。块茎黏液多，黏丝不易拉断。肉极白，质脆，易熟，带甜药味。品质优良，绵中带沙，药食兼用。每667米^{2}产量约2 000千克。在当地，4月上中旬播种，10月中下旬采收。畦宽130～150厘米，每畦种2行，行距为60～70厘米，株距为15～20厘米。

（十三）华蓥山山药

华蓥山山药系四川省华蓥山地方品种（图31）。该品种植株生长势强，块茎长圆柱形，长100～130厘米，直径为3～5厘米，单株质量为1～2千克。肉白，质紧，久煮不散，有醇香味。单株块茎质量可达8千克，每667米^{2}产量为2 500～3 500千克，被当地誉为药参，食用后可光泽肌肤，滋润容颜。该品种山药喜肥沃疏松沙壤土。

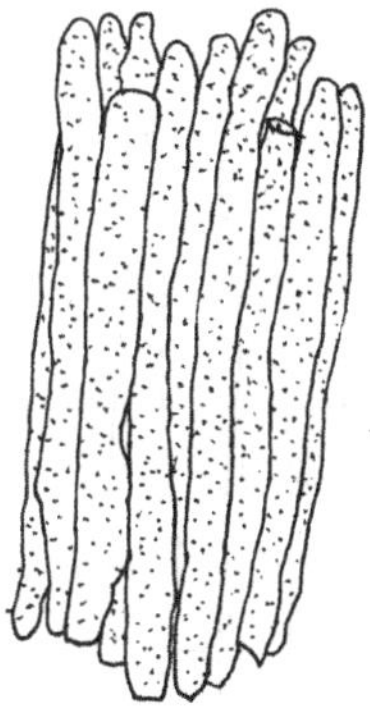

图 30　汾阳山药

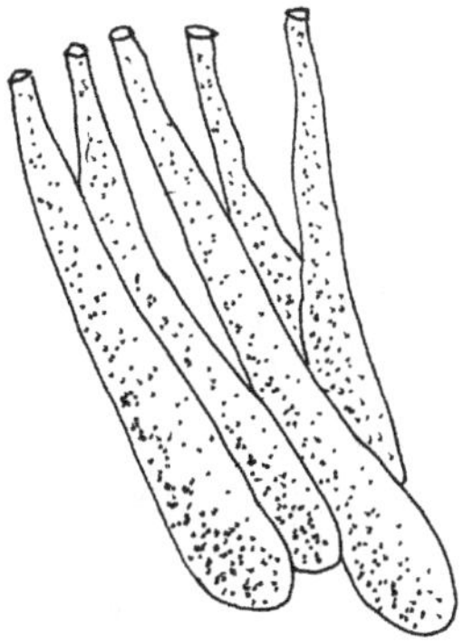

图 31　华蓥山药

（十四）盐城兔子腿山药

盐城兔子腿山药（图 32）是江苏省中北部盐城、淮阴一带的地方品种。茎蔓粗壮，分枝多。叶片大，深绿色，先端钝，缺刻小。叶脉大部 7 条，也有 9 条的，基部 4 条叶脉有多个分枝。基部1～2片叶互生，其余对生。块茎棒槌形，长 50～60 厘米，直径为 3 厘米左右。栽子粗短，长 5～10 厘米，表皮褐色，瘤密。肉白，质紧而有韧性。单株块茎质量为 0.25～0.5 千克，每 667 米^2 产量为 1 500～2 000 千克。深翻培垄栽培，适宜栽植密度为每 667 米^2 6 000～8 000 株。

（十五）淮山药

淮山药是江苏省淮北地区栽培的传统品种（图 33），俗称毛山药。肉质绵软，品质优良。块茎长圆柱形，长 80～100 厘米，直径为 3～4 厘米。植株生长势中等。蔓长 3 米，叶片较大，缺刻小，叶脉 7 条，基部叶片互生，其余对生，间有轮生。块茎颜色较深，为深褐色，须根较多。淀粉含量较高。瘤密，肉白，质紧。叶腋间着生零余子。每公顷山药产量为 25～30 吨。淮阴市灌南县等地栽培面积较大。晚熟，生育期为220天。

图32 盐城兔子腿山药

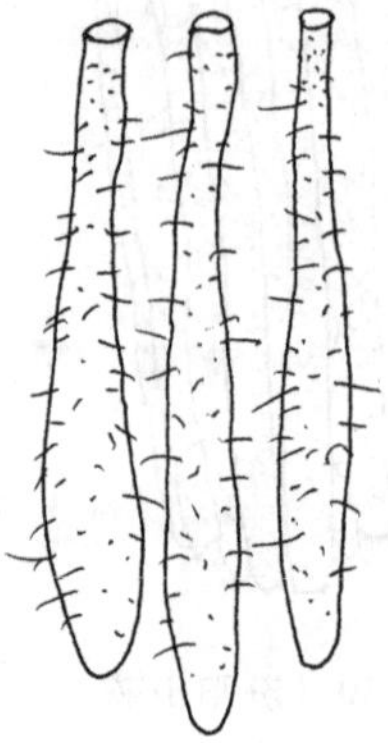

图33 淮山药

（十六）双胞无架山药

双胞无架山药是江苏省启东市农民许兆康育成的一个短蔓山药品种(图34)。其主蔓长到40厘米左右时，嫩梢自然萎缩，逐渐团伏地面，进行爬地生长，无须搭架栽培。主蔓萎缩后，很快分生侧枝，并旺盛生长。共有侧枝7～8条，蔓长50～60厘米，仅为普通山药蔓长的1/6。匍匐地面生长，不仅抗风，而且保墒，适宜种植在我国东部沿海地区。该品种的另一个特点是“双胞”生长，一株山药结两根块茎，80%的植株都能结成两根山药块茎。块茎长50～65厘米，圆柱形，单个质量为500～1 000克，最大的达1 500克。有10%的植株只结1根山药，偶有结3根、4根山药的。正常年景，每667米^{2}产量为2 500～3 500千克，高产的达4 000千克以上。每667米^{2}产值达5 000～10 000元。

该品种适于间作套种，不仅可以和冬春蔬菜套种，也可以和棉花间作，套种间作后经济效益更好。作种出售也很合算。种植时因块茎较短，无须深挖，收获也较容易。宽行种植，无须搭棚，既省材料，又省人工，成本较低。该品种属于绵山药类型，品质较好，块茎肉质细腻黏滑，刨皮后自然存放，其雪白肉质数天不变色。蒸煮易酥而又不烂，宜做山药泥、山药糕、油炸品和汤等，也可加工成山药片、山药精、山药酒和山药酸奶等系列饮料。

注意：有些地区无架栽培效果较差，引种时须提前小面积试种。

（十七）牛腿山药

牛腿山药（图35）是辽宁省农业科学院园艺研究所从17个引进的山药品种中，经辐射处理培育后筛选出的一个品种。蔓长2.35米，圆形或四棱形。叶片对生，箭形，基部叶片大，叶腋间对生零余子。有侧根12～16条，侧根长35厘米。块茎短而粗，纺锤形，表皮褐色，长51厘米，单个质量约670克，含干物质17.5%，适于加工山药粉。每667米^{2}产量约1 750千克，高产的达4 858千克。适合于东北地区栽培。该品种耐寒性强，已在北纬45°的黑龙江省中部寒冷地区种植。要特别注意防治地下害虫，这是该地区该品种提高块茎商品性状和经济效益的关键性措施。一般宜选择土层深厚和地势平坦的沙质壤土，并实行催芽移栽，中耕宜早宜浅，大垄栽培对田间管理有利。该品种的植物学形状有些特殊，茎蔓为四棱形，这在山药中，特别是长山药中很是少见。笔者认为，它与大薯的亲缘关系较近。

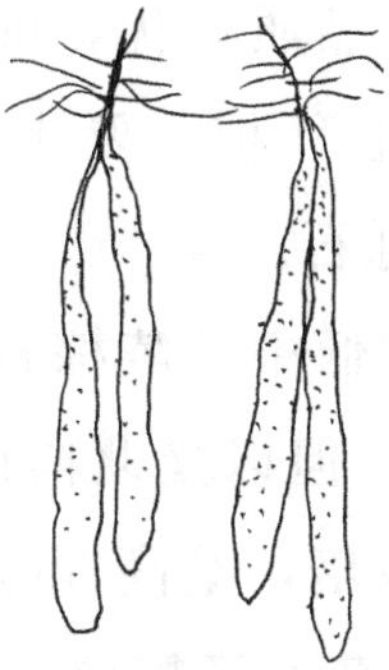

图34　双胞无架山药

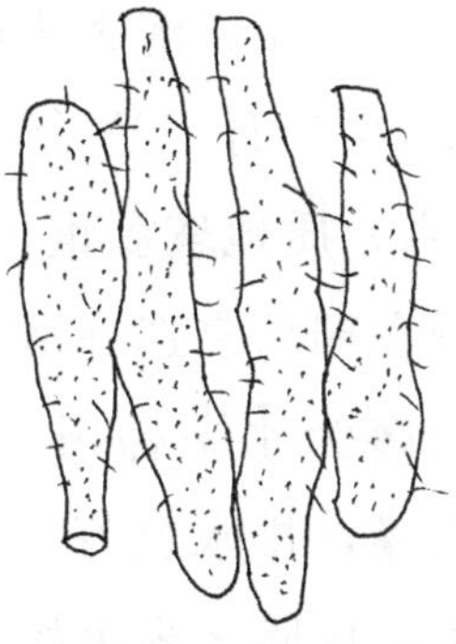

图35　牛腿山药

（十八）瑞昌山药

瑞昌山药（图 36）为江西省瑞昌市罗城山地方品种，是国家地理标志产品。据明代隆庆年间《瑞昌县志》记载，山药已是该地特产之一。本地老人患尿频或儿童遗尿者，常用山药炖肉食用，数次即可见效。新中国成立后，年收购量在 50 吨以上，栽培面积为 133.33 公顷，每 667 米^2 产量为 1 000～2 000 千克。地上茎蔓圆形，主蔓长 2.85 米，基部茎粗 2.2 厘米，共 45 节，节间平均长度为 5～6 厘米，有 4～6 个分枝。茎下部叶片互生，中上部对生叶渐多。叶长 6～8 厘米，宽 3～4 厘米，全缘，尖锐。叶腋间着生零余子，9 月中下旬脱落。块茎长棒形，淡黄色或浅棕黄色，长 25～50 厘米，粗 3～7 厘米，单个质量为 0.5～1 千克，上部皮孔多，须根密生，较长，一般为4～5厘米，最长达 7 厘米。水平方向生长，中下部表皮光滑，皮孔较稀，须根少而短。颈部灰棕色，细长，长达 8.5～12.8 厘米，粗 0.8～1.5 厘米，密生棕褐色细根，细根长 4～5 厘米。全生育期 195 天，霜降后植株枯萎。块茎组织致密，淀粉含量高，黏液多，久煮不糊，清香爽嫩，风味鲜美，品质极优，可就地贮藏或窖贮到翌年 5 月。适合于红石灰质泥土种植，要求土层厚度 80～100厘米，质地较黏重，紧实，且少夹砾石。

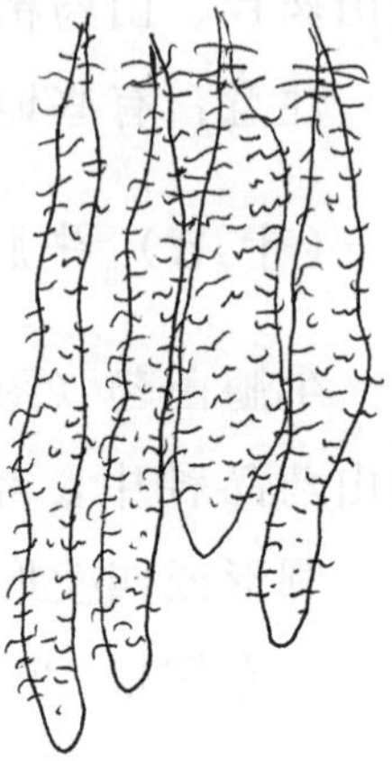
图 36　瑞昌山药

该品种在瑞昌多选择海拔 60～300 米的低中丘陵棕石灰泥土种植。山药田多为水平梯田，坡向南北皆可，但以坐北向南者为优，要求地势高燥，排水良好。多用大垄高垄栽培，垄高 35 厘米左右，如地块较大，应隔 3 米远挖 1 条畦沟。用山药段子繁殖，每 667 米^2 用种量为 150～200 千克，每段 3.3 厘米长，切口拌和草木灰，稍经日晒，2～3天切面愈合后即可播种。每667米^{2}栽4 000～8 000株，最多可达10 000株，冬播或春播，但多行春播。冬播应在冬至前进行，春播在立春后种植。行距35～40厘米，株距24厘米，播种深度15厘米。幼苗出土后搭架，架高1.3米，取4～5根小山竹搭架，上用稻草绑扎在一起。雨季注意排水。秋旱时，应盖葛藤、茅草或细竹叶等10厘米厚，以保水防旱，抑制杂草生长。山药田要年年轮换，可与油菜、小麦轮作。

（十九）华州山药

华州山药（图37）主产于陕西省华县，已有2 500多年栽培历史，是国家地理标志产品。在《华州志》中称它是天下之异品，每667米^{2}产量约2 000千克，高产的可达5 000千克。品质优良，药食兼用。块茎较粗，须根长，皮薄，质细，味浓，最适于鲜食和加工干制。

（二十）大和长芋

大和长芋是日本品种（图38）。该品种植株生长势强，茎蔓圆形，右旋，长2.5～3.5米。叶片大，戟形，缺刻小，单株叶面积1.2～1.5米^2，叶厚0.3～0.35毫米，单叶质量为0.6～0.8克，单株鲜叶重500～600克，地上茎枝叶总鲜重1.2～1.4千克。叶腋间着生零余子。每公顷零余子产量为3.75吨。块茎长圆柱状，长0.5～0.9米，直径为3～5厘米。肉白色，质紧，皮褐色，须根较多。宜鲜食和入药，也可加工成山药干。每公顷产块茎28～35吨，高产的可达45吨左右。品质好，绵软香甜，干物质占16%～18%。

（二十一）利川山药

利川山药是湖北省利川市特产，国家地理标志产品。利川山药已有1 500多年的种植历史，特别是富含硒、锗等对人体有益的稀有微量营养元素，这是其他山药品种所没有的。利川山药根茎棒状，但不笔直，一般呈多次微小弯曲状，长度33～66厘米，最长达100厘米以上，根少分枝，白色根着生许多须根，断面呈黏性，黏丝细长，可达丈余。白色小单生花，蒴果。叶对生，叶形多变化，常为心脏形或尖形掌状，叶脉6～9出，叶腋间生有株芽。利川山药中尤以湖北省利川市团堡镇产的红皮山药品质最佳、药用价值高，其特点为皮薄（呈淡紫红色）、色白、质实、高黏液质、水分含量低、味清香怡人、口感绵和，素称“林野山珍”。

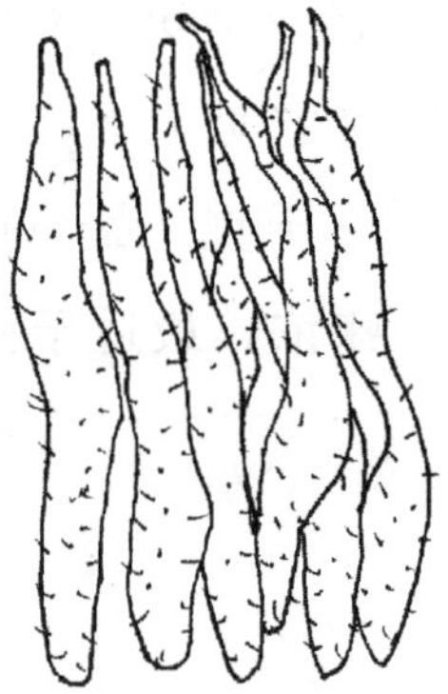

图37　华州山药

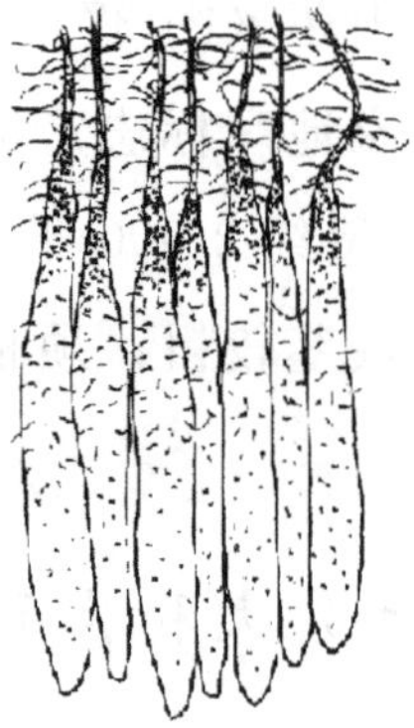

图38　大和长芋

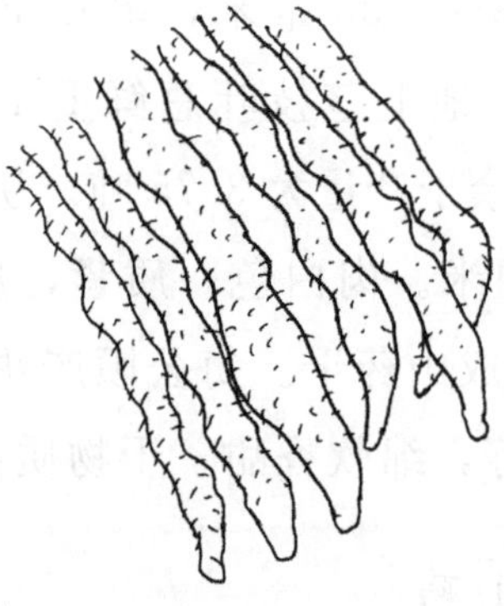

图39　利川山药

二、土壤的选择和整地

运用常规技术栽培山药，以选用土层深厚、疏松肥沃、向阳、排水流畅、地下水位在 1 米以下、pH 值 6～8 的沙质壤土为好。采用壤土和黏壤土栽培，所产山药的品质也很好。要注意整地，土壤中不能混杂有直径 1 厘米以上的石块，否则山药块茎分杈严重，根形不美，会降低商品价值。整地时，可将土壤过筛，筛子孔径以 0.5～1 厘米为宜。挖沟回填土时，将筛后的土重点填实在块茎生长区。种植山药的土壤不宜完全采用沙土，否则漏水漏肥严重，而且土层松弛，易塌陷，导致山药块茎生长变形，影响商品价值。pH 值 5 以下的酸性土壤（如我国南方的红壤）不宜种植山药，否则块茎易生支根和根瘤，影响正常生长。山药生长在 pH 值超过 8 的土壤，其块茎下扎困难，对产量影响很大。针对近年来农田生态环境日益遭到破坏的情况，应确保栽培土壤不受有机废弃物和有害重金属元素（如铅、镉、汞等）的污染。

山药块茎具有下扎特性，入土可达 30～100 厘米，因此需要将生土深耕，改善土壤结构，降低土壤紧实度，以利于块茎下扎生长。一般在冬前深翻土地，挖土时将表土和底土分开堆放（图 40），经过冬季日晒风化后，于翌年春天下种前施入基肥。每 667 米^2 施充分腐熟的厩肥、堆肥约 5 000 千克，并注意将肥料施匀，不能施入未捣碎的肥料块，否则会引起烧根或块茎畸形。然后，将施好肥的土壤回填山药沟内，注意先填入底土，再填入表土，分层用石础或脚踩实（图 41）。否则，土壤太疏松，容易造成土壤塌坑，损坏块茎和根系。用脚踩实的方法是：两脚贴在沟壁踩，中间（块茎生长区）留一条松土，每次回填土的厚度不要超过 15 厘米。如此分层踩实，直至将沟填平，并做成垄，在垄中间的松土带上做好标记，等待播种。一般按1米距离开沟，沟宽25厘米，沟深0.6～1米。

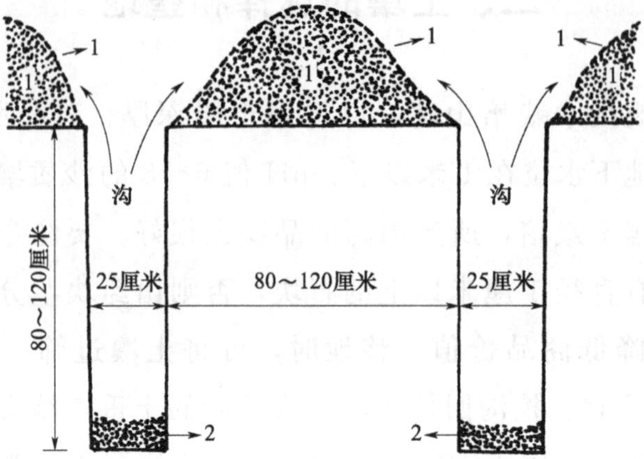

1.从沟内取出的土及堆土位置；2.沟内未取出的土

图40　山药沟示意图

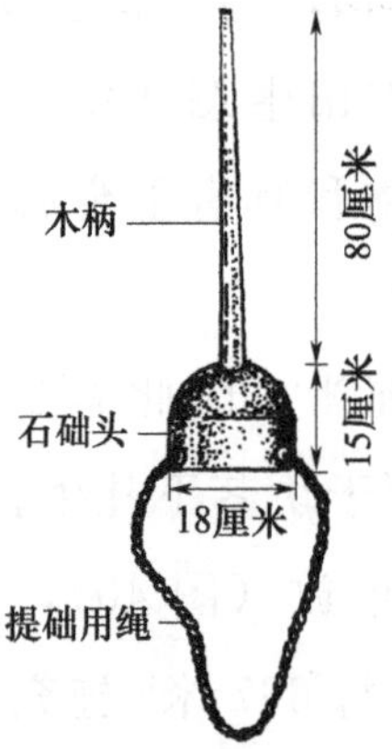

图41　打实松土所用石础

近年来，有些地方将开沟距离缩减为60～70厘米，增加了栽植密度，这样做的缺点是田间管理和收获时比较困难，需要有多年种植经验者才能操作，初种者不宜采用。土壤回填完成以后，如果土墒不足，需要浇透水1次（播种时不再浇水）。套种间作的开沟距离，按间作物的畦宽和山药支架高矮而确定，以保证山药同间作物的生长互不干扰，一般按2～3米距离开沟(图42)。

我国南方习惯于将山药地做成高垄，在垄上栽培山药，这与南方湿涝多雨的气候相适宜，雨水来临时排水迅速，不致造成土地湿涝。在北方地区，可将山药地做成平畦，这样可以省工，同时北方少雨，也不致造成土地湿涝。但在地下水位低于1米的地方，也应采用高垄栽培。

如果因工时紧张，冬季前不能耕翻土壤，开春整地也是可以的，但这样一来，栽培土壤未能充分风化，易发生病虫害。另外，如果栽培土壤质地黏重（如黏土或黏壤土），那么一定要在冬前开沟耕翻土壤，使土壤在冬季受冻后变松，否则栽培出的山药块茎很短，外形粗糙弯曲，不仅影响产量，而且降低商品价值。

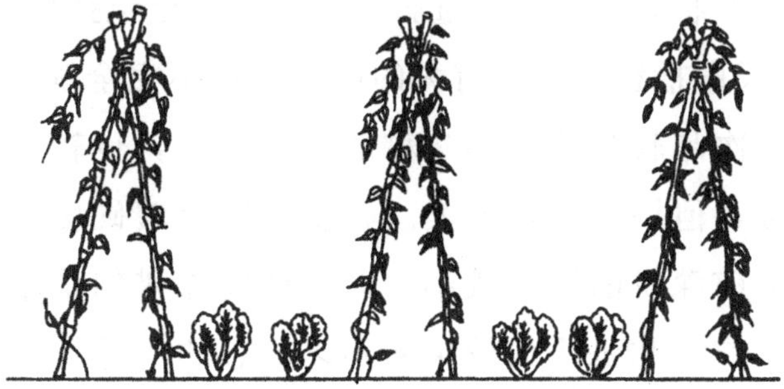

图 42　山药支架与套菜栽培示意图

栽培长山药，宜按南北向开挖深沟。栽培扁山药，对沟向无严格要求，而且沟深要求较浅，一般在 30～50 厘米，即可满足正常生长。过去习惯于在回填土时，随土施入基肥，施肥深度与沟深基本一致。近年来，许多地区的栽培试验表明，这种做法并不科学，既不利于块茎尖端下扎（尖端碰到肥料易被烧坏，而且会造成组织汁液外渗），也浪费肥料。因为山药的吸收根系大都分布在距地面 30 厘米深的土层内，因此只需在这一土层施入基肥。

使用山药开沟机，能大大提高开沟的效率。小型机每天开沟 0.1 公顷，拖拉机牵引机每天开沟 0.2 公顷。江苏省丰县研制的开沟机每小时可开沟 200 米左右，它是用手扶拖拉机作动力，开沟螺旋可钻入地下 1.7 米处，使地下 1.7 米以上的土层变得疏松，而且旋转前进时并不会改变原先的土层。开沟机所到之处，土块会完全被破碎。由于土层变得疏松，上面便会形成一条高垄，正好可用于山药播种。

用机械开沟，一般都在春季播种前 15～20 天进行。如果开沟后离播种时间较长，开沟后形成的高垄应拍平踩实呈馒头形，以防下雨塌沟；也可以盖上地膜防雨保墒，等待播种。

机械开沟都在春天，这对于山药的产量和品质有没有不良的影响呢？根据笔者多年的考察表明，山药的秋耕和春耕对山药块茎的形成、块茎的形状和块茎的产量影响甚微，甚至包括播种前的深耕，即耕后2～3天即播种，也没有大的影响。据不完全统计，秋季深耕的正品较多，次品较少；春季深耕的块茎较粗，也较长；播前深耕的，歧根最多，但块茎单重最大。收获时的土壤硬度，秋耕和春耕的差不多，播前深耕的硬度较小，而且播前深耕的块茎较长，但直径较细。人工挖沟和机耕的效果差不多。总的产量却是播种前几天深耕的最高，春季深耕的次之，冬季深耕的最少。当然，这种差别很小。据国外资料介绍，反映的情况也大致如此。

挖沟的时间和土壤的质地有关。黏重一些的土壤还可以在当地土壤冻结之前进行，让土壤风化熟化，变得疏松一些。在特别黏重土区进行零星栽培、小菜园栽培以及因为劳力安排方面的需要等情况下，冬前挖沟也是可以的，问题是大面积的山药生产多集中在沙壤地区，若在冬前挖沟，经一个冬天风化解冻，沟形实在难以保持，因而也就没有必要在冬前挖沟。当然，山药开沟机的质量需要进一步提高，现在的产品多是乡镇企业初级产品，实际使用过程中很容易出故障。有的农户反映，山药开沟机开667～1 334米^{2}地就要进行维修，这样就得不偿失了。

三、种薯制备

栽培山药需事先制备种薯，种薯的质量优劣直接影响山药块茎的产量和品质。常规的种薯制备方法有3种：一种是使用山药栽子；二是使用山药段子；三是使用山药零余子。

（一）使用山药栽子制备种薯

山药栽子，也叫山药嘴子。在山西、河南产区又叫芦头、龙头，或山药尾子，也有叫凤尾或尾栽子、种栽、毛栽子的。因为它是山药块茎上最细长的部分，向前看是龙头，朝后看又似凤尾。山药栽子是山药块茎上端有芽的一节，在收获山药时获取。要求作为山药栽子的块茎颈短、粗壮、无分枝和病虫害。山药栽子一般长 17～20 厘米，如果太短将影响产量。

一个完整的山药栽子，应该包括 3 个部分。最上面一个突起的小瘤，就是山药嘴，也叫山药嘴子。这个部位地方不大，却连接四方，看上去并不起眼，作用却非同小可。山药嘴既是山药植株地上部茎叶和地下部块茎的连接部分，以及养分与水分运输的必经之处，也是种薯向山药植株提供营养的通道，这里还有最具活力的隐芽。山药一生仅有的 10 条左右的吸收根，也是从这里发出伸向四方的。这个甚至不到 1 厘米^3 的地方，用放大镜看，正上方是地上部茎蔓在秋冬枯萎后断离留下的主茎遗痕，约 4 毫米^2 大小。主茎遗痕的一侧，就是隐芽的部位，稍具营养，略微突出，翌年春暖后萌发成苗。同时，还有零余子或是山药栽子等种薯留下的斑痕，结果就形成了较为膨大而又粗糙的山药嘴，七扭八歪，斑痕累累。山药嘴是山药栽子的重要部位，在山药收获、运输和贮存过程中，均应重点保护，不得伤害。山药栽子年龄越大，嘴部斑痕越盛。

山药嘴下边一节细长的部分，叫二勒，也叫栽子颈部或颈脖子、细脖子、长脖子等。约占山药栽子长度的 1/2，一般长度为 10～15 厘米。二勒下边这一段较粗的部分，一般称底肚，也就是山药栽子的基部，长度为 10～17 厘米，是山药栽子养分最多的部位（图 43）。二勒部分愈细长，下面较粗的块茎部分愈需要留得长一些，长度应较二勒部分略长。

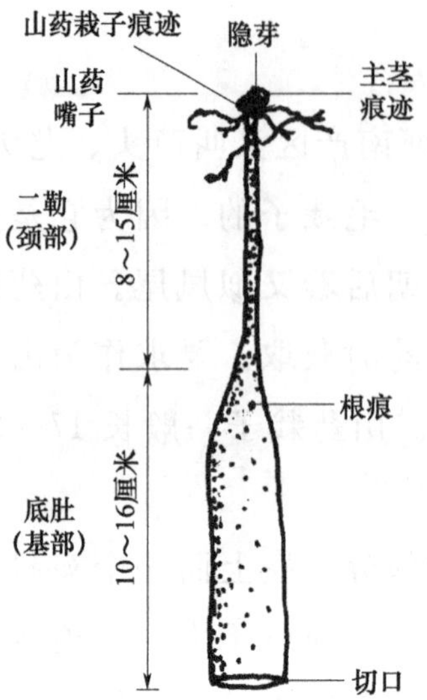

图43 1年生山药栽子示意图

怎样制作山药栽子呢？首先是掰栽子，掰栽子一般与山药的收获同时进行。10月下旬，山药地上部茎叶萎黄时开始挖掘山药。山药挖起时选择脖颈短粗、芽头饱满、健壮无病、无虫、无分杈、色泽正常的山药块茎，将栽子掰下，长度各地不一，一般是17～20厘米长。太短了影响产量和品质。多数人是在收获时用手将其掰下，故名掰栽子。也可用刀把它切下，就称为切栽子。

栽子掰下后，晾晒4～5天，下面铺上高粱秸秆，不可放在土地上，为的是让栽子表面的水分蒸发，加快断面伤口愈合。在北方大部分地区都是这样晒干的。南方一些地方则是在截取栽子后，放在室内通风处晾1周左右，待栽子稍干燥后贮藏。

山药栽子截取后，存放到翌年种植。按4月下旬播种时算起，其间相隔6个月。在这半年时间内，必须对山药栽子进行妥善保存，避免腐烂变质影响翌年的山药栽培。在山西、河北等地多用沙贮存。贮存时，一般在室内铺一层河沙，最好铺得厚一些，约15厘米，在沙上铺一层栽子，然后铺一层沙子，放一层栽子，如此反复，直到堆至80～90厘米高为止。最后，在顶上盖一层稻草，即可过冬。有地窖的家庭可以将山药栽子存入窖。在南方，可将其放在干燥的屋角保存。但均需一层栽子一层较为潮湿的河沙交替存放2～3层，并在最上部盖上草苫等物，以防冻保湿。同时，应注意温度保持在0℃以上。在贮藏过程中，还要经常检查。如发现河沙过干或过湿，均应及时调整。山西一些地方只用干沙，不用湿沙，以防止腐烂。

翌年春暖终霜后，开始栽种。最简单的办法，是先将栽子拿出去晒太阳催芽，待全部萌动后即可栽种。栽种时，行距为 1 米，株距为 20 厘米，沟深为 6～7 厘米，将种薯朝着同一方向，摆在沟底，覆土后在外表再盖一层厩肥，然后浇水。也可在摆栽子前在沟中先浇小水，水渗后将栽子按规定距离压入土中。栽子种毕，在沟两边锄开 2 条深 10 厘米的沟，施上肥料，然后覆土。

一般情况下，山药栽子的截取与山药收获同时进行。秋冬收的山药，其栽子在秋冬截；春季收的山药，栽子在春季截；从冬前到暖春，随收随掰，但切记要在收刨时防冻。特别是在进行集体收刨出售时，如果组织不周，只顾刨山药，装山药，卖山药，对切取的山药栽子保护不够，使栽子受了冻，则会影响翌年的山药栽培。

此外，要注意消毒卫生，最好在切取的当时，用草木灰或生石灰粘住切面，以防止病菌感染。即使生产再忙，也不能忘了切取山药栽子时要严格消毒加以保护。当然，也不能冻坏山药块茎。有些地方为了安全起见，在冬前收山药时，不切下栽子，使栽子连同山药块茎一起入窖贮存。这样，可以没有断面，减少病菌感染的机会。但是，山药块茎过长时，运输、装箱和贮存都不方便，很容易被折断。不过，论山药栽子的质量，肯定是春季截取的要好。因为经过一冬春的田间贮存，块茎也得到了进一步的充实，质量可以提高 10%左右，山药栽子当然也比冬前的要充实得多，只是冬季寒冷地区，要保护好田间的山药嘴部分，避免它受冻。冬前收获块茎时，不要将栽子切下，使它连同山药块茎一同贮存。这对山药栽子的充实和保护也有不少好处，可使翌年的播种安然无恙。

2002 年中国农业大学山药课题组，在山药的规范化种植方案中提出了山药高产栽培都用大栽子，以三年的大栽子为最好（图 44）。什么是三年的大栽子呢？实际上是从零余子开始算起。第一年从山

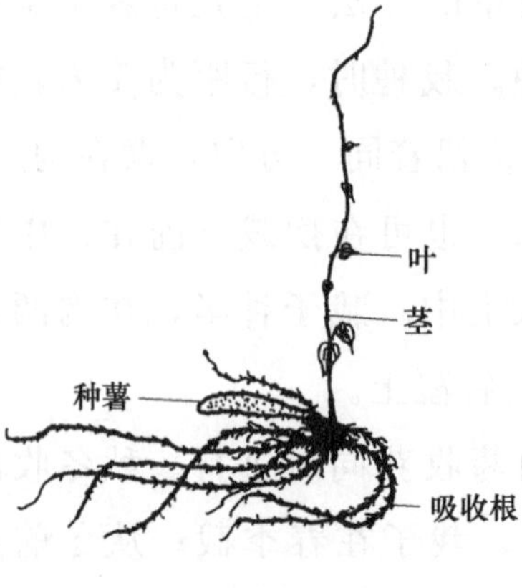

图44 有顶芽的三年山药大栽子生育很快

药地上部茎枝上获得零余子，第二年开春后将零余子播入田中，秋后收取小山药。第三年将小山药播下去，就会获得大山药。这个小山药一般就叫三年大栽子。因为第二年的小山药色泽鲜艳，微红，且较长较细，长30～40厘米，养分贮藏少，生长力弱，块茎也小，很少用作食用，但作为山药栽子却效果最好。三年大栽子，是生长势最强的栽子。山药栽子的年龄，可以根据其皮色和山药嘴的粗糙斑痕状况判断。第四年的栽子就不如第三年，第五年的栽子就不如第四年，栽子的颜色也逐渐由微红变褐，再变成深褐色，颜色一年比一年深，长势却一年比一年弱，到了第六年栽子就不好用了，不仅块茎小，产量低，长出的零余子（山药豆）也少，整个植株都显出了衰老多病的劣势，这就必须再用零余子复壮更新。这里的第六年，实际上是使用三年大栽子的第四年，也就是说，隔上三四年就要用零余子重新播种，以恢复其生长壮势。

有一些品种在使用有顶芽的山药栽子时，由于生长势很强，常会出现几个芽子，挤在一起长成几根细瘦山药的现象。于是有些地方常采用削去顶芽的山药栽子进行播种的做法。

在山药产区，尤其是山西、河南一带的药农，嘴边常提到鹰嘴芦头和虎脖芦头，什么是鹰嘴芦头和虎脖芦头呢？芦头就是山药栽子，也称种栽。鹰嘴芦头，指芦头细长似鹰嘴的山药栽子，一般嘴处须根痕迹较大且突起。而虎脖芦头，则短粗似虎脖，表皮光滑，须根痕迹细小不凸起。虎脖芦头因为发育好，芦头充实，营养足，生长势强，根长叶茂，山药产量高，品质好。鹰嘴芦头因为发育稍差，在采取同一种留栽法的情况下，所撅出的栽子质量小，体内营养物质贮量也少，因而生长势较弱，其产量和品质也比不上虎脖芦头栽培后的产量和品质高。

对于不同质量、不同生长年限以及不同类型的山药栽子，综合考虑其对于山药产量和品质的影响，可以将其分为 4 个等级。

一级山药栽子：质量为 100～120 克，年限为 2～4 年生，类型为虎脖芦头，顶芽健全，表面光滑，无病斑虫眼。

二级山药栽子：质量为 100～120 克，年限为 2～4 年生，类型为鹰嘴芦头，顶芽健全，表面光滑，无病斑虫眼。

三级山药栽子：质量为 40～50 克，年限为 2～4 年生，类型为虎脖芦头和鹰嘴芦头，顶芽健全，无病斑虫眼。

四级山药栽子：使用 5 年生以上的山药栽子。

在山药栽子的 4 个等级中，以一级山药栽子为最好，仅适用于一般的绵山药栽培。水山药的栽子可稍大一些，特产药用山药的栽子可适当小一些。

（二）使用山药段子制备种薯

在几千年的山药栽培中，都是用芦头（栽子）来生产山药，珠芽（零余子）用来育苗，山药段子只在山药栽子不足时使用。这样做都是有道理的。因为只有山药栽子才有顶芽，也叫定芽，而山药段子只有侧芽，也叫不定芽。顶芽的优势和作用是侧芽无法比拟的。定芽只有一个，这是山药取得优质高产的可靠保证。但是，一个山药只有一个定芽，因而也就只能有一个山药栽子。这就势必限制山药的大面积发展。

山药的不定芽也有一定的强势，只要利用得好，产量和质量也非同一般。尤其是水山药，由于块茎个大体粗，一根山药的长度达到 1.5 米左右，其不定芽的饱满程度绝非一般的绵山药所能比拟。

如果有优越的地理和肥水条件，其不定芽的发育是相当好的。我国江苏省丰县的山药种植者，用山药开沟机旋耕1.7米深的疏松土层，200克的大块山药段子作种，施入足够的优质基肥，又定期在叶面喷施生长调节剂和各种微量元素肥料，并采取综合有效的防治病虫害等技术措施，取得了非常可观的栽培效果。其一个县的山药栽培面积为4 000公顷，几乎和日本全国的长山药栽培面积相当，而且每公顷取得了45吨的高产，最高的每公顷可达75吨。

水山药适宜用山药段子繁殖播种，那么绵山药呢？据一些栽培者反映，只要土层深一些，段子大一些，肥料多一些，病害轻一些，用山药段子播种繁殖，其表现也良好。只要栽培措施跟得上，就能在很大程度上减少用山药段子播种所带来的不利影响。同时要正确利用山药块茎客观存在的顶端优势，这对提高山药段子的利用价值大有好处。

山药段子都是在春季播种前1个月左右准备好，将山药块茎按8～10厘米切成小段，也可以长一点。每块段子质量为30～40克，也可以重一点。分切时，应注意保留每块段子上的皮层，以免损伤不定芽，导致将来不能萌芽。山药段子不宜切得太小。切小了，不但容易腐烂，不出苗，而且即使出了苗，所形成的块茎也形体偏小，产量很低。但也不能切得太大。切得太大了，不仅增加种薯的用量，也会使山药生长前期枝叶过于繁茂，影响后期结薯，降低商品质量。

沙性土壤，水山药，温度偏高的地区，高产品种等，种植时所使用的山药段子，可以大一些，一般以120～150克为宜。以保养身体、喝山药粥、做山药泥为目的，种植地为黏重土壤区、温度偏低的北方和一些特产区、绵山药产区等，种植时所用的山药段子不能太大，以50～80克为宜。这样，有利于保持其特有的风味。同时，山药段子不能太细，其直径最好为4厘米左右，最细也不能低于3厘米。所选用的段子，不能离茎端太远，最好是靠近山药栽子的部分。山药段子不能带病，不能有虫，不能有伤。要选择经过冬贮的粗壮的具有品种特色的、优良健康的山药块茎供截取山药段子。

切断和截取山药段子的办法，各地不一。用刀切断的办法较为普遍，断面最小，又较为平整，很少伤皮，效率也高，消毒彻底时污染也少。用手直接掰断时，虽可在块茎周围事先用指甲刻痕，但容易伤及皮层，折断时断面也不太平整，不过可减少和避免使用铁器的麻烦。利用竹片切段，竹片要坚硬锋利整齐，以免黏液汁流出过多，增加污染机会。

不管采取什么方法切段，均需在截断时立即给断面消毒。在较冷凉、传染病少的地区，可以用草木灰作断面消毒（图 45）。病害严重的田块和染病较多的地方，多用石灰粉作切面消毒。不过，生石灰应尽量粉碎得细一些，以使整个断面均匀消毒，但又不能蘸得太多。蘸多了，常使断面开裂，甚至出现烂种。水山药产地，一般可使用高效低毒的70％代森锰锌超微可湿性粉剂蘸种，因超微可湿性粉剂颗粒极小，断面可全面触及粉剂，杀菌效果好，也很少开裂，比较安全。

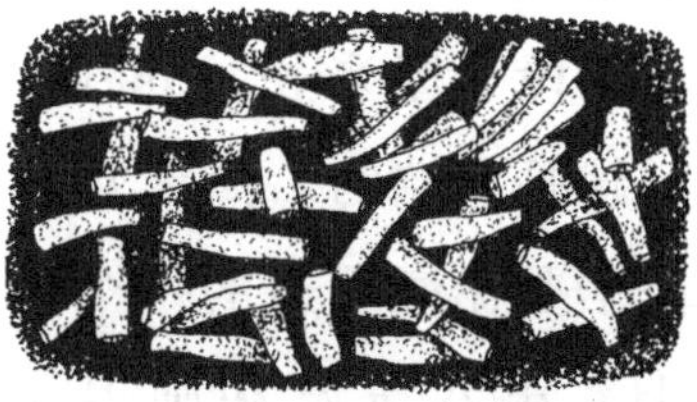

图 45　种薯分切后蘸草木灰阴干

也可以用药剂浸种的方式给山药段子消毒。但是，在进行断面消毒时，应严格掌握药液浓度和浸泡的时间。使用多菌灵时，可在40％多菌灵可湿性粉剂 300 倍液内浸种 15 分钟。山药段子切好后，立即将其断面浸一下药液，这样药液会在断面形成一层药膜。还可以用 75％代森锰锌超微可湿性粉剂 500 倍液浸种，而且成本比粉剂蘸种低。不管用粉剂蘸种，还是药液浸种，都会使种薯断面向内凹陷，这是正常现象。

山药段子准备好以后，可以直接播种。但是，因为山药段子播种后才发生不定芽，而且出苗要比山药栽子出苗晚半个多月，产品品质和产量都受影响。因此，最好在切面消毒后立即进行晒种，在太阳下面晒上20～30天。晒种时，下面铺些草，在草上面摆放山药段子。经过晒种后，发芽的一端呈现浅绿色，播种时也较容易认出段子的上端和下端，这就有利于摆成一个方向，做到安全播种。

山药栽子因为有顶芽，是山药块茎的最前端，其顶端优势是不言而喻的，从发芽的快慢、茎蔓的长短、根的粗细和块茎的产量等方面，均可以看得很清楚。山药段子呢？虽说它的顶端优势不如山药栽子的顶端优势明显，但若同一块茎的前后段比较一下，其悬殊也是很大的。日本人中西秀夫将去掉山药栽子的山药块茎，分成8段，每段8厘米长，56克，同时播种后进行观察和比较，结果表明：越是上端的，离茎端越近的山药段子，发芽越早，最前边的一个段子要比最后边的一个段子早1个月发芽，即第一段发芽是4月28日，第八段发芽则迟了近1个月，在5月26日才开始发芽(图46)。同是一根块茎上的段子，只是前后部位不同，发芽始期就有1个月的差距。相邻的两段，第一段和第二段的发芽始期先后也相差10天，第一段是4月28日，第二段到5月8日才开始发芽；第三段是5月12日发芽，比第二段迟了4天，比第一段则差了14

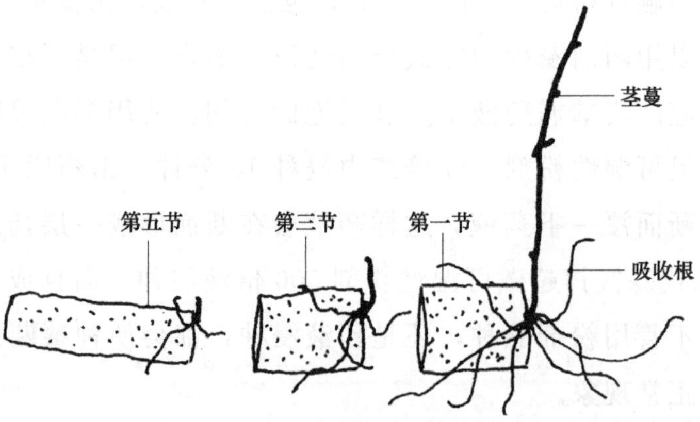

图46　不同部位的山药段子发芽速度不一

天。从80%已发芽的情况看，第一段在6月中旬已齐苗，第二段到6月下旬才齐苗，晚了10天。第七段到7月中旬才齐苗，比第一段整整晚了1个月，而最后一段到7月下旬大部分苗子才能出齐，整整晚了40天（表3）。

表3　不同部位山药段子对生长和产量的影响

部位	发芽期		主蔓长/米		根长/厘米	根最大直径/厘米	质量/克
	始期	80%发芽	6月15日	6月30日			
1	4月28日	6月中旬	1.4	2.5	78.5	4.6	887.7
2	5月28日	6月中旬	1.2	1.8	65.3	4.6	849.4
3	5月12日	6月中旬	1.1	1.8	70.5	4.7	799.5
4	5月18日	6月中旬	0.6	1.5	61.0	4.6	713.6
5	5月25日	6月中旬	0.6	1.4	63.3	4.0	682.1
6	5月23日	6月中旬	0.5	1.3	57.1	3.9	554.3
7	5月26日	6月中旬	0.5	1.2	54.9	3.2	495.4
8	5月26日	6月中旬	0.3	1.2	63.8	4.2	566.6

注：4月2日播种，行株距为66厘米×49.5厘米。

用山药段子做种薯催芽后定植，是比较先进的栽培方法，不但能够提高出苗率和出苗质量，而且由于催芽是在早春室内温床或暖炕上进行的，因此能够缩短山药块茎在田间的生长周期，增加块茎最终产量。山药种薯的催芽，应选择地势高燥、背风向阳、无病虫害的地方进行。一般当薯块上有白色芽点出现时（长度不超过1厘米），即可定植。

（三）使用零余子制备种薯

零余子是山药蔓的腋芽肥大而形成的珠芽，常呈不规则的圆形或肾脏形，小的如玉米粒，大的似拇指（图47）。秋末成熟后摘收，除可食用外，也是栽培的良种。尤其是当山药栽子连续种植3～4年后，逐渐发生退化，产量和品质均明显下降，不宜再作繁殖材料，这时候就必须采用零余子进行更新复壮。

山药最初的种薯来自零余子，零余子是山药特殊的种子。第一年秋季，在收得零余子后，选择大型的健康的零余子沙藏过冬。第二年开春后，在霜冻结束前半个月播种。当年秋季，收取小块茎供翌年作种用。作种的块茎一般称为“三年大栽子”。因为带有顶芽，又不切段，当然是栽子，不能说是段子。这就是新栽子，是用来更换老栽子用的。

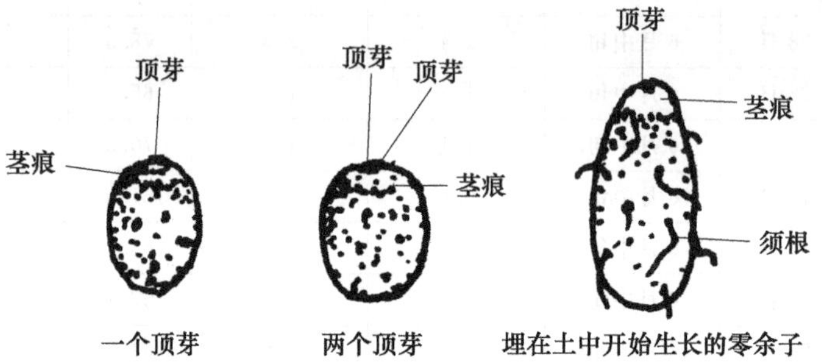

图47　零余子的构造

如果注意观察，就会发现零余子是在枝蔓下垂的叶腋间较多，而且在遮光的情况下较多，也较大型。在植株发芽甩蔓一直向上旺盛生长的时候，是不会有零余子的。到了6月下旬以后，茎叶繁茂生长，昼间光合作用在叶中生成的同化产物，一部分供给地上部发育消耗，一部分要在夜间积蓄在地下块茎中，同时还会促进垂下来的茎蔓开始产生零余子。实践证明，在茎蔓向上生长的时候，重力会促进同化产物的移动，而茎蔓垂下来时，同化物质的转移明显受到抑制，在下垂的茎叶中蓄积，这就是叶腋间产生零余子的原因。枝叶下垂和遮光有利于零余子的形成。

每年8～9月零余子成熟后，选择外形端正、粒大粗壮、毛孔稀疏、有光泽的零余子做种用。选采要在晴天进行。应仔细剔除退化的长形种豆，特别要除去毛孔外凸者。然后用桶或箱等容器，将零余子和细沙混合贮存。对于零余子的皮色，一般应选赤褐色。肉色则应选洁白的。至于形状，因为零余子多为不规则的圆块状、四棱形、肾脏形、三角状等，以饱满一些为好。稍有萎缩就应剔除。擦破皮的，有病斑的和被虫食过的，也不能选用。零余子在贮存期间，应注意保持一定的温度和湿度。大量贮藏时，最好在不加温的房间、门道和过道存放，环境温度一般不要低于0℃。温度太低时，四周要围好草席，上面也要盖上秸草。但是，有经验者多是将它和细沙一起混合贮存。这样，较易保持一定的温度和湿度，也很少出现烂种。

零余子打落收获后，必须经过5～6个月的休眠，才能成熟从而具有生根发芽的能力。这是因为零余子含有山药素。山药素这种物质只有在零余子的皮中才有。它可以抑制生长，促进休眠。刚刚采收的零余子，体内山药素含量最多，必须经过一个漫长的层积期或贮存期，完全休眠的零余子山药素的含量才能逐渐减少。零余子完成体眠后达到完全成熟的程度，才能萌发新的植株。也曾有人试验，人为地打破零余子的休眠期，希望在年内产生植株，以缩短用零余子繁育山药的年限，这个问题尚未解决。

零余子育苗的面积依大田需要决定，一般情况下可采用1∶6或1∶8的比例，也有人采用1∶10的比例。具体面积的确定，可视零余子质量与育苗条件灵活掌握。在同样的情况下，长山药育苗面积可大一些，扁山药的育苗面积可适当小一些。比如，长山药的育苗面积是25米^2，而作为扁山药来说，有15米^{2}的育苗面积就够了。

用零余子播种育苗时，1米宽的畦子种2行，行距为50厘米，株距为8～10厘米。也可以50厘米宽的畦子种1行。也有的是行距为66厘米，株距为33厘米，1穴种3～4粒。作撒播的，畦宽1.2米。多数的做法是在整好畦后施下稀薄的人粪尿，播种以后覆土5厘米，并加以镇压。大量的基肥应在土地耕翻前撒铺在田中，然后全田翻耕20～30厘米。将土肥混合后，晾晒土壤，使其透气增温。全部施用腐熟有机肥，每667米^{2}施4 000千克。播种零余子的田块，一般在开春后、播种前1个月翻耕土壤。

播种前先挖播种沟，沟宽30厘米，沟深50厘米，将挖出的土堆在沟的两边。然后分层回填，每次填15～20厘米，回填后用脚踏实，最好两脚贴着沟壁踩，使沟中间可留一条松土带，以利于播种和块茎生长。播种前1天，将整个田块浇1次大水或稀人粪尿。播种时沿沟的方向每隔20厘米左右挖一个深6厘米左右的小坑，每坑放2粒零余子，然后覆土，轻踩压紧。

北京市4月上旬播种的零余子，5月上旬即可出苗，苗高20厘米左右时，要注意浇水、搭架，随时除草。零余子的茎蔓较细，且较脆弱，应及早将架搭好，以防折断，影响生长。一般都用1～2米长的竹竿搭成“人”字形支架。搭架时，将架材插入土中20～30厘米深。苗茎20厘米左右长时，浇第一次水，也可浇稀薄的人粪尿。以后，湿度掌握的原则，是见湿见干即可。一般都浇小水，只在生长盛期可酌情加大水量。采收前1周，可停止浇水。中耕除草宜浅，杂草尽量用手小心拔除，以免伤害根系。一般10月下旬采收，所收块茎长的30～40厘米，短的14～16厘米。将其放入冷室或地下窖中按大小长短分类贮存，也可以在田中选排水良好的高燥地方，开挖50厘米深的沟，将采收的块茎放在沟内摆好，然后盖土贮存。

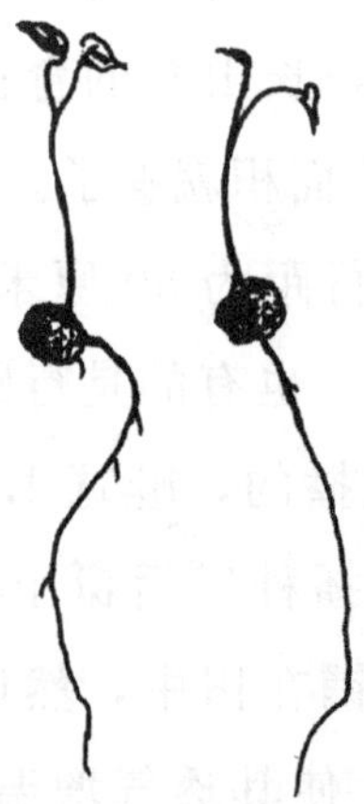

图48 零余子生育初期（发芽期）状态

如果将零余子和山药段子同时播种，零余子出苗迟缓（图48）。在均未进行催芽处理的情况下，零余子平均比山药段子迟出苗5天，这就应引起注意，不要随意践踏田中，以免影响零余子出苗。在一般的条件下，北京地区播种后45天才能齐苗（表4）。同时，茎叶生长的先后也不同，用零余子播种所长出的幼苗，先展叶，然后茎蔓才逐渐伸长。而用山药段子播种所长出的幼苗，出土后幼茎迅速伸长，然后才展开叶片。

中国农业大学山药课题组2001年试验中，以一代零余子为播种材料所产的山药块茎，单根鲜重多为105～205克，平均鲜重191克。从一代零余子长成植株所生产的二代零余子情况来看，16%的二代零余子粒径在1.5～2.5厘米，可作为正常播种材料；39%的二代零余子粒径为1.1～1.4厘米，尚需进一步选育。另有45%的零余子粒径为0.5～1.1厘米，予以淘汰。

表4　零余子初生幼苗地上部生长状况

（中国农业大学山药课题组）

项目	日期								
	5月25日	5月28日	5月31日	6月3日	6月6日	6月9日	6月12日	6月15日	6月18日
株高/厘米	3.8	8.5	16.1	28.4					
叶片展开数/个	1.0	1.0	2.0	3.0	4.0	6.0	8.0	11.0	16.0
最大叶片面积/厘米^2		9.8	30.7	36.0	38.8	41.1	41.8	41.8	41.80

注：4月7日播种；品种：日本大和黑皮。

生长在山药植株上端茎枝腋中的零余子，有时候由于茎蔓下垂，使零余子被埋入土中，结果零余子迅速肥大，比在外露条件下生长快得多（图49）。质量为1克的零余子，很快就增重为10克，甚至更重。埋入土中的零余子长得又肥又长，像是在土中生长的山药一般。皮色由褐转白，毛根伸长。只是这种零余子不会发芽。那么，再长下去呢，当然不可能无限肥大。因为此时已是秋末冬初，生产长山药地区的自然条件已很严峻，长山药地上部茎叶也已完全枯萎，此时地下的零余子，只是一个由小小的零余子变成的一个长大了的带根零余子。零余子上伸长了的根也不是真正的吸收根，只是在土壤营养与湿度适宜状况下伸长的须根，对于水分和养分的吸收作用甚微。那么，零余子靠什么肥大呢？靠植株。因为这种零余子虽然埋在地下，但它还是长在原来的植株上，依靠吸收原植株上枝叶光合作用制造成的营养继续生长，当然也是依靠原来根系继续吸收水分和营养供给自己。既然同样吸取营养，又全靠着原来植株，那么为什么埋在土中的零余子却远远大于植株上的零余子呢？这就和零余子形成的原因有关，这是一个特殊的问题。

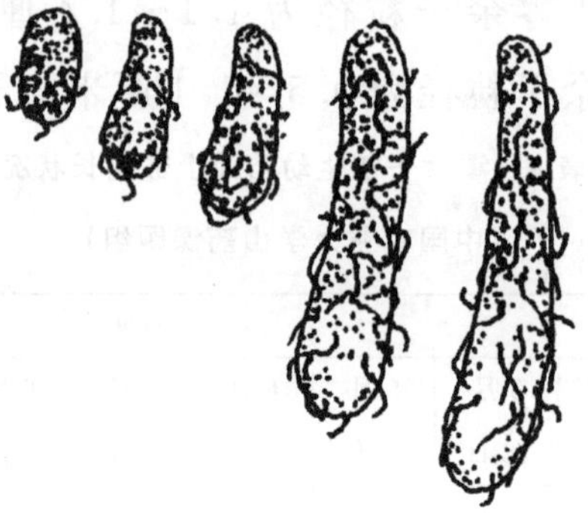

图 49　肥大的零余子

四、适时定植

山药的定植期因各地气候条件不同而有所差异。一般要求地表地温（距土面 5 厘米以内）稳定在 9～10℃后即可定植。春暖较早的地区，如闽南及两广地区可在 3 月定植，四川一般在 3 月下旬至 4 月定植，华北大部分地区在 4 月中下旬定植，东北地区一般在 5 月上旬定植。各地普遍认为，只要地表不冻，定植越早越好，早定植可使山药根系发达，生长健壮，块茎产量增加。山药地下部在初期的生长情况如图 50 至图 52 所示。

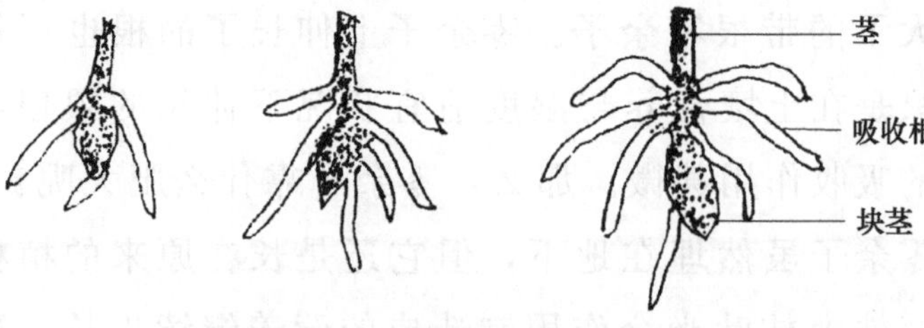

图 50　新山药块茎形成与吸收根出生示意图

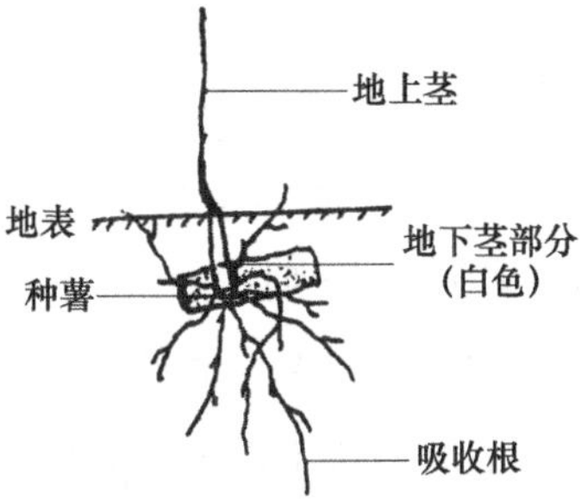

图 51　出苗 18 天的山药植株

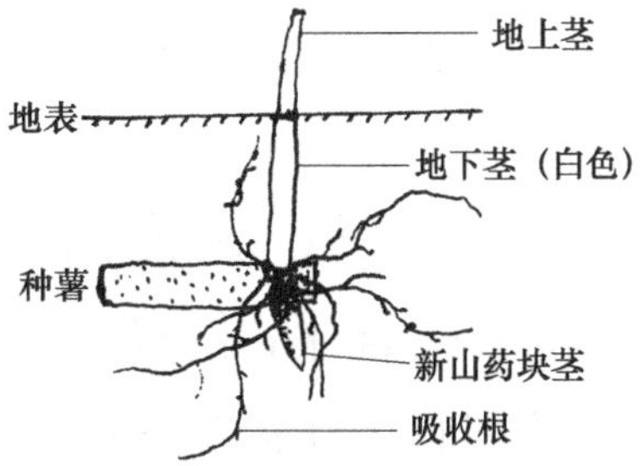

图 52　出苗 40 天的山药植株

传统的山药定植方法，是用锄头沿深沟的标记开浅沟，浅沟位于山药垄（畦）的中央，深 8～10 厘米，将种薯纵向平放在沟中，以芽嘴为准均匀铺开，间隔 25 厘米左右。如果是熟土，可适当再缩小间隔，最小间隔可为 15 厘米。然后，覆土填平，轻踩，这样便于生根发芽。在定植前，一定要保证土壤底墒充足，定植后不再浇水，以促进山药幼苗的根系下扎。

根据吉林省的栽培经验，从种薯催芽到幼芽长至 3～5 厘米期间，可于晴天将装有种薯的育苗箱搬出室外炼苗 5～7 天。当室外气温达 8～10℃，幼苗呈深紫绿色时，再进行定植。经过抗寒锻炼的山药幼苗，定植后缓苗快，成活率高，遇到轻霜冻一般不致影响生长。采用这种方法定植时，幼苗可部分露出土面，不必全部埋住。如果提早定植，则扣上地膜为好，产量可以提高10%～30%。扣地膜时，要注意给山药苗预留空间位置。

江苏、广东等南方地区种植山药前，还要在山药地周围深挖围沟，深 1 米左右，宽 0.6～0.8 米，并与外沟相通，以保证雨季迅速排水，不致淹涝山药块茎，防止造成腐烂。

五、适量浇水

因为山药叶片正反两面均有很厚的角质层，所以比较耐旱，抗蒸腾作用比较强。一般在山药定植前浇1次透水，定植覆土后便不再浇水，一直到出苗后10天左右再浇定植后的第一次水，而且浇水量要小，不能大水漫灌，俗称“浇浅水”。由于各地土壤质地和气候条件不一致，浇第一次水的时间可以灵活掌握，原则上出苗长度不足1米时不宜浇水，这样有利于山药根系向下伸展，增强抗旱力。有些地方习惯于在浇第一次水时随水施肥（主要是施“粪稀”），这种做法不可取。试验表明，这个时候山药苗需肥量小，如再进行追肥，不仅效果不好，还容易烧伤幼嫩的根系，可谓“费力不讨好”。

浇第一次水时，可用锄或耙在垄（畦）上开1条小沟，在沟中浇水，使水逐渐下渗。有的地方在整地时如已预留畦（垄）沟，就不必再另开小沟，在原畦（垄）沟内浇水就可以了。浇第一次水的时间虽不宜过早，但也不能太晚。山东省泰安市种植长山药有句农谚：“旱出扁，涝出圆。”这就是说，尽管山药比较耐旱，但要获得好的收成，土壤也不可过于干旱。土壤过分缺水，尽管山药也能存活，但所产块茎是扁形的，商品价值较低，而且产量也要下降。如果有良好的灌溉条件，长出来山药块茎是圆柱形的，产量和商品价值都比较高。

山药浇完第一次水后，植株生长很快，经1周后可浇第二次水。第二次水亦不能浇大水，也要“浇浅水”。在这个时期，由于日照比较充足，气温比较高，蒸发量大，浇水以后土壤容易板结，因而要注意用浅齿耙等工具将板结的土面耕成虚土，否则土壤板结，不仅不利于保水，还会绷断幼嫩的根系。一般在浇第三次水时，可以加大水量，以后注意保持土壤见干见湿的状态。总之，随着山药植株生长旺盛期的到来，需水量不断增加，应及时调整浇水量，满足山药生长对水分的要求。

由于我国南方湿涝多雨，因此在浇水时应考虑这一因素，雨水能及时补充的，则不再另行浇水。雨量大时，还要注意排水，不可使山药植株淹涝。否则，会严重影响植株正常生长，有时候还会导致整个植株“泡死”。挖好排水沟，是防止淹涝的一个好办法，不可忽略。立秋以后，为促使山药块茎增粗，防止继续伸长，可浇大水1次。此次浇大水，具有抑制块茎继续下扎并向扩粗方向发展的作用。

山药生长对水质的要求不严格，河水、井水、湖水、雨水、自来水均可，但要保持水质清洁。工厂排出的污水等，不能作为灌溉用水。有关试验表明，施用富含有害重金属元素的排污水，显著增加山药块茎体内的重金属元素含量，对人体健康造成严重损伤。如果水质污染过于严重，山药植株则不能完成生长周期，大部分会中途死亡。

覆盖地膜在山药栽培中使用较少。主要原因是地膜成本较高，仅能一次性使用，铺膜又比较费事（尤其在山药高垄栽培中不容易铺膜），对整个山药生产所起的作用也不十分明显。地膜的保温作用，在蔬菜栽培中效果明显，但由于山药是高架栽培，大部分生长时期枝叶繁茂，地面基本被枝叶遮住不能透光，所以在栽培山药中地膜的保温作用不大。地膜的另外一个作用是节水，通常能节水10%～30%，但山药产区一般不缺水，灌溉条件都不错，因此地膜的节水作用在山药栽培中也不太为农民看重。但在气候寒冷地区栽培山药，铺地膜还是十分必要的。根据吉林省白山市的栽培经验，山药定植后扣上地膜，能使块茎的产量增加10%～30%。其增产原因，主要是地膜起到了提高地温的作用，另外地膜也兼具保水保肥的功效。此外，在炎夏的季节，还可以铺黑色薄膜，可以降低块茎生长土层的地温，促进块茎正常肥大。

六、合理施肥

（一）施用厩肥等有机肥

施用厩肥等有机肥，主要是采用土面铺粪的办法，不仅具有降低土温、保持墒情、稳定土壤透气性、防除杂草的作用，而且为山药生长提供营养的持续时期较长。

铺粪在生地栽培山药时效果较好，能够迅速沃土，改良土壤质地。铺粪应采用充分腐熟的人畜粪，掺土施用。人畜粪充分腐熟后，能够将作物不能直接吸收的有机态养分转化为无机态养分，从而容易被作物吸收，还能有效杀除病菌和虫卵。应该注意的是，人畜粪的腐熟须采用科学的方法，否则会带来各种各样的问题。比如，在华北某些地方习惯采用所谓“晒粪干”的方法，就很不科学。因为在晒制粪干的过程中，不仅肥料中的氮素损失很大，而且影响环境卫生，所以应该取缔。

以下介绍两种比较科学的人畜粪腐熟方法。

1. 圈内堆积法　在圈舍内挖深浅不同的粪坑，堆制人畜粪腐熟肥，分为深坑式、浅坑式、平底式等方式。

(1) 深坑式积肥法　是我国北方大多数地区养猪所采用的积肥方式。在南方也有采用的，但较为少见。深坑式积肥法，一般坑深60～100厘米，需经常保持潮湿，垫料在积肥坑中经常被牲畜用蹄爪踩踏，经过1～2个月的嫌气分解后起出堆积，腐烂后即成优质有机肥。畜舍内垫料，可采用秸秆、杂草、泥炭、干细土等。一般南方用草作为垫料的较多，北方用土作为垫料的较多（所以也称为土粪）。深坑式积肥法是在紧密、缺氧的条件下堆制而成。在发酵过程中，有机质一方面矿物质化，一方面腐殖质化。矿物质化后所产生的养分，可被土壤胶体等垫料吸附，不易损失；腐殖质化所产生的腐殖质和垫料充分混合以后，可使垫入的生土成为肥沃的熟土。深坑式积肥法，有利于保肥，肥料质量较高；但另一方面，圈内的二氧化碳或其他臭气较多，影响家畜健康和环境卫生。所以，应该综合考虑后使用。

(2) 浅坑式积肥法　在圈内挖15厘米左右深的坑积肥，并开挖排水沟通至粪尿池。在坑内铺草或其他垫料，以吸收牛、猪等牲畜粪尿，并随时更换垫料或褥草，以保温吸湿。由于肥料在圈内积沤时间较短，腐熟的程度较差，所以堆制到一定规模时，还须经过圈外堆积发酵，以达到完全腐熟。浅坑式堆积法较合乎环境卫生的要求。

（3）平底式积肥法　在畜舍地面用石板或水泥筑成平底（也有用砸实的土底）积肥。垫料的方式一般分为两种：一种是每日垫料，每日清除，将肥料运到圈外堆沤发酵；另一种是每日垫料，隔几日清除1次，使肥料在圈内堆沤一段时间后，再移到圈外堆沤发酵。第一种方式适用于牛、马、驴、骡等牲畜的积肥，第二种方式适用于养猪积肥。在地下水位较高，雨量较大，不宜采用深坑式积肥法的地区，可采用平底式积肥法。采用平底式积肥法在圈内堆沤时也可利用牲畜的踩踏，使垫料与粪尿充分混合而进行发酵。但这必须垫入较多的稻草或干土，不能使圈内过于潮湿。

2. 圈外堆积法　该法因堆积松紧程度不同，可分为紧密式堆积、疏松式堆积和疏松与紧密交替式堆积3种方法。

（1）紧密式堆积法　将混有垫料的肥料从畜舍内取出后，在2～3米^{2}的土地上层层堆起，并随即层层压紧，直到堆至1.5～2米高为止。待堆积完毕后，即用泥炭、泥土、碎草将堆肥封好，以免雨水淋溶。用这种方法堆制肥料，其堆肥内的湿度变化较小，温度一般能维持在15～30℃。经过堆制，堆肥在嫌气条件下产生的二氧化碳能与分解后产生的氨化合形成碳酸铵，从而能有效地减少氮素和有机质因挥发等原因而造成的损失。采用紧密式堆积法，腐殖质积累较多，但所用时间较长，一般需2～4个月达到半腐熟状态，经6个月以上才能完全腐熟，因此若采用此法，应提前制备。

（2）疏松式堆积法　该法与紧密式堆积法大致相同，区别在于堆积过程中不压紧，一直保持好气状态。堆肥在高温条件下分解，不但能使肥料在短期内腐熟，而且能有效杀灭堆肥中的病菌、寄生虫卵和杂草种子。这种堆肥法的缺点，是肥料中氮素和有机质损失较大。因此，除非山药的病害严重，需要采取积极防治措施，一般较少使用这种堆积法。

（3）疏松与紧密交替堆积法　先将肥料疏松堆积，以利于分解，同时浇粪水来调节分解速度。一般经2～3天，堆肥内部温度可达60～70℃，在这样高的温度下，大部分病菌、虫卵和杂草种子均可以被杀死。待温度稍降后，踏实压紧，然后再加新鲜堆肥，如前处理。这样层层堆积，一直堆至1.5～2米高为止。然后，用泥土将堆肥封好，以达到保温和防水作用。2个月后，一般可达到半腐熟状态，4～5个月后可完全腐熟。这种堆积法腐熟时间较短，有机质和氮素的损失相对较少，急用肥料时可以采用此法。山药铺粪，大多采用这种堆积法制备而成。

3. 提倡施用有机肥　在山药栽培中施用腐熟后的有机肥，具有多方面的效能，不仅能大量供给山药生长所需的氮、磷、钾、钙、镁、硫等元素，还能供给山药铁、锰、硼、锌、铜、钼等微量元素，因此可称为“完全肥料”，既可作为山药基肥施用，又可作为山药追肥施用。有关资料表明，施用厩肥等有机肥，不仅能供给山药无机营养，而且还能供应山药可溶性的有机化合物，如氨基酸、酰胺、磷脂等。施用厩肥等有机肥，还能促进微生物的活动，从而产生生物活性物质，如维生素B_1、维生素B_6、维生素B_{12}、生物素、泛酸、叶酸、对氨基苯甲酸以及生长素等。维生素B_1、维生素B_6能促进山药根系生长，使山药更好地利用土壤中的有效养分。施用厩肥等有机肥，既可提高土壤中各种难溶性养分的溶解度，增加土壤有效养分含量，又能改善山药地土壤的物理性质、化学性质和生物活性，使水、肥、气、热等得以协调，从而能更好地满足山药植株生长的需要。试验表明，在沙壤土中加入5%的马厩肥后，土壤容重由

1.43下降到1.2，土壤变得更加疏松透气。施用厩肥等有机肥，还能增加土壤持水量。试验表明，在沙质土壤中加入10%的牛厩肥或马厩肥后，其持水量可分别增加8倍和9倍。由于黏土壤本身持水量较高，当加入10%的牛、马、猪、羊等厩肥后，持水量能增加1.9～2倍。厩肥等有机肥中含有的大量腐殖质胶体，能够胶结土粒，形成土壤团粒结构，可改善土壤的通气性、透水性，提高保蓄水、肥的能力，有利于山药根系的伸长和对养分的吸收。厩肥等有机肥，还能改善土壤热量状况，使土壤温度变幅小，有利于山药根系的正常生长。

由于山药生长期较长，也可以施用半腐熟的厩肥（尤其是在湿润的南方地区）。厩肥等有机肥的施用量并不是固定的，由于其本身所具有的良好缓冲特性，施用量的多少对山药的生长均不会产生负面影响。在给山药种植土地铺粪时，将地面盖住一层即可。如厩肥量足，也可铺得厚一些，这对于将山药生地改为熟地很有好处。

4. 建立山药有机肥等级制度

建立山药有机肥等级制度非常重要，很多栽培山药的农户说有机肥不管用，不如化肥效果好，其实在正常的耕作土壤中（土壤理化性状没有遭到破坏），有机肥效果差的主要原因应该是所用有机肥等级偏低，造成有效养分含量和肥效偏低，尤其是最小养分含量偏低，对山药生长发育影响最大。

大量试验证明在有机肥原料合格的前提下，有机肥的等级高低主要是由有机肥的发酵方式和发酵次数决定的，所谓有机肥发酵主要就是有机物变无机物的过程，也是有益微生物扩增的过程，在此过程中有机肥的有机质（主要是腐殖质）又通过分解重组稳定增加。采用先进工艺流程和设备的多次发酵技术，必然使无机元素和有效养分含量增多，有益微生物增加，有机质增多，最后肥效提高。在采用先进工艺流程和设备的条件下，通过大量测试，发现发酵四次与三次的有机肥总体肥效没有差异，但发酵时间节省了2个月。发酵五次以上的不但有机肥制备时间太长，而且因为外界雨水淋溶等影响，肥效反而会下降。因此，目前有机肥产品发酵次数最多的是三次，发酵时间大概3～6个月，根据有机肥行业众多专家和厂家的建议，现将国内目前实际使用的山药商品有机肥分为三个等级（农户自制的非商品有机肥可参照执行）。

质量最好、肥效最好的定为特级，特级有机肥在采用先进工艺流程和设备的条件下，要求制肥原料合格，并严格在不同的温度和湿度状态以及微生物的帮助下进行三次发酵，如多维场能浓缩有机肥、国际进口名牌有机肥等。质量较好、肥效较好的定为一级，国内大型有机肥厂家的有机肥产品一般都能达到一级水平；质量合格、肥效中等的定为二级，一般厂家的商品有机肥可达到二级水平。农户自制的非商品有机肥，如普通土杂肥、厩肥、堆沤肥或绿肥等，有的连二级有机肥标准都难以达到，虽然质量较差，但在现有国情条件下并不影响农户自己使用。

这三个等级的有机肥（特级、一级、二级）其他技术指标，如含水量、重金属含量、pH值、有机质含量、氮磷钾总量等，均要符合国家标准。这种新的有机肥理念在全国形成以后，农户种植山药施用有机肥，再也不会简单说一亩地施了多少有机肥，而是必须加上有机肥等级了。这样对全国有机肥产业是一个促进，能够逐渐改变目前有机肥市场混乱的局面。

山药基肥一般用一、二级有机肥，山药追肥为了用量少且肥效快，就必须用特级有机肥。当然，高端有机山药栽培建议施用特级有机肥，以稳定提高有机山药产品的产量和品质。特级有机肥相比一、二级有机肥能够节省20％～40％的施用量，而且由于制造过程精良，场能改善，肥效会更好。

如果不考虑肥料的销售价格，在正常的耕作土壤中（指该土壤没有长期施用化肥，土壤理化性状没有遭到破坏）有机肥完全可以替代化肥，二者肥效没有显著性差异，有机肥还具有修复改善耕地土壤场能的功效。一般来讲，每吨特级有机肥的肥效可替代 80～100kg 氮磷钾复合化肥加微肥的总体肥效，每吨一级有机肥的肥效可替代 60～80kg 氮磷钾复合化肥加微肥的总体肥效，每吨二级有机肥的肥效可替代 40～60kg 氮磷钾复合化肥加微肥的总体肥效。

5. 山药多维场能浓缩有机肥

中国农业大学山药课题组研制开发了多维场能浓缩有机肥，它首先通过高频电场和磁铁矿粉对多种元素复合物的磁化作用，从而提高植物对大量元素和微量元素吸收率；其次通过植物皂苷有机活性剂以水溶状态将具有植物营养作用的肥料元素富集到山药植株的根系，便于山药的吸收利用；施用该有机肥不但能够有效提高山药产品产量，还能有效提高山药产品品质。实例如下。

(1) 对于汾阳山药，本产品可以在其生长期提供充足的养分，肥效强劲持久，当季利用率高，使其达到优质稳产。本产品可作汾阳山药的基肥和追肥。作基肥（一般每 667 米^3 施入 750～1 500 千克专用肥）时应将肥料施在距土面 50 厘米以内的土层中，混合均匀；作追肥（追 1～2 次肥，每次每 667 米^2 施入 50～80 千克专用肥）应将肥料施在植株两侧 10～30 厘米的范围内，并用土浅埋，以防烧根。

(2) 对于太谷山药，本产品可以在其生长期提供充足的养分，可作太谷山药的基肥和追肥。作基肥（一般每 667 米^2 施入 1 000～2 000千克专用肥）时应将肥料施在距土面 50 厘米以内的土层中，混合均匀；作追肥（追 1～2 次肥，每次每 667 米^2 施入 50～80 千克专用肥）应将肥料施在植株两侧 10～30 厘米的范围内，并用土浅埋，以防烧根。

(3) 对于梧桐山药，本产品可以在其生长期提供充足的养分，可作梧桐山药的基肥和追肥。作基肥（一般每667米^{2}施入500～1 200千克专用肥）时应将肥料施在距土面50厘米以内的土层中，混合均匀；作追肥（追1～2次肥，每次每667米^{2}施入50～80千克专用肥）应将肥料施在植株两侧10～30厘米的范围内，并用土浅埋，以防烧根。

（二）施用化肥

虽然厩肥等有机肥料具有很多优越性，但随着现代畜牧业的快速发展，粪便收集处理形式逐渐改为水冲式，使传统厩肥等有机肥的产量大幅度减少，因而现在大部分山药产区施用化肥的越来越多。

施用化肥为山药追肥时，第一次应该在山药出苗1个月后，每667米^{2}施用尿素15千克；第二次在山药植株现蕾时，每667米^{2}施用三元复合肥40～50千克；最后一次追肥在收获前40天进行，每667米^{2}施用磷酸氢二铵10～15千克。根据江苏省栽培山药的经验，追施化肥较追施有机肥可提高山药块茎的产量，但干物质含量有一定程度的下降，块茎含水量较高，不宜作药材加工。以上仅作为山药追施化肥的基本依据。由于全国各地山药产区的情况不大相同，所用化肥种类变化较大，因此应该根据当地条件和山药的实际生长状况，灵活运用。为了便于操作，这里对不同种类化肥对山药生长的作用，分别介绍如下。

1. 氮肥的施用

山药缺氮时，由于蛋白质形成少，导致细胞小且壁厚，特别是因细胞分裂减少，生长缓慢。同时，缺氮会引起叶绿素含量降低，使叶片绿色转淡，严重缺氮时叶色变黄。因为氮素化合物具有高度的移动性，能从老叶转移到幼叶，所以山药缺氮症状通常先从老叶开始，逐渐扩展到上部幼叶。这与山药受旱叶片变黄不同，受旱时同株上下叶片同时变黄。如果追肥时施用氮素过多，则山药茎叶容易徒长，叶片大而薄，块茎生长量减少，抗病性减弱。因此，追施氮肥的数量要适当。国内目前常用的氮肥品种大致可分为铵态氮、硝态氮和酰胺态氮 3 种类型。

(1) 铵态氮肥　铵态氮肥中，常用的有碳酸氢铵、硫酸铵、氯化铵 3 种。

① 碳酸氢铵　碳酸氢铵含氮量 17%左右，为白色细粒结晶，有强烈的氨臭味，易溶于水。碳酸氢铵施入土中后，能很快地溶于水，被山药根系吸收，在土壤中不残存任何成分，长期施用也不会对土壤性状造成不良影响。碳酸氢铵适宜作为山药的追肥。需要注意的是，碳酸氢铵施入土壤后，应立即盖土，以防氨的挥发，造成肥料浪费。碳酸氢铵一般采用沟施或穴施，深度以 6～9 厘米为宜。

② 硫酸铵　硫酸铵含氮量 20%～21%，为白色晶体，有极少量的游离酸存在，易溶于水，吸湿性小，有良好的物理性状，便于贮存和施用。硫酸铵施入土壤后，能很快溶解成铵离子和硫酸根，二者均可被山药根系吸收。由于硫酸铵属生理酸性肥料，长期施用会增加山药地土壤的酸度，所以应配合其他肥料共同施用，以中和其酸性。硫酸铵的施用方法与碳酸氢铵相似。

③ 氯化铵　氯化铵含氮 24%～25%，为白色结晶，吸湿性比硫酸铵稍大，容易结块，易溶于水，肥效迅速。氯化铵可作为山药追肥施用，施用方法与硫酸铵、碳酸氢铵的施用方法基本相同。由于氯化铵中的氯离子对山药块茎的品质有不良影响，而且它属于生理酸性肥料，使土壤变酸的程度比硫酸铵还要严重一些，因而应尽量少施或用其他氮肥代替。

(2) 硝态氮肥　硝态氮肥中常用的有硝酸铵、硝酸钠、硫硝酸铵、硝酸铵钙和硝酸钙。

① 硝酸铵　硝酸铵含氮量为 33%～34%，白色结晶，其中硝态氮和铵态氮各半，两者均能被山药吸收利用。硝酸铵在土壤溶液中

可很快解离成铵离子和硝酸根，铵离子在土壤中的变化和铵态氮肥中的铵离子相同，而硝酸根不能被土壤黏粒吸附，易随水分运动而流失。所以，在沙质土壤以及多雨地区种植山药时，应少用硝酸铵作为追肥。

② 硝酸钠　硝酸钠有天然矿产和人工制造两种。天然矿产硝酸钠一般含硝酸钠15%～70%，经加工精制后可得到较为纯净的硝酸钠，其含氮量为15%～16%，含钠量约26%。硝酸钠施入土壤后，能迅速溶解成硝酸根离子和钠离子，因而肥效迅速。但硝酸根在土壤中也容易淋失，所以只宜作山药追肥施用，并要掌握少量分次施用的原则。同时，由于钠离子与土壤胶体中的阳离子进行代换后，胶体分散，土壤结构被破坏，容易形成板结，所以硝酸钠要与含钙的肥料配合施用。硝酸钠是生理碱性肥料，植物吸收硝酸根离子多于钠离子，这样经过与土壤反应，能够生成碳酸氢钠而使土壤变碱。所以，用硝酸钠给山药追肥时，应考虑到栽培土壤不是盐碱性土壤才行。此外，由于钠离子会对山药块茎的品质造成一定影响，故不宜多施，以配合其他种类氮肥施用为好。

③ 硫硝酸铵　硫硝酸铵是将硫酸铵与硝酸铵按一定的比例混合后，在熔融的情况下制成的，总含氮量为25%～27%，淡黄色颗粒。硫硝酸铵中有1/4为硝态氮，3/4为铵态氮，故吸湿性比硝酸铵小，硫酸根的含量比硫酸铵低。硫硝酸铵的性质介乎硫酸铵和硝酸铵之间，可用作山药追肥，施用方法与硫酸铵相同。

④ 硝酸铵钙　硝酸铵钙是由硝酸铵与一定量的白云石粉末熔融制成的，含氮量为20%～21%，一般呈灰白色、淡黄色或绿色的颗粒或粉末。其中，含60%左右的硝酸铵，40%左右的白云石。它比硝酸铵具有良好的物理性质，吸湿性小，分散性好，不易结块。由于它含有大量碳酸钙，所以在酸性土壤中施用具有良好效果。用于给山药追肥时，可在施用时掺些干细土，以使施用均匀。施用方法

可参照硝酸铵的用法，用量可适当增加。需要注意的是，硝酸铵钙不能与过磷酸钙混用，否则会降低过磷酸钙的肥效。

⑤ 硝酸钙　硝酸钙是用石灰中和硝酸制成的，它也是制造硝酸磷肥的一种副产品。每生产 1 吨氮素的硝酸磷肥，可以获得 0.5～1 吨氮素的硝酸钙肥料。硝酸钙的含氮量仅 13%左右，吸湿性很强，容易结块，应在干燥处贮存。硝酸钙为生理碱性肥料，它所含的钙离子对土壤物理性质的改善具有正面作用。用硝酸钙作为山药的追肥，效果很好。由于南方地区湿涝多雨，硝态氮容易淋失，所以应避开雨季施用。

（3）酰胺态氮肥　酰胺态氮肥主要是尿素，是用氨气和二氧化碳在高温高压下直接合成的有机肥。尿素含氮量约 46%，是固体氮肥中含氮量最高的一种。它为白色结晶，常温下吸湿不大，但当温度超过 20℃、空气相对湿度超过 80%时，吸湿性也随之增强，因而要存放在阴凉干燥的地方。尿素易溶于水，其溶解度较硝酸铵小，但远比硫酸铵高。因为山药叶片的角质层很厚，因而用尿素作叶面施肥时，被山药吸收的比例较少。尿素施入土壤后，需要经过微生物的作用，转化为碳酸铵，才能被山药吸收利用，所以肥效速度不及其他氮肥快。因此，用尿素追肥应提早一些，以便给微生物的转化活动留出时间。由于尿素是中性肥料，不含副成分，铵离子和碳酸氢根离子均能被山药根系吸收，因此作为山药的追肥具有良好的效果。另外，尿素一般不容易被雨水淋失，所以在多雨的南方地区施用，效果也很好。

2. 磷肥的施用　磷是植物体内核酸的基本构成物质，参与植物的能量代谢。山药缺磷时，叶片发暗，叶脉略现紫红色，根系发育不良，影响块茎膨大。但施用磷素过多，也会对山药的生长造成负面影响，导致植株矮小，易早衰，块茎品质变劣。

国内目前常用的磷肥品种有磷矿粉、过磷酸钙、重过磷酸钙、钙镁磷肥、钢渣磷肥等。

(1) 磷矿粉　由磷矿石直接粉碎而成，是一种难溶性磷肥，一般不作为山药的追肥施用。但如果是富矿制成的磷矿粉，含磷量在30%以上时，可与生理酸性肥料（如硫酸铵等）混合施用，以促进磷矿粉的溶解，便于山药吸收利用。

(2) 过磷酸钙　简称普钙，是国内生产最多的化学磷肥品种，由磷矿粉与硫酸反应制成，属于水溶性磷肥。其主要成分为水溶性的磷酸钙和难溶于水的硫酸钙，磷酸钙占总质量的30%～50%，硫酸钙占40%左右。过磷酸钙主要供应磷营养，同时也提供硫营养，还具有改良土壤的作用。由于过磷酸钙施入土壤后，水溶性的磷酸钙易被土壤固定，移动性小，因此在用过磷酸钙作为山药的追肥时，应采用近根系条施或穴施的方法，但注意不能损伤根系。过磷酸钙与有机肥混合施用，可以提高肥效。

(3) 重过磷酸钙　又称重钙，是一种高浓度的磷肥，是由硫酸处理磷矿粉制得磷酸，再以磷酸和磷矿粉作用后制成。其成品为深灰色颗粒状或粉末状，主要成分为水溶性的磷酸钙，含磷量为40%～52%，不含石膏。重钙在作为山药追肥时，与普钙的施用方法基本相同，但用量须适当减少。重钙作山药追肥的效果，略好于普钙。

(4) 钙镁磷肥　是将磷矿石和适量的含镁硅矿物质，在高温下共熔而形成的玻璃状碎粒，也有磨成细粉状的。其成品颜色不一，呈灰绿色或灰棕色，含磷量14%～19%，属于弱酸溶性磷肥，是国内生产的主要磷肥品种之一。钙镁磷肥施用后，会有一个时期的溶解过程，才能被山药根系吸收，所以其颗粒越细，肥效越好。用作山药追肥时，宜早施用。钙镁磷肥在不同的土壤中均有肥效，在偏酸性土壤中的肥效更好一些。钙镁磷肥的肥效不及过磷酸钙迅速，但后效持久。钙镁磷肥可与厩肥混施，可进一步提高其肥效。

(5) 钢渣磷肥　是炼钢工业的副产品，呈深棕色，粉末状，强碱性，弱酸溶性，磷酸含量在7%～17%。钢渣磷肥作为山药追肥的效果不佳，但可在山药生地上作基肥施用。

3. 钾肥的施用　钾是植物体内不可缺少的营养元素，它与氮、磷不同，不参与植物体内有机物的构成。钾主要以离子态存在，容易移动。山药缺钾时，老叶叶尖有发黄症状，叶片上多出现褐色斑点。山药缺钾的情况一般较少，缺钾的症状也不如其他植物明显。但在北方某些山药产区，由于土壤钾的有效性较低，仍需重视钾素的补充，以增强山药的抗逆性和抗病能力。

目前国内常用的钾肥品种有氯化钾、硫酸钾、草木灰。

（1）氯化钾　氯化钾是溶于水的速效性钾肥，含钾量为60%左右，呈白色、淡黄色或紫红色结晶，物理性状良好，属生理酸性肥料。在作为山药追肥时，宜与石灰质肥料配合施用，或与厩肥混合施用，否则易引起土壤酸化。由于氯离子对块茎的形成不利，因此应少施氯化钾肥，或用硫酸钾肥代替。在山药生长后期，尤其注意不要用氯化钾作追肥施用。

（2）硫酸钾　硫酸钾呈白色结晶，溶于水，含钾量为50%～52%，物理性状较氯化钾为好，属于生理酸性肥料。硫酸钾在土壤中的转化与氯化钾相似，但对土壤脱钙影响程度相对较小，对土壤的酸化速度影响比氯化钾缓慢。硫酸钾可作为山药的良好追肥，应采用集中条施的方法。

（3）草木灰　草木灰是植物体燃烧后残留的灰分，通常由稻草、麦秸、玉米秸、棉花柴、树枝、落叶等燃烧而得，是国内农村长期使用的土制钾肥。燃烧完全的草木灰呈灰白色，燃烧不完全的呈灰黑色。草木灰中含有多种营养元素，但以钾素最为重要，主要是以碳酸钾的形态存在，也存有少量硫酸钾和氯化钾。草木灰中的钾素约有90%能溶于水，是良好的速效性钾肥。在作为山药的追肥时，不能与铵态氮肥和厩肥混施，否则会影响肥效，并造成氨的挥发。

4. 微量元素的施用　微量元素俗称微肥，是植物生长不可缺少的营养物质。植物缺乏微量元素，会引起品质差、产量低、花而不实等症状。常用的微肥有硼砂、硫酸锰、硫酸锌、硫酸亚铁、硫酸铜、钼酸铵等种类。硼砂为白色结晶或粉末，溶于水，含硼量11.3%；硫酸锰为粉红色结晶，溶于水，含锰量26%～28%；硫酸锌为白色或淡橘红色结晶，溶于水，含锌量约24%；硫酸亚铁为淡绿色结晶，溶于水，含铁量约19%；硫酸铜为蓝色结晶，溶于水，含铜量约25.5%；钼酸铵为青白色结晶或粉末，溶于水，含钼量约49%。山药生长中一般不缺乏微量元素，主要是因为在施基肥时施入了大量养分比较全面均衡的厩肥等有机肥。通过采用叶面喷施的方法追施微肥，可明显提高山药块茎的品质。在山药生长期每隔1周喷1次硫酸锌溶液，连续喷施7次，可使山药块茎的含锌量提高1倍以上，能大大增强其药性。需要注意的是，采用微量元素作叶面追肥时，其喷施溶液的浓度不能超过1‰，否则会灼伤山药叶片。

5. 复合肥料的施用　复合肥料一般是指肥料中同时含有氮、磷、钾3种要素，或只含有其中任何两种元素的化学肥料。与单元素肥料相比，复合肥料的优越性，主要表现在养分总量高，副成分少，贮运费用低，肥料的理化性状好。但复合肥料也有一些缺点，如养分的比例是固定的，不易满足复杂的施肥技术要求等。在山药追肥中，经常采用的复合肥料有磷酸铵、硝酸磷肥、磷酸二氢钾、硝酸钾等。

(1) 磷酸铵　磷酸铵，简称磷铵，用氨气中和浓缩的磷酸制成，是山药追肥中最常采用的优质复合肥料。国产磷酸铵，实际上是磷酸二氢铵和磷酸氢二铵的混合物。磷酸二氢铵比较稳定，呈酸性反应，pH值4.4；磷酸氢二铵稳定性稍差，呈碱性反应，pH值8，在高温高湿条件下常有氨气挥发。纯净的磷酸铵为灰白色，由于在制造过程中磷酸往往含有杂质，故商品肥料多为深灰色。磷酸铵溶于水，水溶液的 pH 值 7.0～7.2，呈中性。磷酸铵含氮量约 18%，含磷量约 46%，而且氮、磷养分都是速效的，易被山药植株吸收。

（2）硝酸磷肥　是用硝酸分解磷矿石粉，再经氨化制成的复合肥料，适用于多种土壤和作物，对山药也很适合。在用作山药追肥时，应采用挖穴深施法，深度应在 10 厘米以上，但要注意不能挖断山药根系。

（3）磷酸二氢钾　磷酸二氢钾属于优质复合肥，是用硫酸钾加生石灰生成氢氧化钾，再用磷酸酸化制成的。其纯品为白色结晶，含磷量约 52.2%，含钾量约 34.4%。商品肥料一般含磷 50%，含钾 30%，易溶于水，呈酸性反应，pH 值 3.5 左右，吸湿性很小。由于磷酸二氢钾价格较贵，一般采用叶面喷施的办法作山药追肥用，喷施浓度不能超过 2‰。

（4）硝酸钾　硝酸钾是用硝酸钠与氯化钾一起溶解后再结晶制成的，为白色结晶，含氮量 12%～15%，含钾量 45%～46%，易溶于水，吸湿性小，物理性状良好，可作山药良好的追肥。由于硝酸钾易燃、易爆，生产成本也高，因此使用时应格外注意安全，并减少无效损耗。

七、科学地进行支架、理蔓和整枝

山药茎不仅长，而且纤细脆弱，容易被大风吹折，所以搭立支架应力求稳固。支架的取材应立足本地条件，北方产区可用结实的树枝如刺槐条、粗紫穗槐条等削制而成，南方可用拇指粗的竹竿加工而成。架高一般不应低于 1.5 米。支架的形式多种多样，比较常用的为“人”字形架，每株 1 支，在距地面1.5～2 米处交叉捆牢。一般在苗高 30 厘米以上时，即可搭立支架。搭架时应注意不能损伤幼苗，支架插入土壤的深度以 20 厘米为宜，最深不要超过 30 厘米，否则会影响根系的正常生长，有时还会捅伤种薯。

有些地区习惯采用四角架，即每4株山药苗各插入1根支架，支架与地面垂直，在支架上端再横架4根架材，然后用绳捆牢。搭立四角架，还可以在横架中端拉上几根塑料绳，以增加茎蔓上架面积和受光面积，同时也有利于通风，并能防止山药蔓缠绕成团，避免互相影响生长发育。如果山药是作为地边围栏栽培的，可在山药生长的一侧搭立一层篱笆，供山药茎蔓攀爬，篱笆可搭绑成斜方块形，以增加美化效果（图53）。山药上架时，如果工时允许，可以顺势理蔓，引导茎蔓均匀盘架，避免互相搅团。

图53　用山药作篱笆美化庭院

近年来，有些山药产区提倡高架栽培，支架搭立的高度达到3～4米，这样可以增加受光面积，加强茎蔓间的通风。不过由于长架材料制备困难，增加经济开支，因此不必一味强求。架材在搭立以前，可先将入土部分用火轻微炙一下，这样可避免腐朽，延长使用寿命。一般架材可连续用3～4年，保养好的能用5～6年。架材的粗度以3～4厘米为宜，若用竹竿则可细一些，但也要在1厘米以上，否则牢固性不够。架材也不能太粗，否则搭立困难，也影响通风透光。绑缚架材用塑料绳为好，细麻绳也可，但不能用铁丝绑缚架材，以利于支架搭卸方便和安全。目前，有的大型庭院用山药作观赏篱笆，并不搭架，只是在山药出苗后从屋顶斜拉一排塑料绳到地面，以供山药茎蔓攀爬，观赏效果很好。需要注意的是，塑料绳一定要牵紧，防止大风吹坏。

我国台湾地区种植山药时，由于岛上经常有台风袭击，因此对搭架的牢固性要求很高，否则大风袭来会连根拔起，造成山药大面积绝收。因此，当地有的干脆不立支架，任凭山药在地面上匍匐生长。这样，虽对山药块茎的产量有一定程度的影响，但由于省去了搭立支架等繁重劳动，在工时紧张时也可考虑采用此法。在山药不立支架栽培时，应注意减小栽培密度，以增加地面上山药叶片的受光面积。

在山药栽培中，多数不进行整枝，但如果出苗后有几株幼苗挤在一起，应该及时间苗，只留下 1 株强壮幼苗。此外，在山药进入生长盛期后，可适当摘除基部的几条侧枝，这样做的目的在于尽量集中养分，促进块茎的生长。如果在生长后期，发现零余子生成过多，也应及时摘除，否则会与地下块茎争夺养分，影响块茎的膨大。根据有关试验报道，零余子每 667 米^2 产量如果达到 500 千克以上，则会相应减少山药块茎的产量。所以，除采种外，一般零余子每 667 米^2 产量要求控制在 100～150 千克。

八、及时中耕除草

由于山药出苗后生长很快，因此中耕除草只在早期进行。中耕要求浅耕，只将土壤表面整松即可。在山药生长过程中，一般杂草的生长也会很旺盛。为避免杂草争夺养分，应及时拔除，但应注意不要损伤块茎和根系。现在有的山药产区（非有机栽培），在定植后喷洒除草剂来灭除杂草，效果较好。施用除草剂，适于山药大面积栽培。江苏农民在山药播种后至出苗前，趁雨后土壤墒情较好时，每 667 米^2 用 48%氟乐灵乳油 150～200 克兑水 50 升，均匀喷洒土面，喷后浅搂，效果很好。

需要注意的是，应该根据杂草发生种类，选择合适的除草剂。以禾本科杂草为主的发生地区，可采用氟乐灵、仲丁灵和二甲戊灵；

以荠菜、藜为主的杂草，可用利谷隆。不管采用哪一种除草剂，都必须在杂草萌发前或杂草刚萌发时施用，这样除草效果才有保证。如果用药偏晚，杂草大量出土，则影响除草效果。在沙性土壤上栽培山药时，禁止使用扑草净，否则易对山药产生药害。现在的除草剂良莠不齐，所以在正式使用前必须做小面积试验，观察除草效果。

需要说明的是，如果是进行有机山药栽培，在整个栽培过程除草剂是禁止使用的。

为了确保正确使用除草剂，以下分别介绍山药地中常见的杂草，以及经常使用的除草剂。

（一）山药地中常见的杂草

由于山药产区分布在全国各地，杂草的种类比较多，常见的有近30种，如小藜、灰绿藜、马齿苋、反枝苋、凹头苋、牵牛花、荠菜、打碗花、野稗、谷莠子、马唐草、碎米莎草、蟋蟀草、铁苋菜、萹蓄、葎草、龙葵、酸模叶蓼、蒺藜、蒲公英、刺儿菜、虎尾草、菟丝子、白鳞莎草、播娘蒿、看麦娘、星星草、早熟禾、香附子、续随子等。

（二）山药产区常用的除草剂

由于我国山药产区分布较广，从东北地区到华北地区一直到江南地区均有栽培，山药地中的杂草多种多样，因此应根据杂草类别，正确施用除草剂。另外，特别重要的是，不能图省事，必须在大面积喷洒前做一个小面积除草剂试验，以确保除草剂对山药苗无害。目前，国内常用的除草剂有16种左右，分述如下，供参照使用。

1. 杀草丹　杀草丹纯品为淡黄色油状液体，难溶于水，易溶于乙醇、丙酮等有机溶剂，对酸碱比较稳定。杀草丹可防治稗、牛毛草、三棱草、日照飘拂草、马唐草、牛筋草、狗尾草、看麦娘、蓼、千屈菜、狼把草、马齿苋、藜、矮慈姑、鸭舌草、眼子草、香附子等杂草。常见剂型有70%可湿性粉剂、50%乳油、10%颗粒剂等。

2. 异丙隆 异丙隆为白色无臭粉末，可溶于大多数有机溶剂，对光、酸、碱比较稳定，具有内吸和触杀作用。异丙隆可防治马唐草、藜、看麦娘、黑麦草、野燕麦、早熟禾、牛筋草、马齿苋等杂草。常见剂型有20%、50%可湿性粉剂。

3. 氟乐灵 为橙黄色结晶体，具有芳香族化合物气味，溶于大多数有机溶剂。制剂为橙红色液体，可与许多杀虫剂和液体肥料混合施用。低毒性。氟乐灵可防治画眉草、续随子、狗尾草、稗、马唐草、早熟禾、藜、看麦娘、马齿苋、凹头苋等杂草。常见剂型有48%乳油等。氟乐灵施用后，应及时混土，防止挥发和光解。

4. 异丙甲草胺 又称都尔，为黄棕色液体，在水中可乳化成乳状液，为低毒除草剂。异丙甲草胺可防治狗尾草、稗、画眉草、马唐草、牛筋草、早熟禾等杂草。常见剂型有72%乳油等。异丙甲草胺不宜在沙土地上施用。

5. 胺草磷 胺草磷纯品为白色或淡黄色结晶，难溶于水。胺草磷可防治马唐草、稗、狗尾草、莎草、藜、苋、马齿苋、铁苋菜等杂草。常见剂型有25%乳油等。在干旱时，用胺草磷喷雾效果，优于毒土法。

6. 甲草胺 又称拉索、草不绿或拉草锁，为淡黄色、无味、非挥发性结晶体，能溶于乙醚、丙酮、苯、氯仿、乙醇等有机溶剂，在强酸、强碱条件下可水解。拉索为低毒除草剂，可防治马唐草、狗尾草、稗、藜、苋、马齿苋、菟丝子等1年生杂草。常见剂型为48%乳油。在湿度大或降雨后施用，可提高除草效果。

7. 仲丁灵　又称双丁乐灵，为橙色固体，能溶于二甲苯、丙酮等溶剂。仲丁灵是高效、低毒、低残留和应用较广的除草剂，可防治马唐草、狗尾草、稗、野燕麦、苋、藜、马齿苋等杂草。常见剂型有48%乳油。

8. 灭草松　又称苯达松或噻草平，纯品为无色结晶。灭草松可防治鸭舌草、苍耳、马齿苋、问荆、荠菜、曼陀罗、拉拉藤、野萝卜、莎草、蒺藜等杂草，但对禾本科杂草无效。常见剂型有25%水剂、48%水剂、48%可溶液剂。在干旱和过湿土壤上不宜使用，还要防止药液溅入眼内。

9. 扑草净　扑草净纯品为白色结晶，工业品为米黄色粉末，有臭鸡蛋气味。在常温下比较稳定，在酸碱、紫外光照射及高温条件下易分解，是选择性内吸传导型除草剂。扑草净可防治1年生和多年生禾本科、莎草科及阔叶杂草。常见剂型为50%可湿性粉剂等。扑草净不宜在沙土地上使用。

10. 噁草酮　又称农思它或噁草灵，为无臭不吸湿的白色结晶，可在碱性溶液中分解，是一种在芽前或芽后使用的除草剂。噁草酮可防治鸭舌草、稗、雨久花、节节菜、马齿苋、蓼、续随子、毛马唐、牛筋草等杂草。常见剂型有12%乳油、25%乳油等。不能在土壤干旱时施用，不能喷在山药苗上，否则会产生药害。

11. 二甲戊灵　又称除草通、胺硝草，纯品为无臭橙黄色结晶，溶于多种有机溶剂，在碱性和酸性条件下均较稳定，无腐蚀性，具有挥发和光解的特点。二甲戊灵可防治大多数禾本科杂草及某些双子叶杂草，它与氟乐灵除治对象基本一致。常见剂型有33%乳油、30%悬浮济等。

12. 利谷隆　利谷隆纯品为白色结晶，不溶于水，易溶于丙酮、乙醇、苯等有机溶剂，在水中稳定，遇酸、碱则会慢慢分解，高温下迅速分解，毒性小，对人畜安全，具有内吸和触杀作用，有选择性。利谷隆可防治马齿苋、藜、苋、铁苋菜、荠菜、稗、马唐草、狗尾草等多种单、双子叶杂草，尤其对阔叶杂草防治效果更好。常见剂型有50%可湿性粉剂等。在沙性土壤上若用药量过大，或施药后降雨，易伤山药苗。

13. 毒草胺　为淡褐色固体，可溶于水，有机溶剂中溶解性较差，对人畜毒性较低，是一种选择性触杀型芽前除草剂。毒草胺可防治狗尾草、稗、灰菜、野苋、草木樨、龙葵、马齿苋、马唐草、野苏子等杂草，但对多年生杂草无效，有效期在1个月左右。常见剂型有50%可湿性粉剂、30%乳油等。由于药效较短，应在杂草未出土前施用，最好在芽前3～5天施用。在土壤干旱时施用，会影响除草效果。

14. 豆科威　又称草灭平，纯品为白色晶体，工业品为紫色粉末，微溶于水，易溶于乙醇和丙酮，在酸、碱介质中水解稳定，是一种选择性芽前除草剂。豆科威可防治马唐草、野苏子、稗、看麦娘、苋、藜等1年生单（双）子叶杂草。常见剂型有20%水剂等。

九、精细采收

山药的收获时间很长，是食用农作物中收获时间较长的作物。有的地方一到8月就开始采收，有些则在翌年4月才挖掘，前后相差有8个月的时间。在这段时间内，可以根据市场需求、气候状况、劳力条件、合同期限、自家食用需要等情况，以及贮存设备的多少和大小，随时收获山药。按收获集中时间的不同，一般可分为夏收、秋收和春收。收获时，要认真仔细，既要将山药挖收干净，防止遗漏，又要使山药完好无损，不受伤害，真正做到丰产丰收，收尽收好。

一般在山药栽种当年的10月底或11月初，地上部分发黄枯死后，即可开始收获山药块茎。山药收获的一般程序是：先将支架及茎蔓一齐拔起，接着抖落茎蔓上的零余子，并将地面上掉落的零余子收集起来，然后就可以收获山药块茎了。

长山药的块茎较长，难以采收，如果采收技术不熟练，块茎破损率是很高的。华北地区采收长山药的方法是：从畦的一端开始，先挖出 60 厘米^2 的土坑来，人坐在坑缘，用特制的山药铲（图 54），沿着山药生长在地面上 10 厘米处的两边侧根系，将根侧泥土铲出，一直铲到山药沟底见到块茎尖端为止，最后轻轻铲断其余细根，手握块茎的中上部，小心提出山药块茎。一定要精细铲土，避免块茎的伤损和折断。

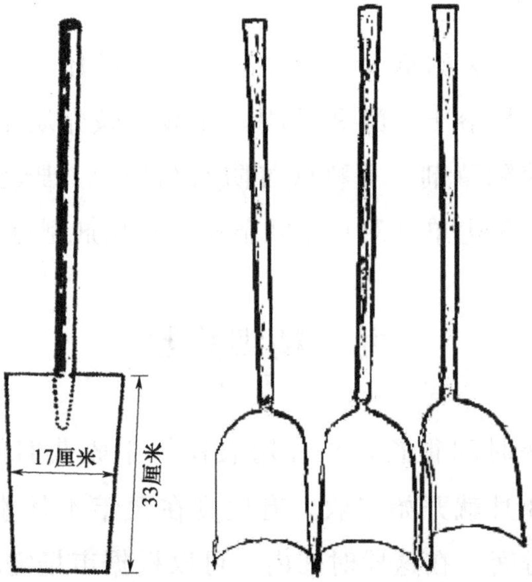

图 54　山药铲

（图右侧圆弧状的铁锨是洛阳铲，主要用来挖已折断山药）

扁形种和块状种的山药块茎较短，比较容易挖收。收获脚板苕的方法是：在挖出 60～70 厘米^2 的土坑后，再向下挖 30～40 厘米，即可把比较长的脚板苕完好无损地挖取出来。不论是挖收哪一种山药，一定要按着顺序，一株一株地挨着挖，这样既能有效减少破损率，又能避免漏收。日本近年来采用“水掘法”收获山药，即采收前向山药地浇水，然后用力拔出山药。但这一方法只适用于沙地土壤，对黏壤土效果不好。

一般认为，收获山药块茎晚一些为好，华南地区不要早于7月，长江流域不要早于8月，华北地区不要早于9月中旬，东北地区不要早于9月底。总之，各地均应在山药块茎生长盛期的后期收获，早于这个时期，山药的基本产量还没有完全形成，对收成影响比较明显。但为了满足淡季市场的需要，山药也可在生长盛期的中期收获，这时收获的块茎虽然未充分长大，但售价较高，经济效益好。在江淮流域及其以南地区，山药块茎可以留在地里，一直延至翌年3～4月采收。在华北及东北地区，一定要在初霜前采收完毕，否则山药块茎受冻后，严重影响品质，商品价值大大降低。

（一）山药的夏收

八九月挖起的山药，特别是8月上旬收获的山药，还没有完全成熟。即使是在我国气温较高的华东地区，这时的山药也还是没有完全成熟。收获的新山药，水分大，干物质率低，碳水化合物比10月下旬收获的山药少10%。从土中挖起后最怕太阳直晒，再加之8月的太阳光照还很厉害，山药一晒，其块茎就萎蔫。因此，一定要小心收获。最好是预先联系好市场和买主，做到随要随收，随收随卖。收获时，山药块茎上应多带些泥土防干保湿，以免失水萎蔫，降低质量。在收获后，也需注意保护，特别是在包装、运送的过程中要小心。可以将枝蔓围在山药四周或盖在上面，一次性送到收购点，切不可来回倒腾。收获时，细根不要去掉。越是早收的山药，细根越是存有活力。因此，不要去细根，而应将块茎连同细根泥土一齐上市，以便保证质量，不致因失水而降低商品价值。

另外，在八九月高温期所提前收获的山药，可煮着吃，蒸着吃，也可以做拔丝山药、山药扣肉、红烧山药、蒜苗炒山药、罗汉排骨等，但最好不要做山药元宵、山药饼、山药豆馅蒸糕、山药玉米油炸糕、扁豆山药粥、山药枸杞粥、山药豆沙包子、山药汤圆、山药泥和山药糊等。因为这时的山药，含水量大，干物质少，质地脆嫩，吃起来不太面，口味差。

最忌讳的是，不能用来加工山药汁、山药酸奶、山药蜜汁、山药果酱、山药清水罐头和山药饮料等制品，特别是不能制作山药干和山药粉。不能做山药汁、山药饮料的原因是，所做出的饮料产品，很容易变成红色、褐色或紫褐色，这都是因为山药的褐变而引起的。八九月收获的山药褐变最甚，收得越早，褐变越多，用作加工饮料产品，其品质将受到严重影响。不能做山药粉和山药干的原因，主要是这时收获的山药水分多，干制太不合算，制粉营养较差。

早收的山药是不能制药的。此时采收的山药，皮不硬，色不白，质地脆，一碰就断，既不好装，又不好运，更为重要的是这时收获的山药，水分多，干货少，药性差，药味不浓。这将会降低所有用山药配伍的中成药的药效，影响太大。所以，药厂收购员绝不会在八九月到产地去收购现采的山药，其他的条件即使可以对付，但药性差是不能含糊的。8月的山药，块茎正处于充实的关键时期。虽说这时候山药的外形已经长得很像成熟山药，无论是长短，还是粗细，似乎都已经长到了标准规格，但其表皮和肉质的颜色，硬度和风味与10月底收获的山药相比差得甚远。除了水分高出10%～15%，淀粉的含量、蛋白质的含量、糖蛋白和维生素的含量，钾、钙、铁、锌、铜、锰、锂、锶等矿质元素的含量，尤其是薯蓣皂苷元、多巴胺、多酚氧化酶、尿囊素、碘质、胆碱以及脱氢表雄酮等多种能够延缓衰老、根治疾病的重要成分，几乎都未达到固有的含量。因此夏季采收山药一定要慎重。

（二）山药的秋收

山药的秋收一般在 9 月下旬至 11 月进行。此时山药植株地上部已渐枯萎，霜冻将至，应该在地冻之前收获完毕。此期收获的山药应注意防冻。尤其是东北地区和内蒙古自治区等地，冬季温度偏低，更应注意防冻。在初霜来临较早的北方，应在初霜前将山药收获完毕。

山药收获时先将支架和枯萎的枝蔓一起拔掉，接着抖落茎蔓上的零余子，并全部收集起来。再将绑架中的架材抽出，整理好，消毒后进行贮存，以备翌年使用。将拔起的枯萎茎蔓和地上的落叶残枝，全部清理干净，集中处理，以免茎蔓和残枝落叶所带病菌扩大感染。尤其是连茬种植山药的田块，更需谨慎行事，消除病原。

地面清理干净之后，开始挖沟收获山药。收获之前，将山药铲、箩筐、绳子、石灰等必备的工具用品全部备好。自家的小块山药地，可以选晴天，全家出动，一次收完，或者按计划收完。商品基地大面积栽培的山药，收获前应与收购单位、挂钩市场或外销部门联系好收购事宜，并准备好运输工具，以便收获作业开始后，人到车到，紧密配合，统一指挥，分工协作，各负其责。要按顺序一棵一棵地收，运输、包装、上车、下车等活动都应有条不紊，井然有序，将山药的伤害和损失减少到最低程度。根据商家的要求，将若干根山药扎作一捆，或若干根山药装作一筐，一次到位。也可以将所收获的山药直接贮藏入窖，或就近上市。

在收获中，要特别注意保护好山药嘴子，要正确地将其切下。山药嘴子一经切下，就应在断面上蘸好石灰粉或 70％代森锰锌超微粉，及时进行杀菌消毒。

收获长山药，是很费力且需要技巧的劳动，尤其在较为黏重的土地上收获，一个人一天只能挖 20 米长的沟，即使沙土地也不会超出30米。北纬38°以南地区在山药收获适期，劳力不足时，可以暂时不收，将山药留在田间，只是应在立冬前用土将山药沟盖上。盖土应依地区的不同而采用不同的厚度。如在山东济宁一带，盖土厚度为15厘米左右。也可以盖草保温，还可以盖上塑料薄膜，以保护山药嘴子不被冻坏。山药的食用部分，在地下30厘米以下的深土层内，一般是不会受冻害的，可以安全度过整个冬天。另外，如果没有合适的客商配合收购，或者因为价格谈不拢，也可以暂时不收，等待机会再说。

在济宁地区，收获山药的方法是“白露打，寒露刨”，即在白露节气时，先打落山药豆（零余子），寒露到了便收挖山药。山药豆比山药整整要早收1个月，这样做可以使生长在地下的块茎长得更为充实。但是，在寒露时块茎的含水量很多，非常嫩脆，收获时块茎极易折断。再说提前1个多月打落山药豆，也会影响枝叶生长。因此，一般认为还是到了霜降以后茎叶枯黄时收获为好。当然，为了早收抢市场，或者土壤湿度比较大的山药地块，可以早收。沙地山药采用水掘法收获的，湿水面积也不能太大。应该一株一株地用湿水冲沙疏土，将山药拔出。

具体采挖山药时，对于块茎深入地下较长的山药品种，一开挖就应把深度挖够。比如，1米深或1.5米深，60厘米^2，空壕挖好后，才能根据山药块茎和须根生长的分布习性，挖掘山药。山药块茎在一般情况下都是与地面垂直向下生长的，不拐弯。所有的侧根则基本上和地面平行生长，而且，离地面越近，根越多，颜色越深，根越长。根据这些生长特点，挖掘时先将块茎前面和两侧的土取出，直到根的最前端，但不能铲断块茎背面和两侧的大部分须根，尤其是不能将顶端的嘴根铲下。一旦铲断嘴根，整个块茎会失去支撑，随时都有断裂成段和倒下的危险。因此，一直要等挖到根端后，才能自下而上铲掉块茎背面和两侧的须根。在铲到嘴根处时，用左手握住山药上部，右手将嘴根铲断。接着，左手往上一提，右手则要握好块茎中部，以免折断。挖上几根山药后即可掌握采挖规律。

人工挖掘山药，使用山药铲进行作业，十分费力费工，壮劳力一天可挖200根。这也许是长期以来不少农户只种植百十株山药的重要原因。水掘法虽能提高3～4倍的效率，但只能在透水性和排水性较好的沙丘地上采用。采用这种方法，采收效率是提高了一些，可注水收获却使沙土与块茎结合得更紧密了，本来翌年不准备深耕的地块必须重耕，这就增大了翌年的种植难度。用水掘法收获的山药，块茎外表干净，因而很受用户的欢迎。但对山药来讲，带些土块茎不易干裂，容易保存，而水掘收获的山药块茎最怕暴露在太阳光下。

山药机械收获一般是用小型拖拉机带一个挖掘机，从山药沟一边开始，向前推进。机械手一边操作机械，一边将挖出的山药拔出，每天可以收获200米左右。这比单纯人工要快得多，但是山药的创伤率也高。

从山药的品质考虑，晚收比早收好，下午收比上午收好。即使是在叶片枯凋期再延后一些日子收获，也会使块茎更为充实，块茎表皮也会变得更硬一些，减少收获中的伤害。如果在秋冬时节采收，天气寒冷，人力不足或者组织不好，山药易受冻害。如果要将山药用来加工山药汁和山药糊，或做切片处理，则应该晚些时间收获，如当地气候允许，最好在翌年春暖花开时收获。这时收获的山药，品质好，变味少，变色的也少。而早收的山药，却经常出现品质受损害的现象，比如山药肉变成褐黑色或褐色，且收获越早，褐变越多。

收获山药时，应尽量避开高温和日晒，即使是下午也要注意。收获后应立即盖土防晒，并且进行水洗和装箱等活动，均需选在温度较低的地方进行。因为温度越高变色越多，在5℃以下的低温环境下，山药很少变色。

（三）山药的春收

山药的春收，是指在江淮等地翌年3～4月的收获。依地区的不同，收获时间前后有1个月的差距，但最迟也不能影响春天的播种和定植作业。如果收获太迟（地温达到10℃左右），山药块茎经过5个月的休眠，在湿度适宜的条件下就会萌发新芽。

春季收获山药的优点很多。首先，春天收获的山药品质好。不仅营养好，风味好，加工产品质量更好，褐变非常少。夏收的山药不成熟，其优点只是提前收获，提前供应市场，所收获的山药只能食用，不能药用；只能熟食，不能加工。秋收的山药食用和药用皆宜，“灵气”已足，完全可以满足老年人冬春山药食补的需要。因此，只要有市场，就应该在冬前一次性收获。特别是收购单位不要求生产者自己贮藏的，生产者应在留下种薯后，将所收山药全部出售。如果市场销售不好，当地冬季可以将山药留在田中越冬，就不要急于秋收或冬收。据我国和日本的一些山药加工部门反映，秋收的山药不如春收的好。好坏的标准是有无对加工产品影响最大的褐变的存在，春季收获的山药褐变少，或者没有。论营养，有关研究部门的测定表明，也多为春季收获的营养多。

春季收获的山药，更有利于山药的夏季贮藏，可以一直供应到八九月，接上新山药上市，一年四季都有山药出售，做到了均衡供应。因为山药冬季在田间贮藏既不受损失，也不受损伤，其内容更充实，皮层更厚。等到春暖后收获，挖山药非常顺手利索，山药既不容易折断，也不容易伤皮。收获中，用手截下山药栽子时也不冻手，山药切面也容易蘸上石灰粉进行消毒，因为这时山药中的含水量相对减少。此外，这时所收获山药的分类、装筐、运输、出售或贮藏，也方便得多。

在冬季降雪较厚的地区，不能等到翌年春季收山药，因为经过一个冬天容易引起山药块茎的腐败。在野鼠活动猖狂的地方，山药一个冬季都埋在田中损失太大，最好在秋冬季节将山药一次收获完毕。

对于准备春收的山药，最好也在秋冬山药地上部枯萎后，将枯死茎蔓和落叶一起割下，集中处理。架材要抽去，经消毒后整理贮存，以备翌年再用。春收时，由于冬季将植株地上部已处理干净，加之又经过一个冬天的刮风下雪，山药块茎的位置不好辨认。因此，春收山药，要提前做好标记，注意不要漏收。收获时一定要按照顺序，从头到尾，一株挨一株，一行挨一行，细心作业。尤其是在人多时，更要加强组织指挥，做到严密分工，责任到人，严格检查，保质保量，尽量防止漏收现象的出现。

第四章　山药套管栽培技术

长山药，生长在地下1米左右。2000多年来，种植山药的农民，要在冬前挖掘1米深的土层，翌年开春将山药种上，秋天又要挖掘1米深的土层将山药收上来，劳动量很大，十分辛苦。能不能设法把种植山药的繁重劳动减轻一些呢？近年来推广的山药套管栽培技术，较好地解决了这个问题。

一、什么是山药套管栽培技术

简单地说，山药套管栽培技术，就是将山药块茎引入套管中生长的技术。具体地说，就是根据长山药的长短和粗细设计的一种套管（也叫栽培管），将这种管子埋入地下适当的深度，然后人为地引导新生的山药块茎进入管道中生长。

套管栽培最早使用的是竹管，用竹套管进行山药栽培，可以就地取材，成本较低，而且耐湿耐压。但是，打通竹子中的竹节比较费事费工，很难修理平整。由于新生山药非常娇嫩，遇到不平整的竹茬或竹瘤，便会变形生长，难以保证长山药产品整齐平直。塑料套管的出现，才使山药套管栽培成为现实。我国台湾地区采用用于屋檐的导水管道制成山药栽培套管，华北、华东、东北地区也相继制造出各种形状、各具特色的山药栽培套管。

使用套管栽培技术，山药块茎按照人们的设计固定在一定的位置生长发育，从而促成了山药栽培技术的变革，使高档药食兼用的山药产品质量更高，一级品率显著增加。

二、山药套管栽培的土壤选择

（一）套管内的土壤选择

山药套管内的土壤选择是套管栽培成功与否的关键所在：装上好土长好薯，装上劣土长劣薯。在山药套管栽培初期，人们往往只是想到就近取土，随便装入一些栽培田的土壤，结果山药生长很不整齐，病虫害也相当严重，产量质量均受到影响。通过不断探索，人们才了解到山药对套管内的土壤要求非常讲究。一是表土不能进入套管。由于表层土壤中线虫、褐腐病菌等土壤病虫害很多，一旦将这些含有病虫害的土壤装入套管内，管内幼嫩的山药块茎很易感病受害。二是有机物不能进入套管。因为有机物分解产生的气体会侵害幼薯生长点，使块茎变形、发黑。同时，施入的有机肥越多，病虫害也越多。三是化学肥料不能进入套管。若有化学肥料接触到山药块茎（尤其是接触到生长点），块茎生育就会完全停止。因此，在套管装土时切忌装入有化肥的土壤。四是旧废土壤不能进入套管。山脚、路旁等处的废旧土壤常有褐腐病菌感染，夹杂很多不干净的物质，不能轻易使用。山药栽培套管内应装入没有栽培过作物的新土（即没有用过的土），也可用除去表土的山地土，要求尽可能消除一切污染。这是因为套管中只有块茎，而供给山药土壤中营养的吸收根系都长在套管外面。因此，套管内若有营养成分，反而会使块茎腐烂或停止生长。

装入套管的新土以沙壤土最好，黏性土壤应绝对免用。沙壤土形成的空气、压力和水分条件，对于山药块茎的生长最为理想。

(二) 套管外的土壤选择

山药栽培套管内装入完全清洁、无病虫害的沙壤土新土，基本上与大田土壤隔绝，为幼薯的形成和肥大创造了有利条件。同时，也要重视套管外的土壤选择。一是套管内山药块茎的生长，要靠套管外的土壤供给营养。山药块茎虽生长在套管中，但套管中没有营养，营养物质需要山药的吸收根供应，而吸收根的营养又来源于套管外面的土壤。只有具备良好的土壤，山药的吸收根才能形成庞大根系，供给山药地上部充足的营养，促使茎叶旺盛生长，正常进行光合作用，从而才能有更多的光合产物形成，并转移到套管内的块茎中，使块茎正常肥大。二是套管内外的土壤互相接触，互相影响。山药栽培套管并非完全密闭，套管两端有不小的开口与大田土壤接触，管壁上也有不少小孔与大田土壤相通。虽然套管外面的土壤不直接接触块茎，但也有一定影响。特别是在种薯播种后的萌发和生长阶段，主要处在大田土壤环境中。因此，对套管外面的土壤也要有所选择。

山药栽培套管外的土壤选择，一般以沙壤土或壤土为宜，这种土壤便于套管的安装和耕作，而黏性土壤较差。地下水位高的地方和湿地也不适宜进行山药套管栽培，尤其不能在湿土地上用套管种植山药。虽然块茎在套管中，但过湿的土地仍会妨碍块茎生长，并使块茎发生畸形。

三、套管的制作与规格

实施山药套管栽培，必须将山药块茎全部引入套管，而且进入套管的角度和松紧度要适宜。为此，经历30多年的科学试验和实践改进，山药栽培套管逐步走向合理化。目前，普遍采用的山药套管规格和制作方法（图 55）如下。

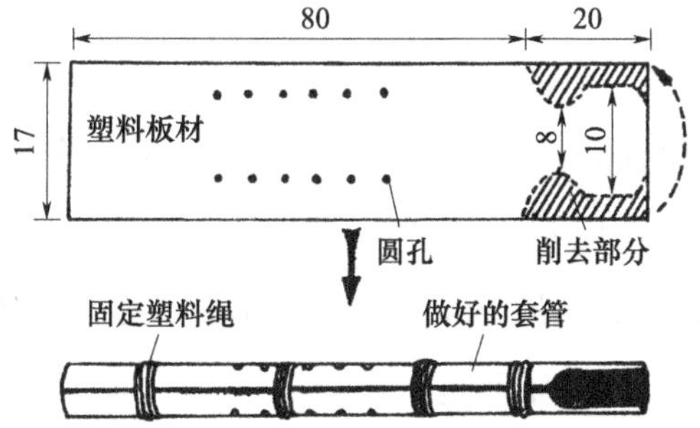

图 55　山药套管规格和制作方法（单位：厘米）

（一）套管的长度

套管的长度依品种类型略有差异，一般为 1～1.3 米。有的长山药品种块茎长达 1～2 米，有的山药类型块茎长度仅为 50～60 厘米，因而要相应设计不同长度的套管。

（二）套管的直径

套管的直径依山药品种类型有所不同，一般圆周长为 18～22 厘米。在套管上方需要纵切开口，宽约 3 厘米（指套管平放下的位置上方开口 3 厘米，顺管长纵切）。

（三）套管的前端与后端

套管的前端，即接近苗茎基部的一端。要将这个部位的套管展开成圆匙状，装置时使前端正好对准幼苗，以接受幼小块茎顺着管壁进入套管生长。因此，这一部位也叫受部，受部的长度一般为 20～22厘米，展开的最宽处为16～18 厘米。套管的另一端称为后端，套管后端一般都要开口，不能堵死。这样一方面可改善管内的湿度和气体状况，另一方面也可使一些过长的块茎有伸长的余地。

（四）套管的圆筒部分

套管的圆筒部分，即套管的管身，共开有4排圆洞（或称圆孔），每侧两排，圆洞孔径为1～1.2厘米。从套管前端约35厘米处开始打孔，两排圆孔应错开排列，即上排6孔，下排7孔。上排距上方纵切口边缘约2.5厘米，上下两排孔口之距离约为2.4厘米，同一排圆孔之间距离约为7厘米。

（五）制造套管的材料

制造套管的材料，可以专材专用，专门设计制造一定规格的PE塑料管，也可以就地取材，利用一些相似的圆筒状塑料管改装。我国台湾地区当地居民曾用半圆形的屋檐导水管改制成山药栽培套管，既降低了成本，又简化了制管程序。

四、套管的田间布置

（一）挖好埋管沟

一般1.2米行距埋1行套管。用铁锨或小型掘沟机，挖出深50厘米、宽25厘米的埋管沟。沟的长度最少应有10米，方向可依土地的具体状况而定，东西向或南北向均可。要将沟挖直，并应做到深浅一致。埋管沟的宽度也可按照掘沟机的规格进行，比如一次挖过去正好只有15厘米的宽度，也是可以的。埋管沟的深度则以50厘米为宜，也有的深挖至60厘米，依据套管埋设的角度而定。因为套管埋入地下不是平放，是有一定倾斜角度的。

套管埋入地下最浅的位置，就是种薯播种的位置，这个深度是固定的。根据多年的试验，套管受部应低于地面5厘米。也就是说，套管前端埋入地下 5 厘米处，中后端套管便要逐渐向下倾斜，与地面形成的夹角一般是 15°～20°，也有的夹角为 10°。夹角越大，要求埋管沟挖得越深。在 10°夹角的情况下，挖 30～40 厘米即可。若是 20°夹角，则应挖得更深一些。

套管之间的距离，无论是一行排列，还是错开排列，都是一样的。在多数情况下，套管之间的距离为 30 厘米，实际上这就是山药植株的株距。山药套管种植的行距则为 1.2 米。在 20°夹角以下埋管沟，一般都要错开排列套管，但两行不能错得太远，稍错开一些即可。操作技术好的错开 25 厘米左右即可，初次进行山药套管种植恐怕连错开 30 厘米也很难保证，可放宽至 40～50 厘米（图 56）。

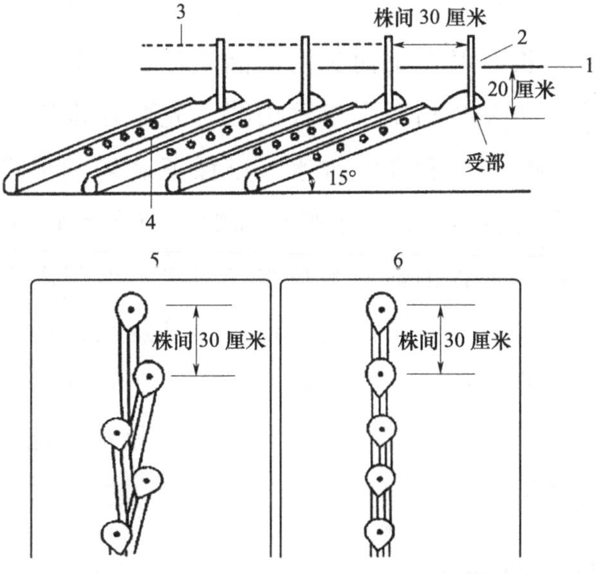

1.种薯位置；2.指示棒；3.最后覆土高度；4.套管位置；
5. 10°夹角的套管田间排列；6. 15°夹角的套管田间排列

图 56　山药套管田间埋设

需要注意的是，埋管沟不能挖得过浅，必须按规定深度达到 40～50厘米。因为只有达到这样的深度，才能保证山药块茎肥大所要求的适宜地温。据笔者团队在山西省中部地区的测试，当夏季高温时，地下10厘米的地温为35℃，地下20厘米的地温为26℃，地下30厘米的地温为25℃，地下40厘米的地温为25.5℃，地下50厘米的地温为24.5℃，地下60厘米的地温低于25℃。根据山药生长特性，在地下20～50厘米的土层，可保证山药块茎肥大所要求的24～26℃的最适地温。20厘米以上则是接近或超过30℃的高温，当地温超过28℃时，山药块茎就会停止生长，其表皮变色且形成龟甲状，严重时全薯腐烂。因此，地表下20～50厘米，是山药块茎肥大最适宜的土层。

（二）埋管沟不能积水

长山药虽然要求高温多湿的环境，但湿度过大有害无益。尤其是进行山药套管栽培，湿度过大时，不仅影响块茎正常肥大，而且块茎容易畸形生长，形成细而长的次品块茎。因此，一般不要利用水田种植山药。如果要利用水田种山药，先要在水田周围修好排水沟，并能进行大畦排水和高畦排水，以保证套管沟里没有积水。在平地进行山药套管栽培，也需要修建高畦，使套管底边高于排水沟，以便于及时排水。套管山药最怕积水、泡水，连阴雨天就会因缺氧停止细胞活动而腐败。在山区斜坡地用套管栽培山药，为了避免水流停滞，应顺坡修建田畦。总之，用于山药套管栽培的田地，地下水位最好在80厘米以下较为安全。同时，栽培沟不能过早挖掘，最好是边挖沟边埋管。

（三）套管的安装

套管沟挖好后，应立即安装套管，装上套管后随即就应播种。为此，有两项工作必须预先做好：一是将套管及时运到地头，并且按距离排好；二是将套管中要装的土壤备好。可以挖一沟装一沟，也可以先挖好沟再一起装管，套管内最好装清洁的无病虫害的新土，尤以不黏不沙的沙壤土最为适宜。既要避免将土块石块和粗枝烂叶装进套管，又要避免把含有无机肥和有机肥的土壤装进套管。

装土量占套管容量的2/3即可，一根套管的装土量一般为4～5千克，山药块茎生长肥大需要适度的土壤压力。如果土壤压力太小，块茎长得又细又长；如果土壤压力太大，块茎肥大又会受到限制。经过多年试验，装入套管容量2/3土壤所形成的压力，正适合山药块茎的正常肥大。

套管装土后，要将套扣上紧，以免土壤溢漏。套扣也是一个标志，装土不能触及套扣，不能挡住最上一排的孔洞。只有这样，才能防止套管中的净土和外部的土壤直接接触，避免污染。装入套管内土壤的松紧度，一般以用手抓一下成团、松手又可自然松开为合适。

装入套管的土壤，一定要平均分布在套管的下半部，既不能忽高忽低，也不能集中在底部。这就需要先将套管放平，装好土壤后再慢慢倾斜埋入挖好的沟中。同一沟中的套管要向同一方向倾斜，错开排列的也应按错开的角度顺序排开。

埋好栽培套管后，应立即将指示棒插入套管受部的中线位置，以便于播种。指示棒一般用30～40厘米的竹竿或木棍，埋入地下20厘米，地上面露出10厘米左右即可。

五、做畦播种

栽培套管埋设完成后，可用挖出的土壤做畦。畦的宽度等于套管之间的行距，一般为1.2米，也有1.5米的。畦长一般为10米左右，短的8米，也有长达10多米的。大多采用高畦，畦高一般为15厘米。做畦要充分考虑排水，务必防止畦面出现积水现象。

做畦前应先施基肥，每667米^{2}可施腐熟堆厩肥5 000千克，并与土壤充分混合。也可每667米^{2}施入腐熟饼肥150千克、过磷酸钙

70～80 千克、硝酸钾 25～30 千克。施用基肥既是为了供给山药生长所需要的营养，也是为了调节土壤水分以及补充土壤氧气。施用堆厩肥，对于黏性土壤效果更好，可使山药产量大幅度提高。

田畦做好后，将掺有基肥的土壤盖在套管上面，在两行套管之间挖出 10 多厘米深的排水沟，从外观上看沟底也是畦底。套管前端高出沟底 5～10 厘米，距畦的最高处 30～35 厘米，在高畦面上只能看见几厘米长的指示棒。

播种时，按指示棒的位置，挖开 5 厘米，将种薯埋入即可。套管前端的上缘距畦面约 25 厘米，套管前端的下缘离畦面有 30 多厘米。种薯萌发生长，块茎生长约 10 多厘米后，才能触及套管受部的底面，逐渐进入套管内继续生长。

种薯的选择、切割、摆置方法等均与长山药的普通栽培法相同。套管栽培山药的关键在于对准受部位置。有的在整畦的同时，已将种薯摆好种下，上面覆土即可。整薯栽植时，要将顶芽部分对准受部，中下端平摆，一般都是顺着套管装置的方向摆放。指示棒千万不可弄掉或折断，以免给播种造成困难（图 57）。

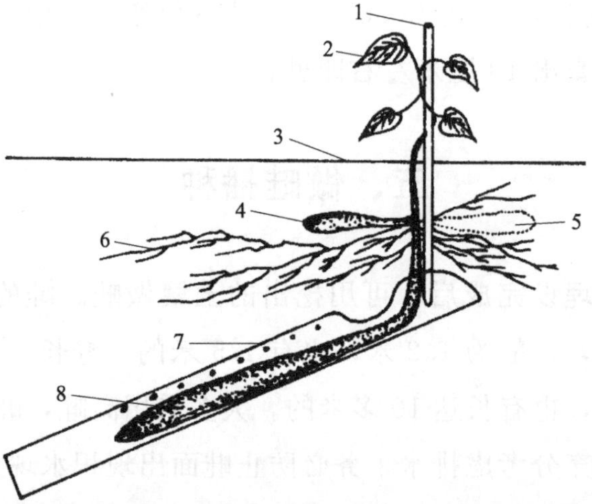

1.套管埋设指示棒；2.地上部茎叶；3.畦面；4.种薯正确定植方向；5.种薯错误定植位置；6.吸收根系；7.套管；8.套管内新生块茎

图 57　长山药在套管内生长情形

六、田间管理

（一）科学施肥

长山药的播种位置在土层下 5 厘米处，吸收根多在 10 厘米左右土层里向四周伸长。因此，施肥需集中在浅土层内，而且最好分次施入肥料，不要一次施用过多。

施用基肥，可以在做畦前普施一半，另一半在播种后施用。施肥的位置应离开种薯 15 厘米的距离，围绕种薯施在 20～30 厘米宽的圈带上。亦可将全部肥料的 1/5 在播种时集中施于种薯周围或两边；在茎蔓长到 1 米长时，再将 1/5 的肥料在畦中撒施；在覆盖地膜或稻草前，将 2/5 的肥料在全畦施用；剩下的 1/5 肥料，在 6 月底或 7 月初施用。一般结合浇水和中耕除草进行。覆盖地膜的可于畦间施肥，覆盖稻草的可在地上撒施肥料。施用氨肥应该谨慎，因氨肥易诱生畸形薯。

（二）适度浇水

山药套管栽培，对水分的要求较为严格。水分不足时，块茎长得又细又长，有的甚至肥大不足，没有商品价值。在干旱土地和降水量少的年份，山药产量会减少一半；雨水适量的年份，产量则明显增加。与此相反，在湿润的土地上种植山药，降水量少的年份可获丰收，而降水量多的年份却几乎没有收成。

山药套管栽培，不宜进行大水漫灌。因为漫灌时泡田时间长，畦底过湿，套管中水分过多，会使山药块茎停止生长，或形成畸形薯，甚至造成块茎腐烂。同时，漫灌还可能使病菌、害虫进入套管，引起严重的病虫害。

山药套管栽培，最好采取喷灌的方法，水量不能太大。喷灌时要避开植株基部，起码要离开植株 20 厘米左右的距离。同时，还要注意及时培土，将植株基部培成馒头形，避免浇水和下雨时水从植株基部进入套管。这是保证山药套管栽培，保持适宜湿度和减少病虫害的主要措施之一。

（三）适时覆盖地膜

在山药套管栽培中，可适时覆盖地膜（图 58）。地膜盖在畦与畦间的沟上，植株生长的畦上只盖麦秸或稻草。具体操作是，在高畦的中间，于植株基部插入铁丝或竹片，用绳子将 1 米多宽的塑料薄膜拉开，长度依畦长而定，一般 8 米一块。地膜下面要横支一根棍子，四周压紧，防止大风吹起，地膜多采用黑色塑料薄膜。

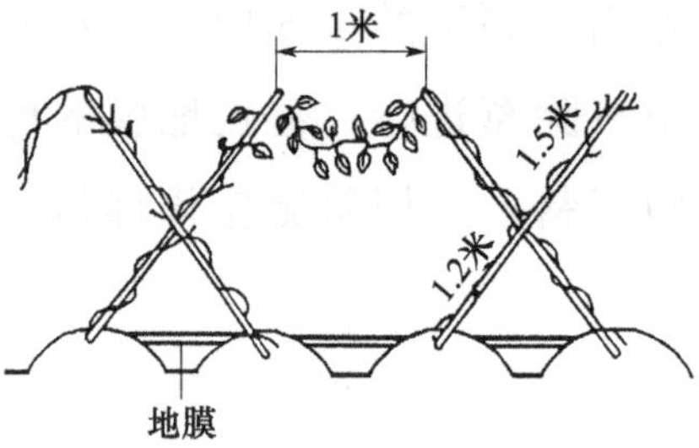

图 58　山药覆盖地膜

覆盖地膜后，可起到显著的遮光降温和灭草的作用。据测定，覆盖地膜后遮光率达 95%。在炎夏气温达 30℃左右时，覆盖地膜后地下 10 厘米处的地温仅为 26～27℃。同时，覆盖地膜还可改善土壤通气状况，减少杂草，调节昼夜温差，有利于山药植株的生长。

覆盖 7～8 厘米厚的稻草，也有很好的效果。另外，在山药植株附近覆盖稻草，有利于进行搭架作业。覆盖黑色地膜或麦秸、稻草的时间，一般在 6 月下旬至 7 月上旬，不能过早覆盖。

（四）及时搭架

山药套管栽培的搭架支柱，比普通栽培重要得多。这是因为套管栽培的新生块茎，生长在比较浅的土层内，地温很高，需要搭架形成凉棚，以降低地温。同时，搭架后山药叶片展开，受光面积增大，光合作用增强，植株生长健壮，有利于提高产量并减少病虫害。

通过多年试验，以1米高的棚架效果最好（图59）。具体操作方法是：每隔2米左右埋1根立柱（埋入地下40厘米左右），架高1米左右，长度依栽培畦而定，上面绑好骨架，中间用网套连接即可。也可1米1柱，或1畦1架，高度均在1米左右。茎蔓长起之后，就会自然爬网，稍加整理即可将整个畦面遮成凉棚。在地上部茎叶充分生长之后，地下块茎才进入肥大盛期。这时，叶片正好爬满棚架，密密麻麻，强光基本照不到畦面，降温效果很好。

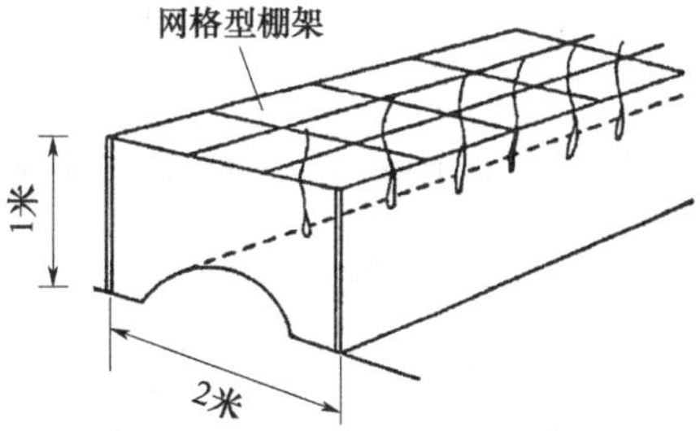

图59　可抗台风的山药棚架

七、收获方法

山药套管栽培的收获比较容易，省时省工。每667米^{2}长山药常规栽培收获需要140个人/时，套管栽培收获仅需24个人/时，大约可节省劳动力5/6左右；而且套管栽培收获时，块茎很少有断裂、损伤现象，茎棒很直，薯形整齐，颜色美观，投放市场备受欢迎。

收获套管山药一定要一个一个地进行，防止漏挖。由于在收获前已将地上部残枝枯蔓和架材等全部清理除掉，指示棒也早已拔除，因而很容易漏挖。挖取套管应从一头做起，将套管周围的土壤小心翻起，堆在高畦两侧，待套管露出一半时，用手一抽便能拔出。拔出套管后，随即将套扣松开便会露出山药。用塑料绳绑结套管的，可将塑料绳割断，以便取出山药。取出山药后，可将套管清洗存放，待翌年再用，以降低成本，增加效益。套管如果保存使用得当，可连续使用5～6年。

八、套管栽培山药的利弊

套管栽培山药，看起来麻烦费工，实际上其主要优点就是省工省力。经测试，种植667米^{2}山药，用普通栽培法需用40个人工，而用套管栽培法仅需20个人工。套管栽培山药的另一个优点，是可以明显减少病虫害。据观察，用套管栽培法，仅在山药上部（露在套管之外）10～15厘米的位置发现少许线虫危害症状，而进入套管后的主要食用部位，几乎看不到病虫害现象。

山药套管栽培的主要缺点是技术性较高，一次性投资较大。每667米^{2}需要2 600个套管，1个套管按10元计算，每667米^{2}投资约需26 000元。若大面积种植，套管单价可降低至1元以下。由于套管的使用年限一般为5～6年，山药种植者还是可以承受的。另外，套管埋设不当，也很容易造成山药块茎呈扁圆形（指横截面）。但套管栽培山药，省工省时，可减少病虫害，能明显提高产量和质量，综合衡量还是合算的。

九、日本薯蓣套管栽培实例

近几年来，福建省上杭县套管栽培日本薯蓣的面积逐年扩大，且取得了很好的成绩。现将日本薯蓣以及上杭县的套管栽培方法介绍如下。

（一）什么是日本薯蓣

日本薯蓣（*Dioscorea japonica* Thunb.）野生于我国各省的山

坡和灌木丛中。在我国各省均有其野生种，因此也叫野山药。日本也有这种野山药，叫自然薯。其别名很多。20 世纪 80 年代后期，我国对市场上的商品进行实地调查和鉴定，认为除了山药、褐苞薯蓣、山薯和大薯，日本薯蓣在我国很多省内也被民间所种植供食用和药用，但栽培面积很小，近年利用套管栽培的面积较多。

日本薯蓣和山药一样，都属于薯蓣科薯蓣属中的一个种。因此，两者相同或相似的地方很多，味道也差不多，有的比山药还要好吃，干物率高，黏度强。经栽培以后，钙和铁的含量显著提高。一般野生日本薯蓣的含钙量为 9.5 毫克/千克，含铁量为 0.8 毫克/千克；栽培后，它的钙含量为 20.2 毫克/千克，铁含量为 2.0 毫克/千克。另外，它的淀粉含量很高，有 0.4%～0.5%的淀粉酶，以及氧化还原酶、尿素分解酶等。蛋白质含量达到 2.3%，还有 66.2 毫克/千克的磷和 14.2 毫克/千克的维生素 C。由于日本薯蓣营养丰富，食用、药用都很好，因而价格也高出一般山药 2～3 倍。

日本薯蓣的茎叶发青发绿，很少紫色，茎蔓很长，全长约 13 米。而一般山药的茎蔓约 9 米长。日本薯蓣的吸收根可深入地下较深的土层，且在吸收根附近的一段块茎上还有辅助吸收根。块茎一般长 1.5 米左右，长的可达 2 米多。但较细，直径为 2～3 厘米，弯弯曲曲，不整齐，下部极易分杈。而一般山药则是块茎上端易分杈。日本薯蓣块茎的形成比一般山药迟 1 个月，同时很易干燥，也易腐烂，而一般山药既不易干燥，也不易腐烂。日本薯蓣雌雄异株，雌株结实，有很多种子。因此，它容易自然杂交，很难得到纯种，到商店就更难买到品质优良的种子。据有些栽培者说，日本薯蓣的种子最好到山野去找，找到的种子可能还比较纯一些。野生种一般生长在山坡的阴面，在昼夜温差大的高原较多。地温越高，其块茎越是长得歪歪扭扭。日本薯蓣不容易栽培，也较难贮藏。只有在套管中栽培时，下部很少分杈，块茎可长得很长，品质也相应提高。据上杭县测产计算，日本薯蓣套管栽培，每667米^{2}产量在3 500千克以上，块茎平均长度达1.16米，最长的达到2.15米，块茎单个质量平均为4.52千克，最重的达8.75千克，轻的也有3.15千克。栽培用工比挖沟栽培节省2/3以上，经济效益显著。

（二）适时催芽播种

福建省上杭县位于福建省南部龙岩市以西，北纬25°左右，和山药一样，是一种温带适应型的薯蓣类植物。它在上杭县的播种期是3月上旬，采用地膜栽培时，还可以提前。播前15～20天进行催芽。应选在晴天，将种薯切成40～50克的小段，使切面蘸上草木灰，再晒1～2天，然后催芽。每667米^{2}用种量为60～65千克。催芽的办法，多是将切好的小段种薯层积在细沙堆里。沙积时要用干沙，不要用湿沙，因为湿沙容易引起腐烂。堆高应控制在30～40厘米，并在上面覆盖塑料薄膜以保温保湿。每5天应翻堆1次。一般情况下，经过17～18天即可出芽，待种薯上出现白色芽点即可播种。

（三）套管的选择与安装

套管需预先选购备好，塑料管或竹管都行。PVC塑料管一般选管径为11厘米的，竹管的内径应在8厘米以上。根据日本薯蓣生长的要求，将所选管材制成2米长的栽培用套管。安装套管，要选择土层深厚肥沃的沙质壤土。播种前，犁翻晒白，精细整地，并完善田间排灌水系统，做成2.5米宽，且有15°～20°斜坡的畦子。然后，按株距30厘米的标准开好套管沟。继而将套管置于沟内。套管内盛上1/3的细沙后，再盛满栽培土，将种薯芽点向上埋入套管高端10厘米处，盖土5厘米厚，最后覆土做畦。覆土时，要求套管高端离畦面5厘米以上，套管低端管面离畦面10厘米以上。种好后，随即喷除草剂如异丙甲草胺灭草。在播种过程中，切忌使种薯与肥料接触，以防止烂薯。

（四）肥料施用技术

日本薯蓣靠嘴根吸收营养。因此，无论是基肥还是追肥，都应施于山药主茎周围的上半畦，尤其是追肥更不能离得太远。基肥以农家肥为主，辅以少量三元复合肥，每667米^{2}用腐熟猪牛粪500千克或蘑菇下脚料1 000千克，拌入三元复合肥15千克。然后，将肥料撒施于上半畦，并与表土混匀。当苗蔓长到20～30厘米时，要重施追肥，每667米^{2}用三元复合肥40～50千克或腐熟农家肥500千克加三元复合肥30～40千克，撒施于主茎四周，随即培土。以后可看苗追肥。

（五）搭架技术

苗高20～30厘米时，按两畦搭一个拱形大棚竹架设计，1株插1根竹片，用塑料绳或铁丝绑好，将苗蔓松绑在竹片上，使之顺势上攀。棚中心高度为2米左右，每30厘米立1根，跨度为5米。这和竹架拱形大棚完全一样，只是不覆盖塑料薄膜而已。这样搭架，不仅架形牢固，而且便于茎蔓攀缘，还可在盛夏时遮阴降温。一些侧枝藤蔓也可以用塑料绳牵拉，使其有依附牵挂之处。苗蔓分枝一般任其生长，不作整枝。只是在幼苗期留一根强壮的主蔓，而将其余的一概抹去。

（六）浇水与病虫害防治技术

套管栽培的日本薯蓣，其块茎在耕作层中形成和膨大，但又不是完全与土壤接触，块茎对水分的供应很敏感，水分多了不行，少了也不行。若在膨大伸长期间遇旱，块茎就会变畸形或分杈；

水分过多，块茎常会染病，甚至腐烂。

套管山药栽培灌水的原则，福建省上杭县和其他地区差不多。在块茎生长期，应保持土壤见干见湿；在块茎开始膨大后的中后期，则应保持沟底见湿，畦面见干。遇到干旱时，要及时浇水，保持土壤湿润；若遇涝害，则应及时排水，以防止水渍而影响生长。此外，发生炭疽病和褐斑病时，可用70%甲基硫菌灵可湿性粉剂800倍液，或65%代森锌可湿性粉剂500倍液防治。虫害有斜纹夜蛾、红蜘蛛、天蛾和毒蛾幼虫，可针对其具体发生情况及时进行防治。所选用的药剂，要符合生产用药的要求。11月底以后采收。

十、山药盆式栽培方法

山药盆式栽培方法，由中国农业大学山药课题组研发。该发明技术能够最大限度地打破地域限制，在不同环境条件下进行小型山药工厂化高效优质栽培，达到山药品质的标准化要求；该技术也能够实现在城镇居民楼的阳台等地方进行小山药观赏栽培。通过山药盆式栽培方法，能减轻劳动强度60%～80%，并且降低收获难度，有效控制了山药块茎的破损率。所产小山药色质好，薯形整齐，基本无病虫害。

1. 山药盆的规格与制作要求　如图60所示。

2. 山药盆式栽培规程

① 种薯制备。采用粒径（零余子直径，以下同）在2厘米以上的健康饱满无病虫害的零余子作为种薯，或者采用中国农业大学山药课题组选育的农大短山药品种的零余子。种薯要求在收获后休眠4个月、播种前2周进行催芽，催芽要求同山药常规栽培技术。

② 基质装填。栽培基质采用山药专用栽培基质，装填前先在圆盆底部铺一层地膜，注意要将地膜展平，然后小心铺上混入山药专

用复合肥的栽培基质，并使之达到 9 厘米的规定装填厚度，用小铲刮平。每 1 千克栽培基质混入 20～30 克专用肥。圆盆底部插入空心管，空心管与地面持平（图 61）。空心管外壁应为白色，以起到反射日光、降低空心管内的气温、确保山药块茎正常生长的作用。

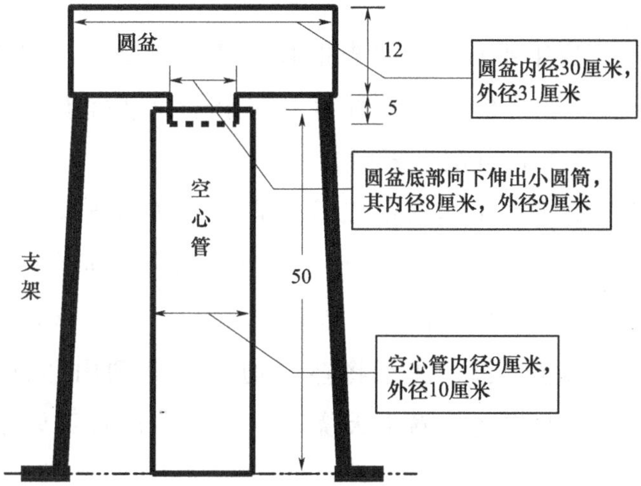

图 60　山药盆的规格与制作要求（单位：厘米）

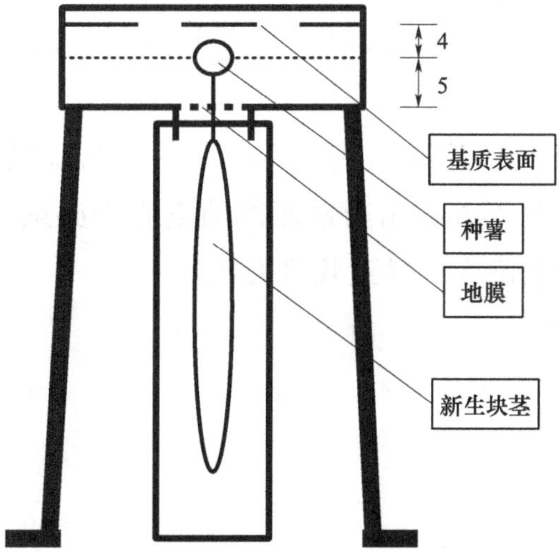

图 61　山药盆式栽培示意图（单位：厘米）

③ 支架固定。山药盆的支架要便于取放山药盆，支架的形式和材料不限，可由钢筋、竹木、砖石等制成，支架应均匀分布在圆盆底部，关键是要能支撑、固定圆盆，不使倾倒。阳台、庭院栽培的支架应该轻巧、结实、美观。工厂化大面积栽培的支架应高强度、低成本，能够多年重复使用。

④ 播种。当年4月播种时先把栽培基质浇足水，用小铲在圆盆中央挖一个小洞，将催芽后的种薯（零余子）准确埋设到距栽培基质表面下4厘米处，再刮平表面。

a. 生长期管理。山药出苗以后，需设立茎蔓支架，一般要求比山药盆高出50厘米，材料可用竹木制成，使用前应统一消毒灭菌。如果山药盆底部（空心管底部）已经高出地面30厘米，可不设立茎蔓支架，任其下垂生长，注意将茎蔓均匀理顺到山药盆四周即可。出苗以后，每个山药盆每隔1天浇透水1次。病虫害防治同山药常规栽培。

b. 收获。当年10月底待山药茎叶枯黄后，即可收获山药。收获时，先将枯黄的茎叶除去，然后将山药盆抬高60厘米以上，小心向下卸下空心管，用手轻折山药块茎基部（与山药圆盆底部连接处），即可取下山药。

3. 注意事项　山药盆式栽培不宜在气候高温酷热的地区进行，否则山药块茎不易下扎；山药盆底部的空心管必须严密遮光，否则影响山药块茎伸长膨大，导致栽培失败。

第五章　山药打洞栽培与窖式栽培技术

一、山药打洞栽培技术

打洞栽培又叫孔洞栽培、孔洞悬空栽培。这是一种根据山药不同品种的块茎所伸入地下的长度，打一个相应的洞穴，让山药块茎悬吊生长于洞中的栽培方式。山药打洞栽培技术，经过长期的田间试验，栽培技术更为完善多样，更为适用，栽培效果也更加显著。

山药打洞栽培技术是根据山药生长发育和生理生态的一些特殊习性而形成的。比如，长山药有自然垂直向地心伸长的天性，无论是有土壤还是无土壤，都会一直向下生长。因此，人为地打一个洞，让其伸入洞中，它在洞中向下延长，是自然而然的事情。再如，山药的另一个特点，就是它的根是生长在山药块茎的上端，长在茎的基部，也就是生长在土壤的表层。而山药块茎周围的毛根并不是山药真正的吸收根，与山药对土壤中养分与水分的吸收基本上没有关系。因此，尽管山药块茎在孔洞中一直向下延伸，而其吸收根仍会源源不断地吸收并向块茎供给养分和水分，使山药地上部的茎叶和地下部的块茎都能正常生长发育，因而能取得可喜的栽培成果。

打洞的工具一般用环形土铲。铲头用薄钢板圈成一个直径为

8～10厘米的半圆形，半圆底部截成3个三角形小缺口，以使入土阻力减小，铲土锋利，盖土利落。铲头一般长20厘米。并在铲头上安装木柄，木柄长180～200厘米。然后根据不同品种所需的株行距，在田中一个一个地打洞。打洞一般在冬春农闲时进行。小面积的地块，多是采用人工打洞；而大面积栽培则需要用机械化工具打洞。有些地方用石匠打石头的铁钎打洞。也可就地取材，用其他工具打洞。但是，不管用什么办法打洞，打出的洞一定要结实可靠，周壁光滑，不塌不陷。山药打洞栽培技术由江苏省农民研制，在田间已应用了20多年，取得了较好的效果。

（一）打洞要求

打洞栽培山药，对土壤类型要求不严，在地势高燥、地下水位低、排灌方便的田块上均可打洞种植。但有两种土壤不宜。一种是沙丘地不适于打洞栽培山药。因为黏土成分不足5%，95%的成分都是粗沙和细沙，打洞后容易塌陷，而且打洞的成本比较高，沙丘地打洞用1年的时间也难以做到，打一个洞能用好几年才较合算。另一种是过于坚硬的土壤，或者土壤中有较大的沙石类夹层的，或者容易塌陷的土壤，均不适于打洞栽培山药。打洞后不易保持洞形的土壤，同样不适宜山药打洞栽培。比较寒冷的地区，过湿的田块和排水不良的地方，均不宜进行山药打洞栽培。

在秋末或冬初，每667米^{2}施腐熟厩肥5 000千克作基肥，接着耕翻整平土地，而后，在冬季至翌年春农闲季节打洞。打洞前，按行距70厘米放线，并在线上挖6～8厘米深的浅沟，再用打洞工具在浅沟内按25～30厘米株距打洞。一般以洞径8厘米、洞深100～150厘米为宜，具体规格按照所选用山药品种的粗度和长度而定。若山药块茎较短（如太谷山药），洞深可在80厘米左右，但最浅不要小于60厘米。打出的洞要结实，并保持洞壁光滑（图62）。

（二）定植方法

打洞栽培所使用的山药段子，多选用直径在 3 厘米以上的健康块茎。山药段子大小各地不一，小的 20～40 克，大的 80～120 克。据河南省鹤壁市试验，将种薯按 10 厘米长的标准分切成段，每块质量为 30～40 克。在段子切割过程中，应严格消毒杀菌，并注意保护每块山药段子上的皮层不受损伤，以免影响出芽。因为一般只要损伤了外皮，都会涉及隐芽。分切段子，要选择晴天进行。多数在播种前 1 个月左右进行。分切后的段子切口可以蘸一层草木灰，也可用 40%多菌灵悬浮剂 300 倍液浸种 15 分钟，捞出后晾干，以便减少病菌的侵染。

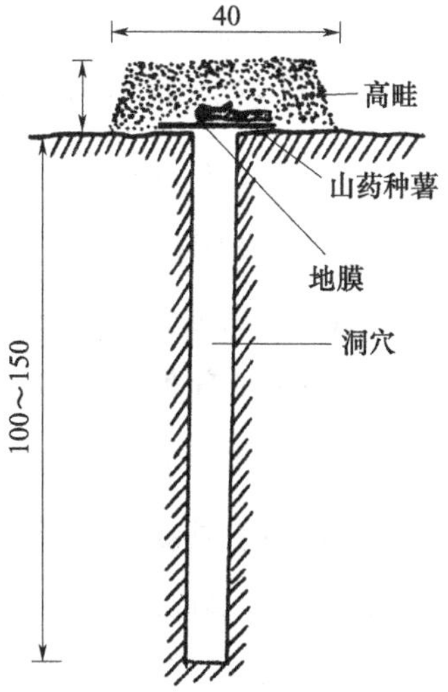

图 62　山药打洞栽培示意图（单位：厘米）

利用打洞栽培山药，定植前一般要进行催芽，催芽方法与山药常规栽培方法相同。将山药栽子或段子催好芽后，即可定植。定植时，先用地膜覆盖在洞口上，四周用土压实，随即把种薯放在地膜上，将芽对准洞口，以便块茎入洞生长。然后，用土培成宽 40 厘米、高 15～20 厘米的垄（畦）。结合培垄，可每 667 米^2 施入饼肥 100 千克、尿素 10 千克、磷酸氢二铵 15 千克，并与土壤混匀。由于种薯具有向地性，一般不需在地膜上划口破膜，山药块茎可自动钻破地膜进入洞中生长。

山药打洞栽培，主要是利用洞的有利条件进行山药生产，其他栽培技术措施也应该为洞中生长块茎创造条件，准确定植是其中最重要的技术措施之一。种薯必须摆在洞上，芽点必须对准洞口，这样才有利于块茎入洞，免得长到其他地方，造成不应有的损失。

没有经过催芽的种薯，用于打洞栽培是不合适的。其原因一是无法确定芽点。即使按一般的方法确定种薯的上端就是最好的不定芽，但也没有十分的把握，一旦上部受伤害，其发芽的位置就会发生变动。二是用山药段子直接播种，出芽和出苗很迟，出苗率和出苗质量也会受到不利影响，产量会减少10%左右。要是在15～20天未出芽时遇有意外，不发芽的情形也是有的。这时，要将芽点对准洞口，就更谈不上了，其损失是可以预料到的。

目前，打洞栽培山药还采用另一种方法，即将洞打好后，往洞内填入无粪、潮湿的虚土，这样就不必在洞口覆膜。这种打洞栽培法对山药的品种要求不严，几乎适用于所有的长山药品种，技术要求相对简单，容易掌握。采用这种方式，在收获山药时比较费劲，块茎出洞的阻力较大，而且缩短了地洞的使用年限。对以上两种打洞栽培方法，可根据具体情况分别采用。

（三）打洞栽培的效果

江苏、河南等地山药打洞栽培的实践表明，打洞栽培最适宜于水山药类型品种的栽培，对于绵山药，其效果不如水山药明显。江苏是水山药特产区，当地也多进行打洞栽培。河南省鹤壁市于2000年和2001年连续两年进行了水山药与怀山药打洞栽培的对比试验，结果同样是水山药的效果最好，而怀山药打洞栽培效果却很不理想。

水山药含水量大，也较耐水湿，块茎棒直，生长势强，很适应洞中的小气候环境，其块茎不仅极易入洞，且在洞内垂直向下，很少形成分枝。由于洞内已打空，没有土壤的阻力，更有利于水山药的延伸和肥大。因此，打洞栽培的水山药产量远远超过普通栽培水山药的产量，而且块茎的品质也有保证，商品性好。据笔者团队的试验，与其他地方的研究结果相同。供试用的河南怀山药、太谷山药等绵山药，进行打洞栽培的结果都不理想。绵山药因生长势较弱，又常因块茎顶端分枝，结果坐口不入洞，似乎很难顶破盖在洞口的塑料薄膜。即使入洞，生长也不正常，不适应洞内的潮湿环境，因而山药的产量、品质都受到不利的影响。再加之绵山药块茎较短，不是很直，利用打洞栽培也不合算。

根据试验结果，打洞栽培的水山药块茎比较光滑、平直，畸形薯块很少，病虫害少，质韧，耐贮运。同时，水山药打洞栽培，可明显增加栽培密度，大约能增加 1/3 左右，每 667 米^2 可栽培 3 500～4 000株，且山药块茎的单株重并不下降，因此可较传统栽培技术增产 20%～30%。

打洞栽培山药比传统常规栽培省工，避免了挖深沟这一繁重劳动，而且打 1 次洞可连续使用 3～5 年。如果地洞保护得好，使用年限还可更长一些。地洞使用的年限越长，省工的效果越明显。同时，打洞栽培的采收比较省工高效，对块茎的破损率很低，接近于套管栽培山药的效果。

山药打洞栽培的管理方法，与山药常规栽培技术相同，这里不再赘述。

（四）五寨打洞栽培实例

北方绵山药栽培区打洞栽培对于某些品种看来是可行的。山西省农业科学院五寨农业试验站的科技人员，利用小型地质钻孔机，选用适合本地生长的白山药品种，进行悬空栽培，取得了显著成果，每公顷产量在 6 万千克以上，除去每公顷投入 3 万～3.75 万元，每 667 米^2 净收入可达万元，其收入是当地粮食作物种植的几十倍。因此，山药打洞栽培，成为当地农业种植结构调整中的最佳选择。

晋冀鲁豫以及我国北方浅山区，有深厚的土层，土壤疏松，地势高燥，排水便利，通气性良好，石块胶结黏土很少，极有利于机械或人工打洞，打好的孔洞很容易固定，不易塌陷，连续使用3年没有问题。五寨农业试验站的科技人员，选择无病、健壮、具有优良品种特性的绵山药品种，切成1.5厘米长的山药段子，或用蒂以下15厘米长的山药栽子作栽培种用。种薯切好后，先用农用青霉素和赤霉素（GA）稀释液喷洒，然后进行催芽。床土选用湿沙细土，床温掌握在25℃左右，经2周即可出芽。地温达到10℃时播种。也可采用地膜覆盖技术，在早春提前播种，以延长山药生育期，提早上市，调节市场淡季，实现增产增收。

播种前将基肥混匀施于土壤表层，要重施基肥。基肥的种类和数量分别是：每公顷使用腐熟的农家肥7.5万千克以上、饼肥1 500千克、灰肥7 500千克，配施碳酸氢铵450～600千克。采用宽窄行打洞定植，宽行行距80厘米，窄行行距40厘米，株距28厘米，孔径为10厘米，洞深1.7～1.8米。孔洞钻成后，用塑料薄膜将地上孔口覆盖好，防止雨水向孔内灌入泥土，造成孔眼报废。种植时，将催好芽的山药段子，放在混合有机肥料和肥土的薄膜孔口处，使新生出的小块茎对准划破薄膜下的孔眼，让新山药悬空在孔洞中生长膨大。当苗高30厘米左右时，用架材搭成“人”字形架或三脚架。在植株生长旺盛期，侧枝发生较多时，要及时摘去基部侧枝，以减少养分消耗，增加通风透光，提高光合效率。

（五）打洞又填洞的栽培技术

有些山药产区采取了另外一种山药打洞栽培的方法：洞还是照样打，洞的深度依山药品种而定，直径为7～8厘米，只是洞壁并不要求那样光滑。洞打好以后，还专门向洞内填入无粪潮湿的虚土。这种方式的打洞栽培，有它的优点，也有它的缺点。其优点有3个方面。一是对栽培品种要求不严，甚至更适于栽培水山药以外的绵山药品种，如河南怀山药、太谷山药等。因为洞中有虚土，不是空洞，只是土壤少一些，实际上是介于开沟栽培和孔洞悬空栽培之间的一种中间栽培形式。二是不需要在洞口另外盖地膜。盖膜是为了避免土壤进入洞中，但时常不小心在盖膜的时候将不少的土有意无意地推到洞中。这种办法洞中有土，且一直到洞口，栽山药时种薯放在洞口上，所生出的新块茎很容易顺利入洞生长，幼芽无须再穿透薄膜，块茎分杈的情况也相应减少。三是技术要求比较简单，因为水山药打洞栽培，无论洞的深浅，都必须要求到位。理想的洞穴，必须是山药块茎在生长的过程中，下不碰洞底，四周不触洞壁，洞壁越光滑越好，洞中最好没有一点土，才能做到真正的空洞，做到真正的悬空，这样才更有利于生产高品质的水山药。而后一种打洞栽培，虽然也同样打洞，但并不希望洞中无土。有人说，若能在冬、春季将大地已经风化好的虚土自然地刮到洞中最好，这句话与山药栽培要求的不乱土层有些矛盾，只是说不需要像水山药打洞栽培那样严格，洞壁稍粗糙一点也无碍大事。

打洞又填洞的栽培法的缺点是明显的。对山药的收获不利，出山药很费劲，块茎出洞的阻力明显增加。如果洞中是虚土还好些，如果不是虚土就更费劲，有时洞中填虚土掌握不好，或被踩实，都将增大山药块茎被折断损伤的概率，影响山药商品的品质。同时，此法大大缩短了洞穴的使用年限。因此，各地应根据具体情况，灵活地选择使用栽培方式。

二、山药窖式栽培技术

山药窖式栽培，是江苏省沛县农民创造的技术，适于庭院栽培，试验效果较好。山药窖式栽培的一大特点是，可以一次性种植，多次采收，一般可采收2～3年。但这项技术的一次性投资较大，同时人在窖内采收时存在一定的危险性，有可能遇到塌窖及窖内毒气的危害。因此，这项技术需进一步完善。

（一）建窖方法

山药窖式栽培，对土壤类型要求不严格，只要土壤有充足的养分即可。窖址应选择在地势高燥、地下水位低、排水方便、通风向阳的地方，以便栽培和采收。挖窖前，先在地面上划线，一般要求窖宽100～120厘米，窖长15～30米，南北走向。然后挖出深度为140～150厘米的坑，每条坑要间隔1.5米左右。

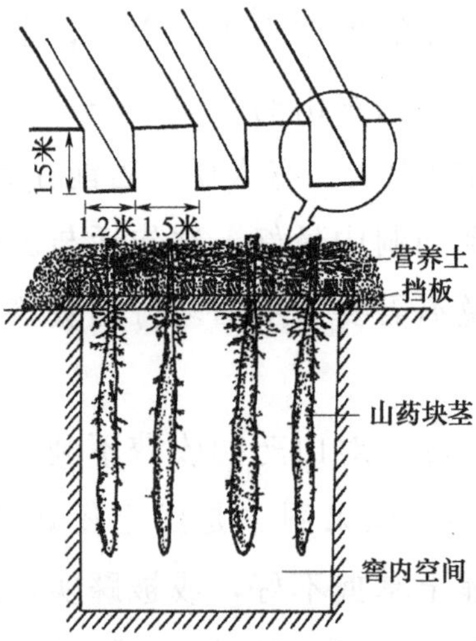

图63　山药窖式栽培示意图

挖好窖坑后，要在坑上面横搭上水泥柱，水泥柱长度150～180厘米，各根水泥柱间隔60～80厘米。接着，在水泥柱上平铺混凝土栅栏板，放置方向与水泥柱垂直。栅栏板宽为50～60厘米，长度为120～160厘米。各个栅栏板的排放间隙为3～4厘米（图63）。

搭好栅栏板后，在板上铺一层麦秸、稻草等秸秆，以防碎土漏进窖内。有的药农试着在栅栏板上铺一层较厚的薄膜，并在预定块茎下用刀破膜，然后再在膜上铺堆营养土，种植山药。这样做的效果也较好，但要求栅栏板的栅栏较密，以便承受堆土的重压。栅栏板上铺堆的营养土，其配法很简单，就是按5∶1或6∶1的比例，将一般的园土与充分腐熟的厩肥等有机肥混合拌匀，同时在每立方米营养土中再混入磷酸氢二铵100克、尿素50～60克、硫酸钾100～120克。

将营养土配好后，就可铺堆在栅栏板上，一般要求堆成高25～

30 厘米的畦。在窖的一端留 1 个出入口，出入口不小于 50 厘米^2，口上盖木板封严，以保持窖内黑暗状态。出入口上不铺水泥板和营养土。窖建好后，应在四周挖排水沟，防止窖内雨季积水。如果窖顶不用水泥板承重，也可就地取材，用细木棍、高粱秆、玉米秸等细密铺在栅栏板上，而后再铺堆营养土。但秸秆容易腐烂，而且容易漏土，有时还可能塌窖，因此窖的使用寿命在 1 年左右。

（二）定植方法

种薯应采用长山药，定植前先进行薯种催芽。催芽方法与常规栽培方法相同。当地温稳定在 12℃以上时进行定植，最低不能低于 10℃。要在建好的窖面畦上放线栽植，一般每窖沿窖长方向种 4 行山药，按大小行距排列，大行距 50 厘米左右，小行距 30 厘米左右，中间为大行距，两边为小行距。在放好的线上开挖6～8厘米深的浅沟，将种薯按株距 20～25 厘米顺沟向平放在沟内，而后用土盖平并轻压。一般长 30 米的窖，可栽山药 450～500 株。

（三）采收方法

待山药地上部茎叶枯黄干死后，即可开始采收山药块茎。采收时，要先把窖门板掀开，通风 2～3 个小时（图 64），待窖内积存的毒废气体排出后再进去采收。进入窖内时，应随身带上手电等照明工具，并要戴上头盔等防护设备。进窖后，先检查一下近处的窖顶是否牢固，然后才可采收山药。采收时，一般是用手抓住山药块茎，在距离水泥栅栏板 4～5 厘米处将块茎折断取下，注意不可用力摇晃和下拉，否则会

图 64 采收山药块茎前先打开窖门板进行通风

引起土块大量漏入窖中，影响采收和安全。同时，要注意采收中不能碰伤留在窖顶的山药栽子。待人出窖后，即敞开窖门通风，以降低窖内湿度，促进山药栽子伤口愈合。

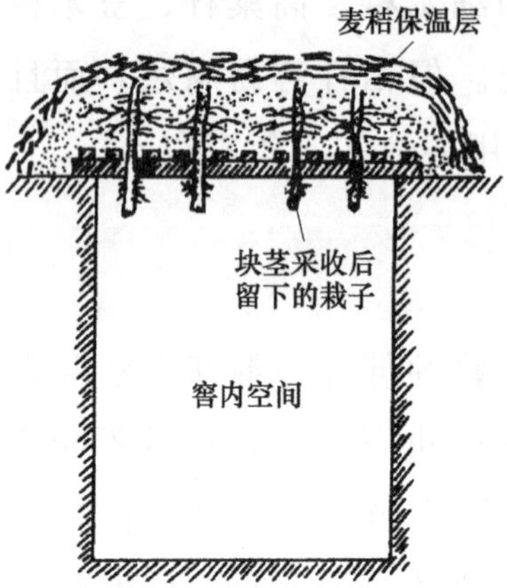

图 65　山药窖式栽培采收后的情形

寒流来临前，要把窖门重新封好，防止冷风进入窖内冻坏栽子。同时，在窖顶外面用稻草、麦秸等铺盖在畦面上，一般铺盖厚度为 5～10 厘米，这样可保护山药栽子在窖中安全越冬（图 65）。翌年春季 4 月初将覆盖物取走，并在土畦上每平方米追施腐熟厩肥 5～10 千克、磷酸氢二铵和尿素各 50 克。其余的田间管理工作，与第一年相同。9 月即可采收第二季山药。如果田间管理适当，追肥充足，无明显病虫害，窖式栽培法可连续 3 年采收山药块茎。采收 3 茬以后，就需要更换种薯和营养土，否则会严重影响山药产量。山药窖式栽培法，一般不用零余子作种薯。在南方雨水多的地区，应随时注意排除窖内积水，并防止塌窖。在每茬采收完后，要及时清出窖内的积土，否则将影响后季山药的生长。窖式栽培法的好处是可随需随采山药块茎，从 8 月一直可采收到 12 月底。

山药窖式栽培的其他管理工作，与山药常规栽培技术相同。

（四）沟窖栽培

这是另外一种山药窖式栽培技术，是根据短粗的双胞山药品种而创造的一种浅沟小窖栽培。其他短粗山药也可以试行。双胞山药块茎长 50 厘米，所挖沟窖也只需深 50 厘米，宽 12～14 厘米，长 15～30米。沟与沟间隔 1 米。然后在挖好的沟上横搭预制的网眼稀疏的帘子。也可在废网条上加一层旧报纸替代。最后将从沟中挖出的泥土铺堆在网上，初步培成高垄，垄高 12～20 厘米，宽 50～60 厘米。沟中仍留 5～10 厘米厚的松土碎泥。

培垄的时候，每 667 米^2 可撒施饼肥和硫酸钾复合肥各 50 千克左右，与垄土混匀，然后再浇施适量的人畜粪尿，使垄土经过一个冬季的严寒熟化成为培养土。

地温稳定在 10～12℃时栽植种薯。种薯是山药段子，每块质量为 30 克左右。每 667 米^2 用种量为 150 千克，可栽植 4 500～5 500 株。其余田间管理同双胞山药常规栽培。收获时，先将山药两旁的垄土刨开，使网条露出，然后从沟窖一端顺沟揭起网条，将山药逐株从网条上拉出即可。

（五）小地窖栽培

山药小地窖栽培在我国由来已久，且南北方地区皆有。华北和华南地区的小地窖各有特色，但基本上是依山药块茎的长短设置。长山药深一些，短山药浅一些。还有土窖、砖窖和石窖等栽培种类。土窖栽培多在不易塌陷变形的黏壤土或黏性土壤区进行，使用时间较短，在土性好的地方，保护得好可使用 3～4 年。每年播种前，均应将窖底的碎土收拾干净。使用砖窖的地方较多，一经砌好，可多年使用，播种和收获也较方便。砖窖砌得好，则没有塌陷的担忧，且较干净利落。但是，也需注意保护；维护不好时，也容易踩塌，缩短使用年限。

石窖有大石窖和小石窖之分，一是窖的大小不一，二是使用的石块大小不同，这里主要是指在砖土窖相同规格的情况下，是用小石子还是用大石块垒成而言。用小石子垒成的叫小石窖，用大石块垒成的叫大石窖，与窖的大小无关。在土石山区石块较多，且农民有高超的砌垒石子的技术，才能用小石子砌成牢固的山药种植窖，其他人一般是做不到的。

小地窖的做法，一般是先设计画线，按要求挖沟。比如，若山药沟为15厘米宽，那挖沟时就需加上沟两边砌砖或垒石子的宽度，一块砖的宽度是10厘米，两排砖就是20厘米，沟需要挖35厘米宽，两边砌砖后剩下的就是15厘米的山药沟宽度。当然，砌砖时要退着走，砖砌好了沟就成了。砌石子墙也是一样，要退着来。沟的深度也按标准要求规划，长山药是1.5米，还是1米或2米，随品种不同而定。不过小地窖不适于块茎太长的品种，因为沟深了易塌沟。沟的长度可根据地形设计。沟的方向多为南北向。也有的山药沟较宽，1沟栽2行山药，上面盖好预制板。

据种植山药的农民说，小地窖种山药一般可增产1/3，种得好的可增产50%。根据山药的特点，增产是肯定的，只是费工费材，难以应用于大面积生产。但对于我国南北方地区的小块地山药零星栽培，还是比较适宜的，因此不少农民采用小地窖种植山药。

第六章　爬地山药栽培技术

一、品种选择

在我国的山药类型中，主要是扁山药、圆山药和长山药中的双胞山药实行爬地栽培。爬地栽培的山药，要求蔓短，因此短蔓品种才适于爬地栽培，不过有的短蔓品种爬地栽培效果很差。

二、开沟技术

江苏省启东市育成的双胞山药是很有特色的短蔓品种，比较适合爬地栽培。这种短棒型的山药品种，种植开沟时只需两铲土。第一铲下去，将 20～30 厘米厚的表土层挖成大块，放在行间晾晒。最好将余土铲平，也放在行间。然后再挖第二铲。第二铲下去，又入土 20～30 厘米。但不能铲成大块土，需铲得薄一些，以 2～3 厘米厚为一片，一层一层地、一片一片地原地不动，挖好了就放在沟内，让其松动熟化。这样，山药沟就挖成了，很省事，比深挖 1 米甚至 1.5 米的沟省了许多麻烦。

开沟时间安排在冬前或初春均可。一般沟宽 22～35 厘米，沟深两铲，达 50 厘米左右即可，也有的为 60 厘米深。挖沟前后注意将砖瓦、石块剔除干净，以免山药分杈畸形。整地时，再将所挖出一铲土的 2/3 耙入沟中，做成宽 22～25 厘米、深 7 厘米的播种沟。土质最好选择地势高燥、排灌方便、土层深厚、肥沃疏松的沙质壤土。这样的种植沟对于块茎长度在50厘米左右的双胞山药非常理想。

三、与棉花套作

山药爬地栽培不必搭支架，可套种棉花，使山药和棉花出现双赢局面，是一种较为理想的栽培模式。山药长在地下，棉桃结在地上，山药植株爬地生长，棉株直立分布，很多方面都可以优势互补。这对于不搭架的山药无疑是有了立架，虽说爬地生长无须搭架，但枝蔓总不能杂乱无章地乱窜。对于爬地山药来说，理蔓是一个不可缺少的工序，尤其是在顶风伸蔓时，茎蔓容易被吹成一团。棉株秆直立生长，能有效地挡风，而坚硬的棉花秆又是山药自然理蔓的绝好依托，相隔一定距离的棉花株，正好将山药株蔓隔开，并且相对固定在一定范围之内，完全可以不加管理，任其自然甩蔓，以获得良好收成。

怎样在山药间套种棉花呢？据江苏省启东市合作镇洋桥村范仲先介绍，洋桥村采用多秆棉立体化栽培模式，棉花行距为2.7米，株距为0.33米，品种选用杂交抗虫棉南抗3号，每667米^{2}栽植约800株，单株成铃100个以上。在多秆棉大宽行中，种1行爬地双胞无架山药，播种沟分上下层并翻耕50厘米深，施入基肥。山药株距20厘米，每667米^{2}种1 000株，用种60千克，产量为1 200千克以上，可全部作种出售。山药产值是棉花的6～8倍，极大地提高了单一多秆棉种植的经济效益。

在爬地山药地中，还可以套种冬春蔬菜。山药每667米^{2}产量4 000千克以上，如果加上套种作物，其产值和产量更加可观。各地都可以根据自己的实际情况调整种植结构，进行山药地的间作套种，使爬地山药更加适应不同地区的实际情况，取得良好的经济效益。

四、双膜保温催芽

为了延长山药的生长期，实现早熟高产的栽培目标，一般在爬地山药播种前 25～30 天进行催芽。双胞无架山药采用山药段子繁殖，每年在惊蛰至春分进行催芽。一般在催芽前 15 天，先将准备切段播种的山药块茎晾晒 4～5 天，然后切段，每段长 5～6 厘米。山药段子切好后，断面蘸上石灰粉，再晾晒 2～3 天，但不可暴晒。随后，移至通风良好的干燥地面上，存放 7～10 天。待切口愈合后，再放到多菌灵泥浆中浸 15 分钟。取出后，再晾晒 1 天，然后进行催芽。

使用的多菌灵泥浆，是用 25%多菌灵可湿性粉剂 500 克加水 40～50升，再加细泥 10 千克配制而成。将山药段子放入其中浸泡 15 分钟，使山药切口均匀地消毒杀菌，整个切块可以安然无病，但需将泥浆搅拌均匀。进行种薯催芽时，上面要盖土 3 厘米厚，并铺一层薄膜，再加一小拱棚保温。这种措施，俗称双膜保温。经过 26～27 天时间，当山药幼芽长到 1 厘米时，即可播种。播种时，选留一个壮芽，而将其余的芽全部抹掉。

五、定植及其以后的管理

爬地山药的定植，具体时间一般掌握在播种后幼苗出土时，以当地的无霜期为宜。这样，幼苗不会受冻，且能正常生长。具体操作是，播种沟内先施适量腐熟人畜粪，然后在播种沟两边每 667 米^2 施入三元复合肥 100 千克，施肥处应离开沟中心 10～12 厘米。基肥施好后，顺着播种沟的中心，播下已发芽的种段，然后覆土8～10厘米厚，并起垄拍平，保墒防渍。接着，在垄背再施以鸡棚灰或羊棚灰，施用量为每667米^2 750～1 000千克。到了小暑节气前后的初花期，在山药行间根际再追施三元复合肥，施用量为每667米^{2}50千克。同时，加施中等浓度的腐熟人畜粪和适量尿素。立秋前，可在叶面喷施0.3%磷酸二氢钾溶液2～3次，相隔7～10天喷1次，以促进地下块茎迅速膨大。如果出现蔓叶徒长现象，可在现蕾开花期即7月上中旬喷施多效唑溶液，防止蔓叶徒长，以利于块茎膨大。

山药田中的杂草，在整个生育期，要求采用人工方式除草。种植爬地山药的田块须注意排水，做到沟沟相通，雨停田干。要控制氮肥的施用量和施肥的次数，也要控制病虫危害。在6月中旬至7月中旬的发病初期，可连喷2次70%甲基硫菌灵可湿性粉剂700倍液，每隔6～7天喷1次。一般到10月，即可采挖山药上市销售。但准备留作种薯用的，应在霜降后起挖。每667米^{2}用种量一般为200～250千克，可按此标准进行预留。

第七章　扁山药栽培技术

扁山药块茎扁平，形如脚掌，连接地上部的茎端很窄，下端渐宽，最下边因多处生长指状脚板形的纵向襞褶，因而又称脚板薯或脚板苕。因扁山药又像银杏叶片状，故而又叫银杏薯。扁山药的形状较多，有棒形的，有的为“八”字形，也有的像脚掌（图 66）。

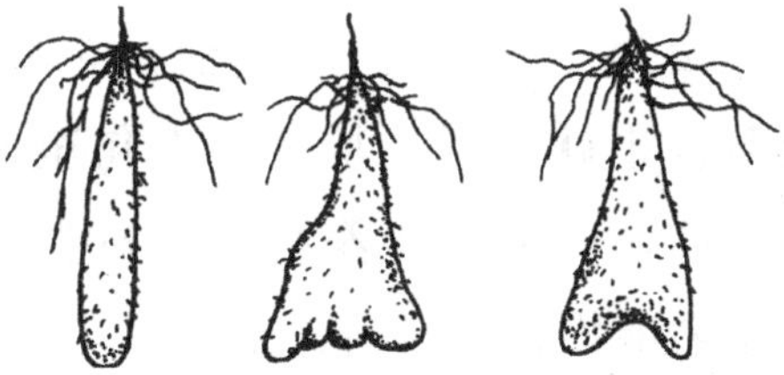

图 66　扁山药块茎的主要形状

我国栽培扁山药的历史悠久，主要分布于山东、浙江、湖南、江西、台湾、四川、贵州、福建等地。

扁山药多以食用为主，营养价值不亚于其他类型的山药，水分含量比长山药少，粗蛋白质和无氮浸出物含量多于长山药，在市场上属于中高档品种，可作为糕点的加工原料，也可做饮料。同时，扁山药的药用价值也很高。

扁山药的生产比较稳定，意外灾害较少，栽培用工较少，很容易大面积栽培。但栽培扁山药所用种薯较多，种薯费用占整个生产费用的 30%～40%。扁山药一年一作，占地时间较长，还容易被线虫寄生。

一、扁山药的生育特点

扁山药在10～11月收获后，便进入冬季休眠期。经过几个月的贮藏休眠，翌年春天才能发芽。扁山药一般只用块茎繁殖，不用顶芽繁殖，主要原因是为了获得大面积整齐一致的产品。在切块前先切除顶芽，然后分别切成80～90克大小的薯块，靠着不定芽的形成和发育长出新的块茎。不定芽的发芽较慢，需要40～50天。种植不带顶芽的薯块，形成根系约需3周时间，其吸收根的数目都是在发芽初期决定的，以后增加的只是根的长度和质量。

扁山药萌芽发根的速度，受到土壤种类和播种深度的影响，沙地要比黏重的土壤早发育20～30天。须根在5月上旬前缓慢增加，到6月上旬达到极限。也就是说，从5月上旬至6月上旬，是须根等器官生长最快的时期，种薯的营养物质有80%将在这一时期被消耗掉，但种薯的作用还能维持到7月末。

种薯发芽后，主蔓伸长很快，一般到6月中旬即长到应有的3～4米的长度。开始时叶片很小，主要是茎蔓的伸长，过一段时间后，随着叶片的增多和展开，叶片的作用显著加大。地下根部也在6月下旬发育到应有的长度和数量，之后块茎增长加快，多以充实增粗为主。6月上中旬，由于茎蔓和根部都已长到一定的长度，种薯营养物质的绝大部分已被消耗掉，于是自体营养迅速启动，便迎来了茎叶的繁茂和地下块茎的肥大。从这时起，侧枝开始出现。到7月中旬，茎叶也已长足，并开始现蕾。在这一时期营养生长与生殖生长同时并进。扁山药也能形成零余子，但一般数量较少，不作种用。9月下旬块茎已基本长足，以后进一步充实。

9月下旬至10月下旬，日照逐渐缩短，气温日趋下降，茎叶变黄，吸收根活动越来越弱，须根枯萎化，种薯外皮硬化，从而逐渐停止生长。

二、扁山药品种选择

（一）大久保德利 2 号

大久保德利 2 号是日本北海道札幌市于 1997 年推出的扁山药新品种（图 67），从大久保德利品种单株中选育而成。大久保德利是雄株，大久保德利 2 号则是雌株，除了这一点不同，其茎蔓叶片、块茎味道和形状，以及其他植物学性状很难区别开来。

大久保德利 2 号植株生长势强，叶色浓绿，下部节位的叶片为短心脏形，上部节位的叶片稍长，叶腋间着生零余子较多。它不仅耐寒，还相当耐热，也抗病。它在日本全国范围内均可栽培，块茎肉质细腻，白色。外皮淡黄褐色，须根很少，是一个早中熟品种。外形变化较多，标准的形状同大久保德利一样，下宽上窄，嘴部稍突起，如中国酒壶状。也有的长得比较短粗，如长棒状。还有的薯肉肥厚，如短扇状。一般长度为 20～30 厘米，单个块茎质量为 400～800 克。生食、熟食皆宜，做成山药汁时，比长山药更有甜味，黏液较多，煮食比芋头更好。

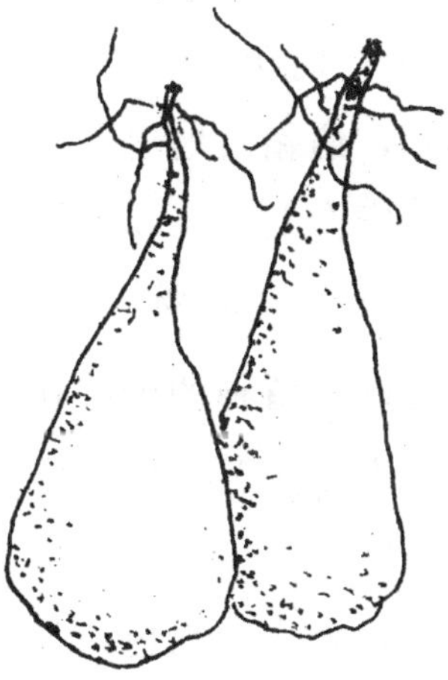

图 67　大久保德利 2 号扁山药

大久保德利 2 号近几年被引入我国后，很适合我国山药种植区栽培，表现很好。只要地温稳定在 10℃即可定植。具体定植时间，南方多数地区为 4 月中旬，福建省为 3 月中旬，北方为 5 月中旬，东北地区为 5 月下旬。叶片变黄时，即 10～11 月收获。它对土壤没有特殊要求，只需要有 30 厘米以上的耕土层即可栽培。栽植时，一般畦宽72厘米，株距为25～30厘米，应设立支架。施用的肥料应充分腐熟，数量可参考长山药的施肥量。及时除草，对于该品种的栽培来说，最为重要。

（二）安砂小薯

安砂小薯是福建省永安市地方品种（图68），因其盛产于安砂镇而得名。据熊太兰等（2002）介绍，安砂小薯有以下特点：一是性喜高温，二是茎断面圆形无棱翼，三是块茎短粗，四是不结零余子。地温10℃时开始萌芽，生育适温为25～28℃，遇霜后地上部茎叶枯死，块茎可在地下安全过冬。3月上中旬定植，9月开始采收供应市场。11月收获的块茎，品质最好。留种的最好在第二年播种时采收。

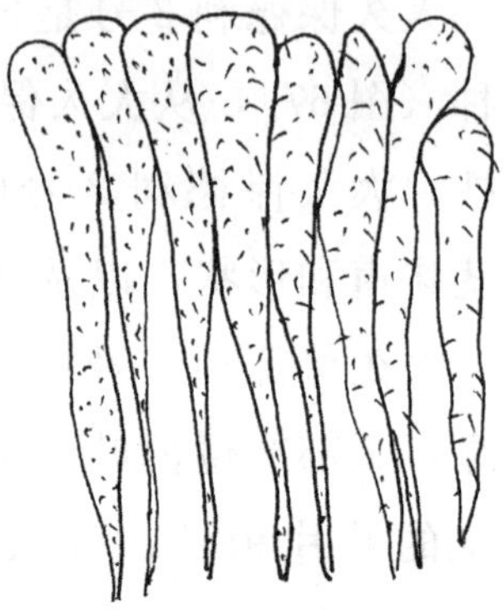

图68　安砂小薯

安砂小薯植株生长势强，茎蔓长达3米以上。茎断面圆形无棱翼。叶片互生，三角形。叶腋间无零余子着生，雌雄异株。块茎棍棒状，表皮赤褐色，长33厘米左右，横径3～6厘米，上部须根多，下部须根少。块茎单个质量为0.5～1.2千克，每667米^{2}产量为2 000～3 000千克。安砂小薯肉色雪白，质地细腻，黏液多，韧性较强，香味浓，口感好，削皮后久放不变色，而且耐贮运，品质较好。

（三）瑞昌脚板薯

瑞昌脚板薯为江西省瑞昌市地方品种（图69），在南阳乡上坂村、严畈村等地栽培较多。块茎呈扁平脚掌状，多皱褶。长18～

26 厘米，宽 16～25 厘米，厚 2.5～5.2 厘米。表面皮孔少，须根稀而短，皮色黄褐。肉质白，黏液汁略少，含水量略多，品质中等。只作为食用，鲜炒、红烧均宜。较耐贮藏。

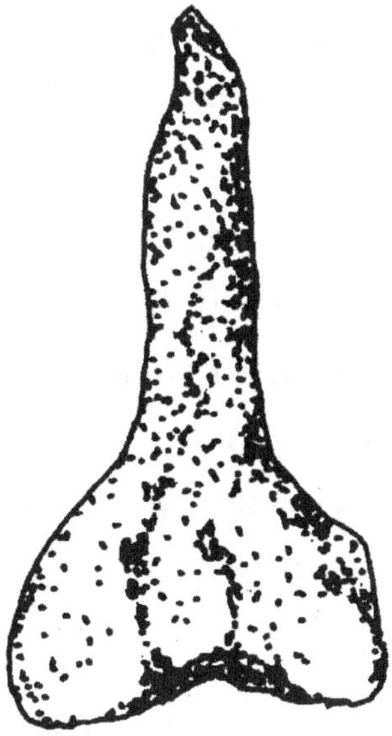

图 69 瑞昌脚板薯

该品种对土壤的适应性较广，在较浅薄、松散或肥沃性较差的土壤上，也可种植，但在较为疏松肥沃的土壤上易获得丰产。2 月上旬至 3 月中旬播种，5 月中旬萌芽，夏至前苗齐，块茎生长期为 7 月中旬至 10 月下旬，但以 7 月中旬至 9 月中旬生长最旺，9 月中旬块茎已基本成形，但组织尚不充实。霜降后地上部枯萎，寒露成熟，后进入休眠，但若秋冬和早春不挖起，到翌年 5 月中旬左右将继续萌发生长，可将其作 2 年生栽培，产量增加二三成，品质也有所提高。

三、土地的选择与准备

我国扁山药栽培，主要集中在东南和华中地区，华北、西北和东北地区基本上没有栽培。过去不少地方种植扁山药是一年一作，连年栽培，结果植株生育一年不如一年，块茎越来越小，畸形薯越来越多，产量和质量都受到影响。自从实行轮作制度以后，山药栽培才有些起色。种植扁山药多和水稻轮作，有的也与甘蔗、花生等轮作。扁山药的前作和后作，均以普通栽培作物为佳。前作应避免土壤线虫容易寄生的作物，因为扁山药易受线虫危害。另外，多肥栽培的果菜类也不适合作为前作，因地块的肥极易引起山药茎叶徒长，使块茎过大或长得奇形怪状。

选好扁山药种植地块后，应注意深耕施肥，并尽量使用腐熟的有机肥料。土壤耕层以深厚为宜，要把土壤碎细化，形成较为松软的土层，创造团粒结构，提高地力。这样，土壤层不仅有很好的通气性，还有较强的保水和排水能力。由于扁山药组织比较柔软，自动排除障碍物的能力很差，遇到坚硬的土质，便会抑制生育或改变形状，降低产量和品质。因此，种植扁山药的土层一定要保持松软。由于扁山药的块茎一般都集中在深50厘米以内的土层，根群多集中在深30厘米左右的土层，因而耕作深度应在40～50厘米。

扁山药对土壤酸性的适应能力较强，但酸性过强也会使其生育变劣。在冲积土上栽培，缺镁的现象较多。同时，不同土质也会影响扁山药的长短和产量。沙性土壤栽培短粗的扁山药，不仅产量高，而且品质也好。而河海沿岸的冲积土和黏性壤土，栽培长形的扁山药，可取得较为理想的结果。

种植时，要测定土壤中主要元素的含量，做到科学施肥。一般情况下，每667米^{2}应施入腐熟的堆厩肥4 000～5 000千克。施用家畜粪时应了解其性质，并与堆肥、钙镁磷肥等作为基肥施入。每667米^{2}可施入钙镁肥50千克、磷肥50千克作为基肥。前茬要多施一些有机肥，以使其更好地腐熟而便于利用。同时，土壤pH值应保持在6～6.5。

另外，非有机山药栽培要认真进行土壤消毒，防止土壤线虫病和块茎褐腐病。这些病害如不及时防治，轻者降低山药品质，重者块茎将全部腐烂。目前，我国种植山药土地的消毒工作，尚未全面推广，今后应加强宣传，对种植山药的土地普遍进行合规消毒，确保山药生产的稳产高产。

四、种薯的准备

（一）种薯的选择

在扁山药栽培中，选择优良种薯十分重要。这是因为扁山药需用块茎进行无性营养繁殖，杂交很少，遗传性单一，新块茎可将老块茎的性状保留下来，“种什么种子，结什么果”。在扁山药生产基地，如果对块茎反复进行个体精选，形成了自己固定的优良品系类型，那么栽培后即使遇到不良的气候环境条件，也很少改变块茎形状。

扁山药优良的遗传素质，集中在上部接近茎蔓的部位，即脚板薯的近茎上部。块茎的长短宽窄不同，有其不同的适应性和遗传性。短粗的块茎类型，肉质厚，在疏松的土壤中易取得高产，遗传率高，形状整齐。长形块茎则遗传性稍差，产量偏低，多出现棒形山药。因此，种薯应选择上部断面圆形或椭圆形的块茎，肉质要厚，且较坚实，毛根细而少，无病虫害。单个块茎质量应在 200 克左右，100 克以下的小块茎多为发育不良的。200 克以上的块茎又过大，切割时断面太多，很容易造成外伤，也不好贮藏。对于有线虫寄生的块茎，或有其他病虫害的薯块，一概不能留作种薯。

（二）种薯的切割

扁山药的种薯切割不同于长山药和圆山药。这是因为扁山药既不像长山药那样一长条，也不像圆山药那样可以分瓣切割。同时，由于种薯各部位的优势不同，切块时应有所区别。顶端，即靠近茎的基部的一段优势明显，切块可小一点，一般为 50 克左右；顶端往下的块茎，即中间部位，切块应为 60～70 克；最下端的部位，因块茎不够充实，切块一般为 80 克左右。

如果种薯是棒形的，可以从上到下切割，上部每块 40～50 克，下部每块 70～80 克。对八杈形种薯，在切割前要把比例算好，做到切割合理。对脚掌形种薯，更要注意科学切割（图 70）。

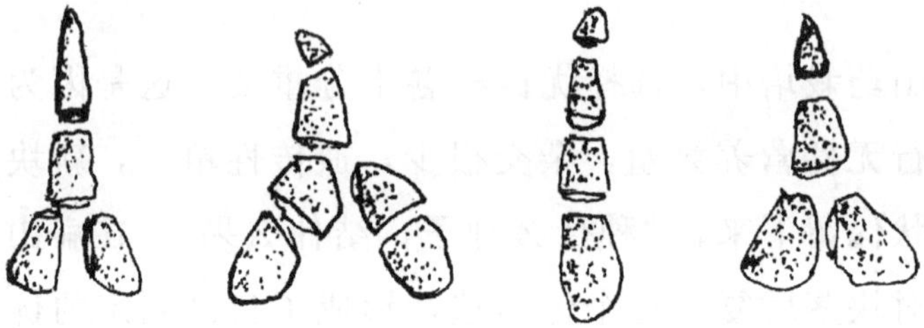

图 70　扁山药种薯切割法

从产量上衡量，种薯的上部薯块产量高，越到下部产量越低，平均上部比中下部产量可提高 10%以上，上部薯块形成的单个块茎质量也大。这主要是因为上部块茎充实，营养含量充足，以及顶端优势等因素的影响（图 71）。为使扁山药生长一致，产品整齐，切割的下部薯块要相对大一些。目前，在生产中多不去顶芽，结果从

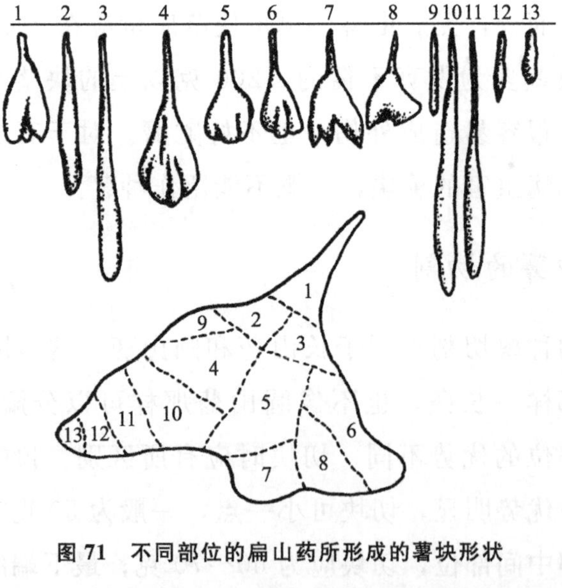

图 71　不同部位的扁山药所形成的薯块形状

一开始就形成了差距，有顶芽的发芽快，生长快，结薯快。下部的薯块，发芽慢，出土慢，生长发育慢，产量小，质量差，以至在栽培中形成诸多不便，不易管理。

切割种薯的时机应在种薯休眠期，一般以12月至翌年1月为宜。切割器具，要保持清洁卫生。用竹片切割时，一定要使竹片刀刃锋利，做到1次切好，不要弄下很多伤痕，以便很快形成木栓层，保护创面，使伤口很快愈合。用菜刀切割时，应找一块木板，上面垫一层有弹性的橡胶制品，一刀切块，切好后放入干净的容器中，防止感染病虫害。切薯地点应在贮藏窖附近，以减少病虫害感染。每年不要在同一处或用同一套工具切割，以防止传染病虫害。若用同一套工具切割，必须经过消毒处理。

经验证明，把好切割薯块消毒这一关非常重要，是防治病虫害的重要措施。所选用的种薯，要先用40%甲醛80倍液浸泡20分钟，以除去种薯表面细菌，然后放在一块干净的席子上晾2～3小时，接着置于室内暗处继续晾1天。薯块切好后，应再用40%甲醛80倍液消毒20分钟，仍然置于阴凉处散发水分，最后再蘸上草木灰或石灰粉进行贮存。

（三）种薯的贮藏

切好种薯后，离播种还有3～4个月的时间，因此必须对种薯进行安全贮藏。扁山药一般都在室外贮藏，也可挖窖贮藏。一般窖宽1米，窖深15厘米，可摆薯块2层。薯块先摆好1层，铺上1层2～3厘米厚的土再摆第二层，摆好第二层后上面盖土30厘米厚。也可挖成窄窖，即窖宽50～60厘米，窖深12～20厘米，可以摆3层，摆法同上面一样。土壤松软干燥的地方，可采用后一种贮藏窖；土质黏重的地方，可选用前一种贮藏窖。

隔层贮藏，主要是为了防止病虫害传染。我国扁山药栽培地区采用挖窖贮藏法，种薯可贮藏到4月播种期。在贮藏中应注意防止种薯干燥，保持适宜温度和湿度，干燥时可用塑料薄膜包裹种薯。

五、科学播种

（一）适期播种

扁山药播种时地温应稳定在11～12℃，这样的地温水平，我国华东沿海多数地区需要进入4月能达到，有些地区需要到4月中旬才能达到。同时，播种适期还有一个标准，就是查看种薯表面是否出现毛根，播种一定要赶在毛根活动之前。此外，要严格掌握种薯贮藏的温度，温度过高时会在贮藏期间出现萌动的现象。

扁山药播种适期很重要，既不能过早，也不能过迟。4月下旬至5月上旬，气温和地温都已升高，种薯很容易萌芽发根。这时播种，不是伤芽，就是碰根，容易造成缺苗断垄。若播种时地温过低，种薯长时间埋在土中不能发芽或发芽时间过迟，不仅发芽率大大降低，而且产量将明显减少。

（二）播种深度

扁山药播种适宜深度一般为10～15厘米，沙性土壤以13～15厘米为宜，这样不仅发芽出土整齐，块茎生长整齐，而且产量高。要是播种20厘米深，产量和质量均会明显下降。壤土或较黏的土壤要浅播，可控制在10厘米左右的播种深度，但不能浅于5～7厘米，否则极易受到干旱威胁。

扁山药生长在30厘米以内的土层，在土下10～30厘米处肥大，生长在土下10厘米以上或30厘米以下均属不正常深度。按照标准深度10厘米播种，有8～10条吸收根便在10厘米深的土层中辐射展开，幼茎通过10厘米的土层出土向上争得阳光，块茎向下深入到30厘米以内的土层中肥大，整个植株就能正常发育。若播种深度少于7厘米，则吸收根在这样浅的土层中不能正常伸长，或由于表层土壤干燥而停止发育。同时，由于土层过浅，幼茎不需用力便能出土，苗株不甚固定，左右摇摆，地下块茎则有相当比例不能深入土壤下层，在表层长成畸形山药。

在播种深度超过15厘米时，吸收根在地下15厘米处展开，与地面距离较远，气体条件抑制幼根的生长，使幼根的数目、粗度和长度均受到影响。同时，由于土层较厚，幼芽要通过15厘米的土层才能伸出地面，消耗营养过多，以至延迟出土，造成植株生长不壮，分枝较少，块茎较小。

（三）栽植距离

扁山药的栽植距离依品种、地域和栽培目的的不同而异，也受种薯大小和用种量的影响，还要看对总产量和单个质量的要求。在一般情况下，行距为60～70厘米，株距为20～25厘米。这样的栽植间距，总产量和单个质量都比较理想，优良品种单个质量可以达到300克以上，用种量也较节省。如果栽植间距再大或过小，均无必要。

需要注意的是，扁山药的种植间距应该均匀一致，以保证出芽整齐，便于管理。在摆薯时不能乱丢，一定要将种薯的皮层部分摆在下面，使其多接触土壤，便于吸水萌发。同时，要按照深浅要求，摆在同一水平上。覆土也要均匀一致，且应适当镇压。若土壤过湿或播种较深，则不要镇压。

六、田间管理

扁山药从播种到幼苗出土，需经过40～50天时间，最迟不能超过60天。扁山药从出苗到蔓长1米，主要依靠种薯供应的养分。自此以后，植株的生长发育就要靠自己从土壤中吸取养分。因此，在扁山药的生长发育期，要加强田间管理，充足供应营养，及早灭除杂草，积极防治病虫害，及时浇水，以保证秧苗正常发育，促成块茎肥大。

（一）肥料的供应

除了冬前施入足量的基肥，在翌年春季播种前还应结合整地做畦施入一定的肥料。提倡施用有机肥料，一般以施用腐熟的堆厩肥或家畜家禽肥料为好。每667米^{2}施堆厩肥2 000千克或复合肥50～70千克。

追肥的原则：在需肥的时候提前施用，保证不同的生育阶段都有足够的营养。前期多施有机肥料或缓效的化学肥料，后期则以施化肥为主。在整个生育期间，化肥的70%作为基肥施用，30%作为追肥施用。磷肥要早施，追肥以氮肥和钾肥为主，并应多施用多元复合肥料。

6月上中旬可施1次化肥，7月下旬重点施肥，每667米^{2}每次可施尿素30千克。追肥应尽量在雨前施用，晴天追肥需及时浇水，以便及时溶解化肥。施肥应避开植株茎叶，撒在畦间。追肥亦可结合中耕除草，将肥料混入土中。追肥数量和次数可根据植株生育情况决定。肥足虽可增产，但肥料过多会使茎叶生长过旺，影响地下块茎形成，推迟成熟，使产量降低，畸形薯增多。

（二）水分的供应

扁山药根群较浅，若水分不足，不仅影响根系的生长和发育，还会影响植株对肥料的吸收。块茎开始形成到膨大盛期，是需水量最大的时期，此期缺水则会生长不良。因此，从6月下旬一直到9

月中旬，应注意水分供应，避免土壤干燥。在山药肥大时期，每5～7天最少浇水1次，每次浇水30～50毫米即可。要避免大水漫灌，最好进行喷灌，既省水省工又均匀，有利于山药的正常肥大。

（三）地面覆盖

为保持山药田的适宜湿度，避免水分过度蒸发，防止土壤干燥，进行地面覆盖很有必要。北方地区多使用通气良好的麦秸覆盖，每667米^{2}约需麦秸500千克。南方地区多使用稻草覆盖，效果也很好。

近年来，随着塑料薄膜的普及，使用地膜覆盖山药田的越来越多。尤其是使用黑色塑料薄膜覆盖，既可抑制杂草生长，又可防止土壤干旱，保持土壤适宜湿度，降低地温，还可防止茎叶污染，有利于提高产量。但是用塑料薄膜覆盖全部山药田，容易使地下块茎形成不整齐的形状。因此，一般不采取全面覆盖的方法，而是隔畦覆盖，并覆盖在畦间，不覆盖在种山药的畦面上。覆膜时要一次盖好，四周用泥压实，使薄膜紧贴地面，这样才能起到灭草的作用。若覆盖麦秸、稻草，则要盖在种薯上面，这点应引起注意。

山药播种以后到幼苗出土的时间很长，6月中旬覆盖即可。再早覆盖没有必要，再迟覆盖，茎蔓已经伸长，极易伤害茎蔓，作业也不方便。

对覆盖后长出的杂草，除用除草剂灭除，亦可尽早用手拔去。由于山药生长在浅土层，拔大草时极易将苗株带起，因此应一手压住山药植株，一手轻轻拔掉杂草，防止将种薯和山药苗拔掉。

（四）爬地栽培

许多地区对扁山药采用爬地栽培，其优越性主要有以下4点。一是简便省工。只要播种良好，即可任其爬地生长，最多调整一下茎蔓，使其均匀布满地面。相对于支架栽培，爬地栽培操作简便，省工省时。二是有利于保持土壤的适宜湿度和温度。保持土壤的适宜湿度和温度，是扁山药栽培成败的关键。爬地栽培有利于抗旱，保证稳产高产。三是有利于抵抗风灾。扁山药栽培地区，一年四季都有大风。尤其在生长季节的台风，常将高大的立架一扫而走，或使茎蔓折断，致使植株光合作用不能正常进行。而爬地栽培，基本可避免风灾。四是可减少投入。支架栽培投入成本较大，而爬地栽培几乎不需花钱。因此，不少地区至今仍沿用爬地栽培。

（五）支架栽培

从综合效益衡量，支架栽培优于爬地栽培。实践和试验证明，支架栽培比爬地栽培的产量可提高40%～60%。支架栽培的优越性主要表现在以下两个方面。一是光合作用明显改善。由于立有支架，茎蔓顺支架形成立体布局，受光面积要比爬地栽培大得多。二是通风条件良好。茎蔓起架以后，植株、枝叶之间与内部都形成了良好的通风环境，地面的通风也有所改善，有利于植株的正常生育并减少病虫害。

七、精细收获

扁山药的收获，一般从10月中下旬茎叶变黄以后开始，可一直延续到翌年的5月。收获时，先将枯枝黄叶集中起来处理或烧掉，然后从畦的一侧用铁锹挖沟，露出块茎后用铁锹挖出，同时将稻草、麦秸填压在沟中。

在挖掘扁山药前，需要做的是确定扁山药的位置，注意每一株扁山药的分布情况。此外，挖掘姿势也非常重要。在挖掘过程中，要尽可能地避免伤害扁山药。采挖人应保持正确的姿势，将铁锹慢慢地插入土壤中，然后轻轻向上挖掘。如果太用力或者角度不对，就会造成无法预料的损伤，从而影响扁山药的品质和数量。扁山药应选择晴天来采收，以确保扁山药表面的水分尽可能少，便于贮藏。

第八章　圆山药栽培技术

圆山药多是球状、筒状，或呈团块状。长度一般在 15 厘米左右，横径在 10 厘米左右（图 72）。分布于我国南方福建、台湾、浙江、广东等地的黏湿土地区域。我国栽培圆山药历史悠久，品种很多，但圆山药的具体品种一直缺乏整理。目前有少数地区引进日本新品种丹波圆山药（图 73），栽培效果较好。据日本研究人员测定，与长山药、扁山药相比，圆山药品质最好，其粗黏物质、淀粉等都超过长山药和扁山药，而且不易变色，可做高级饮料，市场价格较高，种植效益较好。当然，也有学者提出不同意见，认为还是长山药品质最好。

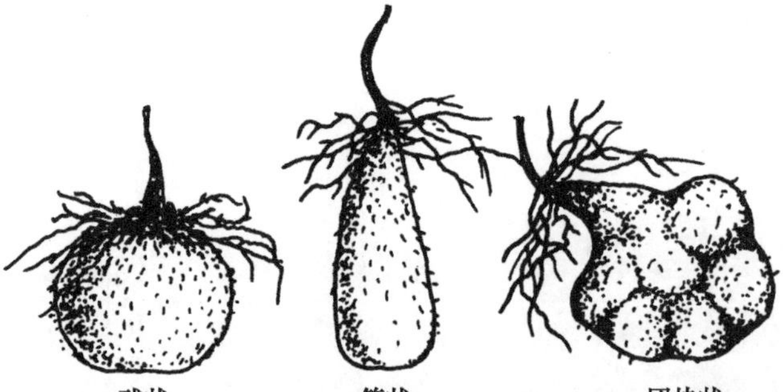

图 72　圆山药主要类型

一、圆山药的生育特点

圆山药一般在 10～11 月成熟，而后便进入休眠期。到翌年3～4

月，日平均气温达到 12℃左右时，开始萌芽生根；气温达到 20℃左右，茎蔓迅速生长，并进行分枝，发生子蔓与孙蔓，攀缘右旋着向上生长。

圆山药虽形状短圆，但仍具有明显的顶端优势。虽然由种薯分割的每个小块均可以萌芽生长，但发芽最快、芽条最壮的仍是顶芽，其次是顶芽附近的萌芽。

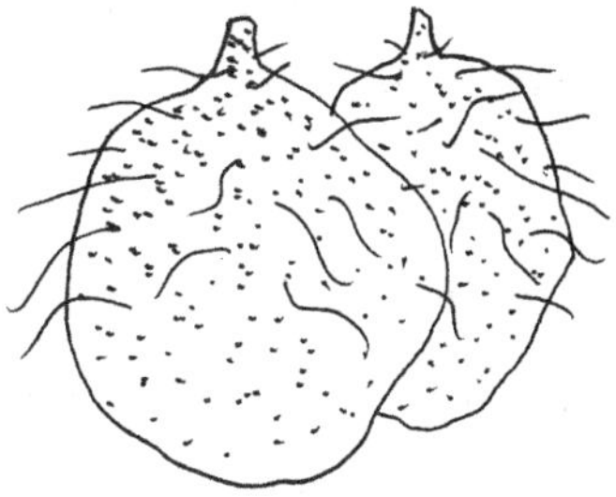
图 73　日本丹波圆山药

种薯埋入土壤后，遇到适宜条件，表皮立即发生很多小突起点，其中，只有最优秀的一个突起点能正常发育，进行细胞分裂，发生吸收根和新芽，并继而出土，其他的突起点则会自生自灭。倘若这个长出的芽子遇到变故，立即就会有另一个突起点取而代之，发育成新芽。同时发生 2 个壮芽的情况，是极少见的。

吸收根在块茎萌芽后，从茎基部所生新块茎的上端发生，一般有 8 条左右。圆山药的吸收根主要分布在土壤表层 30 厘米以内，水平方向伸长可达90～100 厘米。

地下部分吸收根的发育和地上部茎叶的增长同步进行。在萌芽期，根的数量和长度都是有限的，在地上部主茎长到 2 米左右，开始发生侧枝的同时，吸收根才开始迅速生长，并且旺盛分枝。这时已进入 7 月，种薯自身贮藏的养分已被消耗完，此后靠吸收根从土壤中吸收营养。圆山药在较长的发育初期依靠种薯提供营养的特点，要求对种薯的选择和利用必须特别小心。

随着吸收根的发展壮大，气温的升高，水分和养分的充足供应，圆山药地上茎蔓很快就会伸长到足够的长度，同时发生子蔓与孙蔓 10 多条。

圆山药地下块茎在 6 月初开始萌发，但在地上部茎叶生长盛期并不肥大，直到8月进入开花期后，才开始迅速膨大。经过30～40天，大约在9月，地下块茎即可长成固有的大小和形状，此后则是不断充实其内容。当平均气温降至20℃时，茎叶开始变黄；降至12～13℃时，茎叶枯萎。圆山药比长山药有更高的温度要求，旺盛生长期需保持25～26℃的气温。气温降至12℃以下，生命活动即行停止。

圆山药的叶片，在主茎的最初10节多是互生，以后的叶序都是对生。子蔓多在主蔓第四至第五节上发生（生长旺盛时期子蔓在主茎第二十一至第二十八节上发生），每节都发生2条。子蔓的第七至第十五节，每节发生2条孙蔓，可长达1米以上。这时正值现蕾开花，但花而不实，只在开花后期子蔓或孙蔓接近先端的叶腋间着生少数零余子，并且长成的不多。

二、土地的选择与准备

圆山药多生长在浅土层，无须进行1米深的耕作，因而最好选用沙壤土或壤土种植。适宜温度为20～33℃，因此应该选择日照量较多的土地栽培。另外其生长需水较多，种植土地应有较好的保水性，同时须有良好的排水条件。

在秋冬季节，要抓紧时间对种植土地进行深翻和晒垡，争取在冬季使土壤熟化。圆山药田要做成宽120～150厘米的畦，1畦可栽2行。也可做成90～100厘米宽的畦子，1畦只栽1行。病虫害严重的地区，可结合整地，进行土地消毒，土壤消毒的深度应在20～30厘米。

三、种薯的准备

如前所述，在种薯发芽以后的2个多月内，茎叶株蔓的生长基本依靠种薯中贮藏的养分。因此，选择优良的种薯，科学分割薯块，对圆山药的生长和产量影响很大。

（一）种薯分割

1. 种薯切割方式　很多地方对圆山药种薯的切割不够重视，随意切块，或切得太大或过小，七棱八瓣，很不整齐，这样做将严重影响产量和品质。近几年，逐步推行了先进的柑橘式分切法，取得了较好的效果（图 74）。

虽然圆山药顶芽具有先端优势，但种薯只有 1 个顶芽。要将 1 个种薯切成多块，只能依靠其他不定芽，不能只靠顶芽。再者，顶芽贮藏养分少，影响新薯肥大；顶芽发芽早，也使薯苗生长不一致。因此，为了提高整个薯田的产量和品质，应避开顶芽部，就是在切块时先将顶芽用刀削去，而后从上到下如同柑橘一样分成几瓣切割。种薯上部，即接近顶芽部分，容易发生不定根，应平均切分给各个薯瓣。据试验，这样的切法，山药生长整齐，总产量较高，品质较好。

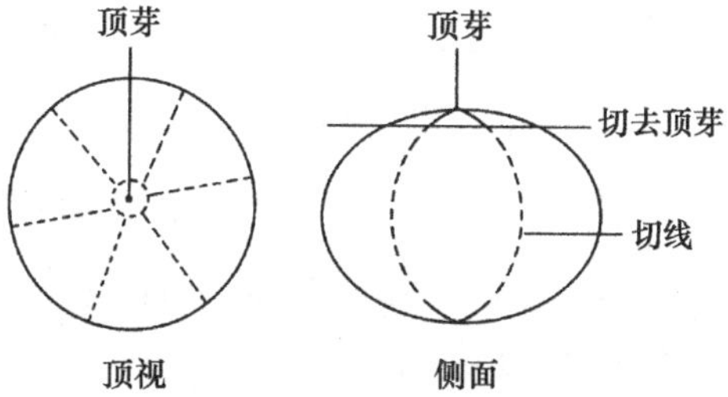

图 74　圆山药柑橘式切割法

2. 分割薯块的时机　很长时间以来，对切割薯块的时机看法不一，有的在冬前切割，有的在种植前 1 个月切块，有的则在种植前切薯。在种植前分切，可避免贮存，减少病害感染，但常使发芽推迟，而且发芽很不整齐，给以后的栽培管理造成很多困难，产量和品质都受到影响。

近几年的试验结果表明，早切的比晚切的发芽早，薯苗整齐，产量高，3 月切割的明显优于 4 月切割的。但早切后，断面容易被细菌侵入，薯块的腐败率较高。

因此，在早切割的同时，要采用长山药的断面愈伤法避免腐烂，即在温度30℃、空气相对湿度55%～60%的条件下，对11～12月早切块的种薯进行处理，10天后断面可形成木栓层而不再腐烂。

3. 种薯的切块大小　种薯切块大一些，产量相对高一些，但所需种薯量很大。种块太小了，产量也上不去。因此，种薯切块大小，既要考虑收成与品质，又要兼顾种薯用量和来源。标准的种块是每个50克，大一点的可达60克，小一点的应不少于40克。

药农往往认为小块种植最合算，用种少，每块只需切成30～40克。这样，不仅直接影响产量，而且会使种薯退化。若连年使用过小的薯块种植，即使最优良的品种也会逐渐失去其优良特性。这是因为种块太小了，断面相对增加，种皮部分相对变小，影响优良性状的遗传性，会使种薯个体越来越小。

优质品种的种薯质量应达400～500克，至少为300克。大薯可切成8块，小薯可切成4块。

（二）种薯消毒

圆山药的褐腐病、炭疽病、叶锈病、蔓割病等病菌多附着在种薯上越冬。为了防止病害的发生，应对种薯进行消毒。否则，病菌很易从切割的断面侵入，造成腐烂和缺苗。

在一般的情况下，种薯应原封贮存越冬。春季栽植前进行种薯切块时，除保持菜刀、箩筐、席子、菜板、盆子等器具的清洁卫生，应将种薯放入40%甲醛80倍液中浸泡20分钟。然后，将种薯放在席子上晾2～3小时，再搬到室内暗处放1天，使多余的水分蒸发掉。

在切割种薯时，应尽量多带种薯皮层，避免伤害皮层，以求发芽整齐一致。种薯切块后，再放入40%甲醛80倍液中消毒20分钟，然后置阴凉处散去水分。最后，在断面蘸草木灰或石灰粉。这样，在种薯切割前后，两次用甲醛液消毒，效果较好。也可进行热处理消毒，即在48℃（最高不能超过50℃）的温水中浸种40分钟，使线虫等死亡。

四、科学播种

（一）催芽播种

近几年圆山药的催芽播种技术发展很快，方法简便易行。仅需选一块背风向阳和地下水位较高的场所，挖成阳畦或温床（也可利用现成的阳畦、塑料棚、日光温室），即可进行块茎催芽。

摆放块茎要整齐，各个块茎不能相互接触，上面先覆土，而后再覆盖塑料薄膜。

在催芽期间，要注意给水，保持土壤湿润。当露出新芽或新根1～2厘米时，即可播种。芽子不能太长，长了影响播种质量。若不能马上播种，应设法降低温度，以抑制幼芽伸长。

带芽播种一定要细心，不要伤及芽子。同时，浇水要及时，进行湿度管理，避免芽、根干燥。

催芽播种可以随时进行，4月上旬至5月下旬均可播种，而且出土快，缺苗少。早熟栽培或保护地栽培均可采用催芽育苗。

（二）适时播种

圆山药的播种期，主要依据2个因素：一个是块茎的萌芽期，另一个是外界的温度条件。块茎收获后很快进入休眠，当春天气温达到13～14℃时，块茎即会萌动，新的植物体开始生长，这时就是播种适期。播种过早不会发芽，或者发芽时间过长；播种过晚，芽子太大，播种困难，而且晚种晚收，影响块茎肥大，降低品质。

各地条件不同，有些地区日平均气温达到12℃时就可播种，有条件的地区也可以提前到11℃时播种。华中地区一般在4月中旬播种。

（三）播种深度

圆山药生长在浅层土壤，不宜播种过深。穴深7～8厘米即可。穴中土壤一定要细碎，播种时切块断面向上，让块薯表皮层尽量接触土壤。这样，不仅有利于生根发芽，还可以避免干旱。有人提出切口向下，皮层向上，能使幼芽直接向上生长。但根据科学试验，皮层向下接触土壤，有利于提供生长萌发所需的温度条件，不会影响向上出芽。因此，还是提倡切口向上，皮层向下的播种方法。

摆好薯块后，轻轻覆土1厘米，再在上面撒上腐熟的堆厩肥。覆土厚了发芽不整齐，且易造成腐烂。覆土1厘米，加上堆肥坑土等，足有2～3厘米厚，这是较为理想的播种深度。

（四）栽植密度

圆山药分为支架栽培和爬地栽培，分别有不同的栽植距离。从各地现行的栽植密度来看，一般每667米^{2}栽植3 000～4 000株为宜。1.5米的畦子栽2行，1米的畦子栽1行，株距以30厘米为主。同时，栽植密度要掌握以下原则：支架栽培较密，爬地栽培较稀；肥沃土壤较密，瘠地较疏；留种栽培较稀。

五、田间管理

（一）肥料管理

4月播种的圆山药，直至6月底植株生育主要靠种薯贮藏的养分，7 月以后则要依靠吸收根从土壤中吸取人工供应的养分。追肥时间不能等到 7 月，要在 6 月上中旬追施，到 7 月才能显出肥效。6 月上中旬植株还在萌发阶段，吸收根尚未伸长，地上部茎蔓仍在伸长初期，追肥作业较为简便，既不会断根，又能保证及时供应营养。

追肥方法多是在畦中开沟进行沟施，然后覆土。应结合施肥，在畦间和畦面普遍撒用除草剂，防止并杀灭杂草。

主要施堆厩肥，播前整地做畦时可施腐熟鸡粪。追肥则主要施化肥，每 667 米^2 可施尿素 15～30 千克，同时要注意施用钾肥，以满足块茎肥大的需要。

一般在 6 月追肥 1 次即可，如果不足还可再追肥 1 次，但到 8 月上旬应停止追施。给肥太晚，不仅对块茎肥大作用不大，还会使块茎变得七棱八瓣，严重影响商品价值。另外，追肥应在雨前进行，尽量避开茎叶，施肥后及时浇水。

（二）水分管理

圆山药入土不深，忌土壤干燥。特别是在块茎肥大期遇到干旱，不仅影响肥大，而且会使表皮粗糙，块茎变形，降低商品质量。如有积水，对植株生育也很不利，会造成缺氧腐败。

一般在 7 月下旬进入现蕾期后，地下块茎开始肥大，需水量不断增加，直到 9 月下旬茎叶开始变黄时，均应注意浇水。第一次浇水多在 7 月，以保持土壤表层湿润为度。此后，应根据土壤墒情，及时供水。

浇水时切忌大水漫灌，不能一次浇水太多，且应在夜间或清晨浇水，避免白天浇水。要保持土壤表层的适宜湿度，不能过干或过湿。夏日多雨季节，应注意排涝，做到田中无积水。

为了保持土壤适宜湿度，可在 6 月下旬以后进行地面覆盖。一般以覆盖稻草为宜，也可覆盖塑料薄膜。但覆盖黑色薄膜可以有效抑制杂草生长，降低地温。但覆盖塑料薄膜不能过早，一般在6月底当芽子已经出齐时再覆盖。

（三）植株管理

一块种薯植入土中，要求1个芽子形成1棵植株，若出2棵或3棵植株，应将多余的及时除去。否则，一个薯块维持2～3个植株，影响块茎肥大，经济效益很差。

为了避免出现2个芽或3个芽，在栽培时应将土壤细碎。据观察，在芽萌发时遇有硬物便会死亡，后续会从旁长出2～3个新芽。覆盖塑料薄膜过早，芽子出土时无孔便会死去，旁边也会长出多个芽子。在种薯上用刀切开1厘米深裂缝，也可避免出现多个芽子。

圆山药搭架栽培有利有弊，优点是作业便利，通风良好，受光面大，有利于块茎肥大。但搭架费工费钱，若搭架被风吹倒会使茎蔓折断，而且由于畦面裸露，土壤极易干燥，容易形成畸形块茎。

搭架栽培多实行小架支柱，一般架高都在1米以下。支柱埋在畦的中间，2行苗子埋1排，5～6株苗子埋1根，在块茎发芽前埋好。

在强风和干旱地区，应实行爬地栽培，植株覆盖畦面，既可保持土壤湿润，又可防止折断茎叶，还可提高块茎品质。在有些地区和田块，爬地栽培可获得比搭架栽培更好的效果。

（四）病虫害防治

圆山药的主要病虫害有炭疽病、叶锈病和红蜘蛛等。

1. 炭疽病　该病发生在茎和叶。患病时，从6月中旬开始，以叶脉为中心出现褐色的凹陷小斑点，且不断扩大成黑褐色不整齐斑点。黑褐色小斑点散生，雨多时呈轮状，并有黏液发生。在茎上多从基部开始出现黑褐色斑点，中部凹陷，重者枯死。此病多以菌丝在被害株上越冬，翌年由分生孢子传染病害。对此病应采取与水稻轮作等方法进行预防，播种前严格进行种薯消毒。一旦发病，应立即摘除病部茎叶烧掉。

2. 叶锈病　该病主要发生在叶片上，在6～8月危害。病斑黄色，多角形，中心有黑色小粒点散生，后变成红白粉状小点，老斑暗褐色，可穿孔。严重时，在茎部和叶柄也有发生。最后，导致全株落叶枯死。此病以菌丝在被害部位越冬，翌年分生孢子飞散蔓延传染病害。山药与水稻进行2年轮作，可减轻病害。播种前进行种薯消毒，也很有效。发病后，应立即摘除病叶病株烧掉。

3. 红蜘蛛　呈橙黄色，为体长0.4毫米的小虫，多在叶背上吸食叶汁，主要在8～10月危害，开始使叶片褪色，之后变成黄褐色，直至叶片枯死。红蜘蛛繁殖速度快，抗药性强，多集中在叶背面，防治比较困难。近年来主要采用生物防治方法，其中利用自然界中的天敌捕食螨来控制红蜘蛛的技术已经被广泛应用，如智利小植绥螨就是一种防治红蜘蛛效果较好，且对生态环境安全友好的捕食螨。

六、收获与贮藏

（一）收　获

圆山药可同期一次性收获，也可分期收获，可在冬前收获，也可在翌年春天收获。一般在茎叶枯死、块茎充分肥大后，进行一次性采收。福建、台湾等地多从10月底开始采收，到11月中旬一次收完。为了提早上市，可提前在9月下旬至10月上旬收获。有些地方考虑到贮藏条件和土地利用，也可到翌年3月再收。圆山药耐寒性较强，可在田中越冬不受冻害。

一般多用铁锨收获圆山药，深挖10～20厘米，一株一株地收取。采收时要防止切破或碰伤块茎。同时，应将腐败枝叶集中烧毁，以消灭病虫害。

收获后，应尽快运入屋中，以免干燥，并小心除去根部，分级堆放贮藏或运销市场。

如果利用挖掘机收获，则播种时就要使畦宽窄一致。否则，块茎损伤太大。机械收获省工省力，1小时可收获6 670～13 340米^2，效率很高。

（二）贮　藏

冬前收获的块茎，可供应市场1年，接上翌年9月下旬上市的新圆山药。圆山药块茎较好贮存，2～5℃的低温是最佳贮藏温度。气温在0℃以下时块茎必然受冻腐烂，在7℃左右及以上时则会发芽。

另外，必须选好贮藏窖址，要求排水条件好，任何情况下都不能进水。窖内块茎堆积不能太高，一般保持在50厘米，上面覆土10厘米。要保持一定湿度，防止干燥。从12月至翌年3月严寒期间，要增加覆盖，保温防寒，以免受冻。

山药入窖前要认真清选1次，带伤带病的块茎严禁入窖，避免1个病薯染烂全窖。有条件的可以在入窖前对块茎消毒。用50℃（不能高于50℃）蒸汽或温汤消毒，时间控制在60分钟以内，可防止贮藏时的腐烂现象。

圆山药也可放在贮藏库贮存，但要严格控制相应的温度和空气湿度，需要时还要用塑料薄膜包盖，以保持适宜温度。块茎一直放在冷库中贮存没有必要，4月以前还是放在室外窖中贮藏为好，当其尚未开始萌动时，在3月中旬至4月上旬入库，可安全过夏。

第九章　热带山药栽培技术

热带山药也叫田薯、大薯，台湾地区干脆称之为山药。实际上它是由野山药和褐苞薯蓣共同进化而来的一个栽培种，属于山药的近缘植物，不过它的性状、品质都与山药十分接近，民间一般都把它当作山药来进行栽培，其中也选育了很多优良品种，如广东早白薯、台农 2 号等（图 75）。热带山药主要分布于我国南方沿海诸省的温暖地带以及印度尼西亚诸岛，另外在非洲中部也有大面积的栽培，不过在非洲主要是作为粮食作物栽培的。热带山药的营养价值也比较高，接近于普通山药的水平，淀粉和黏蛋白的含量还要略高一些，非常适于食用、药用和加工利用。热带山药的主要形状是纺锤形，也有块状的和扁块状的，中间的变异形状很多，这主要是因为受到栽培环境和土壤条件的影响。

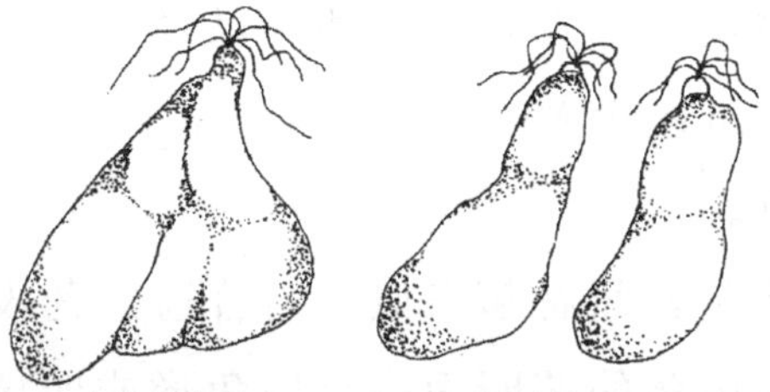

图 75　大薯外形图

一、热带山药生育特点

热带山药生长在热带和亚热带地区，喜欢高温多湿的气候条件，不耐寒冷。贮藏块茎温度若低于12℃，则会发生寒害。广东和台湾等地栽培热带山药的早熟品种，从播种至收获最短只需要150天，3月中旬播种后，9月即可挖收块茎上市；中熟品种的生长期约需250天，一般到12月才开始采收块茎。

收获不久的块茎即进入休眠期，一般是从1月休眠到3月，热带山药不经过休眠是不能萌芽的。休眠期结束后，当外界气温达到20℃左右，地上部茎叶便开始迅速生长，从3月下旬种薯萌发到6月下旬茎蔓生长盛期到来之前，植株生长主要是依靠种薯中贮藏的养分，但栽培上必须提前20天左右追施肥料，也就是在6月上旬就要进行第一次追肥。

热带山药的吸收根在种薯萌发后不久，就开始向四周辐射伸长，主要是水平生长，每条根最终可达90～100厘米的长度，根系大都集中在距土面10厘米以下、30厘米以上的浅土层中。热带山药的吸收根一般有10条左右，从萌芽一开始就长出来，以后只是不断地伸长和增粗。

随着新植株的生长，新的块茎也在6月初开始发育生长，但由于此时主要是地上部茎蔓的生长，养分消耗也集中在此，故地下部新薯的肥大还很缓慢，一直到8月茎叶已经长足，养分供应转到地下部，新薯才开始迅速膨大，一直到9月底长到应有的大小和形状，以后逐步充实增重。

热带山药的茎蔓表面看起来似乎与普通山药没什么区别，但细看是不同的：热带山药的茎断面多呈四角形或四棱形，而山药都是圆形的；热带山药的茎还长有翼翅，可辅助茎蔓的直立，而山药没有；热带山药的叶片形状与山药一样，但比山药大；热带山药块茎的肉色有多种颜色，尤其以白色和红色居多，另外还有灰白色、紫红色、红黑色等，而山药块茎的肉色一般都是白色，没有其他颜色；热带山药的块茎个头也比较大，小的1～2千克，大的能有5～10千克，还有长达 3 米、质量达几十千克的巨薯，山药很少有这么重的块茎。

二、热带山药栽培技术

（一）土地的选择与准备

热带山药对土壤的适应性较广，但仍以沙壤土最为适宜，尤其是在土层深厚、肥沃，地下水位低，排水良好的土壤，热带山药能够获得优质高产。土壤 pH 值为 6 左右最适合热带山药生长。湿土地要绝对避免，因为只要地下水位在 30 厘米以内的田块，热带山药吸收根系的分布范围就会变得很窄，而且在 7～8 月常出现烂根现象，茎蔓枯黄期会提早近 1 个月，收获的块茎个体小，容易腐烂。其实，只要地下水位低于 45 厘米，情况即彻底改观，不仅根群生长旺盛，生育期延迟，块茎的产量和质量都有显著提高。另外，栽培热带山药选择山坡地是可以的，但不能选择阴向坡地，要保证光照时间充足。

（二）栽培方式

热带山药在同一地块只能搞两年连作，第三年则病虫害很严重，薯形不齐，要再隔两年才能重新栽植热带山药，因此不如事先做好轮作计划。一般可与瓜类、茄果类、花生或水稻轮作，效果较好。热带山药的栽培田耕深应达到 40 厘米，最好有 50 厘米，这样可充分发挥热带山药的生长特性，保证块茎膨大拥有足够的空间。另外，要保证土壤细碎，没有硬土石块混杂。为了消灭土传病害，促使土壤风化，可以在冬前深耕晒垡。热带山药提倡机耕，既深又快，耕前每 667 米^2 栽培田要施入腐熟的堆厩肥 4 000～5 000 千克，与土壤混匀；也可先在冬前施入一半肥料，另一半在翌年春整地做畦时集中施入。热带山药栽培田可根据地势做成高畦或平畦，1.2米宽的畦子，栽2行；60厘米宽的畦子，栽1行。株距一般为20～30厘米不等，随栽培品种而异。

（三）种薯制备

热带山药都是利用块茎进行营养繁殖的，杂交种可以说没有，因此遗传性比较稳定。多年种植热带山药的农家或农场，完全可以自己选种，选出适合当地栽培的优良品系。选择时一定要注意热带山药上端即首部的形状和充实度，因为这部分是块茎遗传性最强的位置，要确保这部分的截断面是圆形或椭圆形的，而且肉厚充实，毛根细而少，无病虫害侵染，个体大小适中。个体太小了生长发育不良，太大了遗传性不强。

种薯的分切除了应注意上边切小，下端切大，主要是要多带皮层，尽量不使皮层在种薯分切时损伤过多，在贮存、运输过程中注意不伤皮层。圆块状或不规则团块状的热带山药在分切时，应采用柑橘式分切法，从上到下分瓣切割，种薯小的切成4瓣，大的切成8瓣，也可以是18瓣，但每瓣质量不能低于40克，不要高于80克。这样分切可以使每一瓣薯块都带有一部分上端的顶端优势，播种后出芽整齐，生长势强，块茎最终产量和质量均有较好保证。切割种薯时应使切断面尽量小一些，而且要一刀切下（刀具应锋利），以减少病菌侵染。切割种薯所用刀具、切割板，包括种薯自身也都必须事先消毒，切割板可垫上一层有弹性的无毒橡胶皮。种薯消毒的方法可参照圆山药栽培技术部分进行。

分切后的种薯要进行催芽处理。多年试验表明，经过催芽的热带山药播种后，出苗率高，出苗整齐，生长势强，产量和品质均可保证。热带山药的催芽方法可参照圆山药栽培技术部分。

（四）播　种

热带山药的播种深度一般要求 10～15 厘米，最浅不能少于 8 厘米。沙性土壤应稍深一些，达到 13～15 厘米；墒情好的壤土或黏壤土可以在 8～10 厘米。如播种过浅，热带山药的吸收根极易受到干旱的威胁，从而抑制生长；而且播种过浅，热带山药植株扎根不稳，苗株摇摆不定，生长势弱，容易死秧。播种时外界气温应稳定在 13～14℃，我国南方一般在 4 月初，最早在 3 月下旬播种。播种时一定要将种薯切断面向上，皮层向下摆好，不能随便乱摆。种薯皮层向下接触土壤有利于种薯生根发芽，出苗生长势好，且易保持适度湿润。株行距可以为 100 厘米×30 厘米。爬地无支架栽培的要把行距放宽 1 倍，可以为 200 厘米，株距可保持不变。播后所覆盖土壤要求无病虫污染，土壤不能太干，也不能覆盖泥涝土，否则均不利于出苗。

（五）施　肥

热带山药第一次追肥应在 6 月上中旬进行，每 667 米^2 施入硫酸铵 10 千克；7 月下旬开始第二次追肥，每 667 米^2 施入硫酸铵 10 千克或三元复合肥 10 千克。这次追肥是最重要的一次，以后一般不需再进行追肥。热带山药根系较浅，不耐干旱，土壤水分不足时块茎就会紧缩变细，出现细长茎腰，缺水严重的还会导致块茎停止发育。如果供水时断时续，热带山药块茎容易长成肥瘦相间的畸形薯块，失去商品价值。所以，在栽培上要保持土壤适宜湿度状态，一般在无降雨情况下最少每隔 5～7 天浇 1 次水，不能搞大水漫灌，提倡进行田间喷灌。这种方法从长远考虑还是合算的，既省水又省力，对保持土壤适宜湿度效果良好，对其他轮作栽培也很有利。

（六）畦面覆盖与支架

热带山药畦面有条件的应尽量进行覆盖。一般可采用麦秸覆盖、稻秸覆盖或塑料地膜覆盖。麦秸覆盖具有通气良好、保持土壤适宜湿度、降低地表温度、防除杂草等优点，一般每667米^{2}需要覆盖麦秸500千克。由于我国南方很多地区不生产小麦，故也可采用当地资源丰富的稻草覆盖，同样具有保持土壤适宜湿度、降低地温、防除杂草的作用，不过稻草的通气性不如麦秸好。

近几年来，热带山药产区还流行使用地膜覆盖，一般都是用黑色塑料地膜，效果也较好，尤其对杂草的防除效果良好，保湿降温的效果也较好。覆盖时应注意将稻草、麦秸盖在栽培畦面上，黑色地膜铺盖在栽培畦间。有的地方将稻草、麦秸覆盖与黑色地膜覆盖结合进行，既能降低一些生产投入，又可进一步提高地面覆盖的效果。不论哪一种覆盖方式，覆盖时间均应在6月下旬左右。覆盖早了或晚了都对热带山药的生长不利。

热带山药播种出苗后，如果发现一块种薯上同时生长出2～3株幼苗，应只保留其中一个生长势最好的，其余的及时去除。山药茎蔓长到一定长度时可在栽培畦面上设立支架，一般在出苗后20天进行，主要是看茎蔓长度是否达到80～100厘米，也可以在热带山药植株未出苗前搭立支架。沿海地区都以1米高的棚架为宜，3米1柱，比较结实，既抗强风，又有利于通风采光，降温效果明显，施肥浇水也较便利，对地下块茎的形成非常有好处。搭立支架时要特别注意不能扎伤种薯。如果当地有经常不断的台风袭击，又无合适的搭立支架材料，可采用无支架的爬地栽培。只要按距离栽好种薯，可任其在地面上匍匐生长。也可进行一些理蔓整枝工作，让茎蔓分布均匀或朝一个方向爬地生长。热带山药进行爬地栽培，应注意把栽培行距加大1倍，行距以2米比较适宜。

（七）收　获

热带山药的收获一般在当年 10 月下旬开始，可以一次性收获，也可以分期收获，可以一直采收到翌年 5 月为止。收获前要先将地上部的枯枝败叶集中处理烧毁或异地深埋，防止病虫害蔓延。挖薯时应先从栽培畦一侧开始，挖出 50 厘米深、60 厘米^2 的土坑，然后用铁锹横向先将热带山药植株两侧的根系挖出，逐渐围拢下挖，最后小心将薯块取出，不可碰伤薯块，否则薯块极易在贮存时受病菌侵染腐烂。挖薯要一株挨一株挖，防止漏收，一行挖完后再挖相邻一行。打算采用机收的必须在播种时将株行距对齐，不能歪斜，否则机器容易碰伤薯块或掉行漏收，影响热带山药的产量和质量。

第十章 山药有机栽培技术

有机生产是指遵照特定的生产原则，在生产中不采用基因工程获得的生物及其产物，不使用化学合成的农药、化肥、生长调节剂、饲料添加剂等物质，遵循自然规律和生态学原理，协调种植业和养殖业的平衡，保持生产体系持续稳定的一种农业生产方式。

有机食品通常是来自有机农业生产体系，根据国际有机农业生产要求和相应的标准生产加工的，并通过独立的有机食品认证机构认证的一切农产品及其加工品，包括粮食、蔬菜、水果、畜禽产品、奶制品和水产品等。

有机山药的标准有以下几条。

第一，山药原料必须是来自已经建立或正在建立的有机农业生产体系或采用有机方式采集的野生天然产品；

第二，山药产品在整个生产加工过程中必须严格遵守有机食品的生产、加工、包装、贮藏、运输的标准；

第三，生产者在有机山药食品的生产、流通过程中，有完善的追踪体系、质量控制体系和完整的生产、销售记录档案；

第四，必须通过独立的有机食品认证机构的认证，并允许使用有机食品标志；

第五，有机山药的生产基地应具有良好的生态环境；

第六，在整个生产过程中，应积极保护和改善环境，不应对生态环境造成负面影响。

一、对有机山药的认识误区

虽然有机生产这个概念已经提出好些年，但社会上好多人对有机山药的了解仍只停留在初步认识阶段，还存在一些认识上的误区，具体表现在以下方面。

（一）认为有机山药是“纯天然、无污染”食品

自然界中，不含任何污染物的食品是绝对不存在的，有机山药也不例外，这是一个相对概念，只是其污染物含量比一般食品要低很多；而且，有机山药的整个生产过程都应进行质量控制，并不是只要环境和终产品符合有机农业标准即可。所以，在有机山药的出售过程中，不可过分强调有机食品的无污染性，绝对不可以标注“纯天然，无污染”字样，以免误导群众。

（二）认为有机农业就是传统农业，两者之间没有区别

有机农业尽管与传统农业在土地耕作、种植制度、肥料使用等方面相似，且有很多生产技术和措施可以应用到有机农业中，但在理论水平、技术手段、生产工具等方面比传统农业要进步得多。它遵循自然规律和生态学规律，集生物学、生态学和环境知识等为一体，保护生态环境，使其成为能够实现可持续发展的一种现代农业方式。它有比传统农业更先进的技术手段，如科学选育的各种抗病、抗逆品种，用频振式杀虫灯、黑光灯、性诱导素等杀灭害虫，微生物农药的利用等。另外，现代化的农业机械、水利设施和运输工具都体现了有机农业与传统农业并不等同。

（三）认为有机山药的生产就是一种不使用化学合成物质的栽培方式

如果把有机生产简单理解为“在生产过程中，不使用化学合成的农药、化肥生长调节剂和饲料添加剂的农业”是不正确的。因为不使用化学合成的物质，同时也不采用科学管理措施的农业生产体系，是不能持续发展下去的。有机山药栽培不施用化学肥料，也禁止使用化学农药，但可以使用一些植物和动物来源、矿物来源、微生物来源的杀虫杀菌剂，如石硫合剂、波尔多液等。

（四）认为有机山药的生产必须在无污染的地区进行

有机基地建立在以前使用过化肥、农药的土地上也可以进行，只是需要经过一个转换期，由常规生产系统向有机生产转换的时间一般为2～3年，通常1年生蔬菜为2年，多年生蔬菜如山药，为3年，新开荒地要经过至少12个月的转换期，转换时间过后生产的山药可作为有机产品。

（五）认为有机山药的产量肯定比现代方法种植的常规山药产量要低

一般在有机转换期内或者有机农业生产体系刚建立时，山药产量通常比常规生产要低，但一旦建立良性的有机农业操作体系和生产环境，有机生产体系的生产力就会高于常规的生产力，产量不比现代常规山药低。

（六）认为有机山药投入多，成本高，回报少

有机山药所需的锄草、杀虫、捉虫等过程的劳动力投入比常规农业投入多得多，再加上每年的有机认证费用及农业病虫害、草

荒等风险，有机山药的投入很多，但是有机山药生产充分利用农业系统内的废弃物，降低了化肥、农药的投入，减轻了对环境的污染，从而减轻了由于环境污染对人体健康和社会造成的直接或间接经济损失。种植有机山药，虽然短期内不易赚钱，但其市场需求逐年增加，前景广阔，而且从长远来看，有机山药降低了全社会的生产成本。

二、有机山药种植的基本要求及管理

有机山药从基地管理到生产，再到上市的整个过程必须建立严格的生产、质量控制和管理体系，不使用任何化学合成的农药、肥料、植物生长调节剂以及基因工程生物及其产物。它是一种与自然相和谐的，集生物学、生态学和环境知识等为一体的现代农业方式，在整个生产、加工和消费过程中更强调环境的安全性，突出人类、自然和社会的持续协调发展。

（一）有机山药基地建设的必要性

有机山药基地是有机山药生产的基础，其良好的生态环境是保证有机山药质量的前提和关键。在基地的建设过程中要建立良好的生态循环系统，在山药的生产过程中，不能对环境和生态系统造成污染和破坏，且自身的生态系统具有很强的自我调节、自我恢复和抗干扰能力；在封闭系统中尽可能进行有机物质和营养元素方面的循环利用；在山药生产过程中，需要有完整的生产记录档案，并要求进行全程的质量控制和跟踪审查。

（二）有机山药基地的选择

1. 基地的完整性　有机山药基地的土地应是完整的地块，其间不能夹有进行常规生产的地块，但允许夹有有机转换的地块；基地要求附近没有污染源，水量充足，水质好；与常规地块的交界处必须有明显标记，如河流、山丘、人为设置的隔离带等。

2. 产地环境选择　有机山药基地的环境技术条件主要包括空气环境质量、水环境质量和土壤环境质量。第一，基地周围不得有大气污染源，其会产生空气中的总悬浮颗粒物、氮氧化物、二氧化硫和氟化物等大气污染物。环境空气应符合《环境空气质量标准》(GB 3095—2012)；第二，有机地块排灌系统与常规地块应有有效的隔离措施，且水体的 pH 值、总汞、总镉、总砷、总铅、六价铬、氟化物、总大肠菌群等 8 种污染物必须符合《农田灌溉水质标准》(GB 5084—2021)；第三，土壤耕性良好，36 个月内未使用违禁物质，不含重金属汞、砷、铅、镉、铬、铜等有毒有害物质，应符合《土壤环境质量农用地土壤污染风险管控标准（试行)》。

3. 转换期　有机山药种植地块的转换是指通过各种有机农业生产技术，使非有机地块在一定的时间内达到有机生产的标准和要求。在转换期内，土壤中的化肥、农药和有害物质的残留物不断进行分解，并培肥地力，而且生产者在转换期内将初步掌握有机农业的生产技术，逐步建立生产基地良好的生态环境，保证以后有机农业生产的顺利进行。

由常规生产系统向有机生产转换的时间一般为 2～3 年，山药通常为 3 年，新开荒地要经过至少 12 个月的转换期，转换时间过后生产的山药才能作为有机产品。转换期开始的时间从向认证机构申请认证之日算起，生产者在转换期间必须完全按照有机农业的基本原则，即 3 年内不得使用化肥、农药，同时对土壤中铁、镉、铬等微量元素，盐酸饱和度及磷、铜、铅等矿物质进行分析，使其符合有机山药的生产要求，将有机基地尽可能打造成为一个封闭的、系统内各部分稳定平衡发展的循环运动体系。经 1 年有机转换后的田块中生长的山药，可以作为有机转换产品销售。

4. 缓冲带　如果基地的有机地块有可能受到邻近常规地块的污染影响，那么在有机和常规地块之间必须设置过渡地带即缓冲带，来防止污染物质通过水的渗透及空气的流动对有机地块造成污染。不同认证机构对于隔离带的要求不同，我国南京国环有机产品认证中心（OFDC）要求 8 米，德国的 BCS 有机食品认证机构要求 10 米。

（三）有机肥料标准

第一，厩肥等有机肥必须符合《有机食品技术规范》。

第二，沼气肥和纯天然硫酸钾等的质量应符合《绿色食品　肥料使用准则》（NY/T 394—2023）要求。

第三，有机复合微生物肥料应符合《微生物肥料》（NY/T 227—1994）中 4.1 与 4.2 的技术要求。

第四，有机叶面肥的质量要符合《含有机质叶面肥料》（GB/T 17419—2018）和《微量元素叶面肥料》（GB/T 17420—2020）的要求。

第五，最后一次追肥时要离采收时间 30 天以上。

（四）有机肥料种类

适合种植有机山药的肥料主要有以下三类。一是农家肥。如堆肥、厩肥、沼气肥、绿肥、作物秸秆、泥肥、饼肥等。二是绿肥。如草木樨、紫云英、田菁、柽麻、紫花苜蓿等。三是有机认证机构认证的有机专用肥。

这些肥料的使用需要注意：自制有机肥、堆肥和沤肥要经过彻底腐熟，通过发酵杀灭其中的寄生虫卵和各种病原菌；在有机肥堆制过程中的添加微生物一定不允许是基因工程产物，必须来自自然界；制取沼气肥时要严格密闭，添加适量水分进行发酵，注意调好温度与碳氮比，沼渣经无害化处理后方可施用；种植绿肥一般都在花期翻入土壤，翻压深度10～20厘米，每667米^{2}翻压1 000～1 500千克，可根据绿肥的分解速度，确定翻压时间，也可进行堆肥；矿物源肥料中的重金属含量应符合有机农业的标准，且施用时要注意避免元素间的影响、制约及拮抗关系。

（五）有机山药病虫草害防治技术

由于有机山药在生产过程中禁止使用所有化学合成的农药、化肥、生长调节剂等物质，也不允许使用基因工程获得的生物及其产物，所以病虫草害的防治是有机山药种植中的重点和难点，要坚持“预防为主，防治结合”的原则，遵守农业行业标准《有机食品技术规范》，通过抗病、抗虫品种选用，高温消毒，合理的肥水管理，轮作及多样化间作套种，保护天敌利用等农业、物理与生物防治措施，综合防治病虫草害。

有机山药的其他田间管理与普通山药栽培技术相同，可参考本书的第三章至第八章有关内容。

第十一章 山药良种选育

一、选育目标

山药栽培有它的特殊性，农家制种仍然是现在山药生产的主流，因此农户有必要掌握其关键技术。山药一般为雌雄异株，种子多具不稔性，有些品种还不易开花，搞杂交育种十分困难，因此多年来制种工作都集中于山药良种的收集和筛选上。如今我国已筛选出一批产量高、品质好、抗逆性强、适于多种加工的优良山药品系，如长山药中的农大短山药、农大长山药、太谷山药、孝义梧桐山药、汾阳山药、牛腿山药、双胞无架山药、群峰山药和淮山药等。总的来说，山药良种的选育大致有 3 项目标。

（一）适应环境能力强

优良山药品系，应具有高适应力和高稳定性，适合生长的环境范围较宽，对不良环境的敏感度较低，并能维持一定的生育表现。在比较合适的环境条件下，各项生育性状及产量均有较好表现。

（二）能够高产稳产

优良山药品系，不但要求能获得较高的产量，而且应该具有比较稳定的产量，受环境条件的影响较小。这就要求山药品系不但抗逆性强，而且品系应不易退化，遗传性稳定，更新复壮的周期较长。

（三）适合多种加工需要

从国内外食用山药的发展趋势来看，山药直接食用的比例正在不断下降，越来越多的山药被用来进行深加工，从而获得各种中药制剂、化工原料和保健食品。所以，需要筛选不同品质的山药品系，根据山药块茎的不同色度和黏度以及微量元素含量等，定向选出适合不同加工需要的优良山药品系。

二、选育方法

（一）品种选育试验

山药良种选育，离不开品种选育试验。品种选育试验，包括品系观察试验、品系产量比较试验及区域试验。

1. 品系观察试验　将各处收集来的山药种薯，栽培于试验地中。试验设计采用随机区组为好，至少要进行3次重复。小区面积不小于4米^2，行距保持在1～1.2米，株距在30～35厘米。在各个小区间设立标牌，注明山药种薯的名称、编号、试验地点等有关内容。试验地中的肥力、光照、供水排水、防风等条件应该保持均衡，否则易使品系观察出现偏差，妨碍得出正确结论。

山药品系观察试验的主要数据包括：山药株高、分蘖数、节数、茎叶干重、单株块茎鲜重及干重、667米^{2}产量等。其中，株高、分蘖数、节数等应定期观察，以获得整个生育期的动态数据。在试验中，各品种山药的生育期要求一致，如统一观察7个月（从出苗开始）等。

2. 品系产量比较试验　试验设计以随机区组为宜。小区面积保持在4米^{2}左右，至少进行4次重复。行距为1～1.2米，株距为30

厘米左右。在各个小区挂牌标明各山药品系。试验地中的肥力保持中等偏上水平，其余试验条件也应尽量一致。品系产量比较试验应在同一地点连续进行 3～5 年。

该项试验需要获得的主要数据包括：山药地上部茎叶的干重、株高、分蘖数、节数，地下部单株块茎的长度及鲜重、干重、667 米^2 产量，气生块茎（零余子）的数量、大小、个体平均干重与鲜重、667 米^2 产量。数据可用方差分析，比较不同山药品系的产量差异。

3. 区域试验　一个地区的山药良种引种到另一个地区，其生育表现会有不同程度的差异，因而需要用区域试验来验证。这是山药异地引种的重要前提条件，否则会由于盲目引种，造成大面积减产。区域试验地块的选择，应有较好的代表性。

区域试验一般采用随机区组设计，进行 4 次重复。小区面积以 12～15 米^2 为宜，行株距一般为 100 厘米×30 厘米。区域试验需要获得的主要数据应有：山药株高、分蘖数、植株茎叶鲜重及干重、单株块茎的长度及直径、单株块茎的鲜重和干重、单一气生块茎（零余子）的鲜重和干重、单株气生块茎的数量，以及 667 米^2 产量。区域试验应连续做 3 年以上，从中筛选出适合不同地域的山药良种。

（二）栽培试验及品质分析

1. 肥料种类及用量试验　主要进行氮肥、磷肥、钾肥的使用试验。试验设计以随机区组为宜，进行 3 次重复。小区面积不小于 12 米^2，行株距为 100 厘米×30 厘米。同时，还应进行施用有机肥的对照试验。通过试验，应搞清不同山药品系，对不同肥料种类及用量的基本需求。

2. 行距与株距试验　通过试验，确定每种山药最适合的行距和株距。一般将行距设计为80厘米、100厘米、120厘米3种处理；株距设计为20厘米、25厘米、30厘米3种处理，每个小区设计为24米^2，要求进行3次重复。

3. 种植期试验　山药播种期（或种植期）试验，一般设计为4月、5月、6月3个种植期，南方地区可设计为2月、3月、4月、5月、6月5个种植期。要求随机区组设计，进行3次重复。一般小区面积为12～24米^2，行株距为100厘米×30厘米。种植期试验一般要进行2～3年，在第二年和第三年可将种植期的时间间隔缩短至10～15天，例如可进行4月1日、4月10日、4月20日、4月30日4个种植期处理，进一步研究适合山药生长的准确植期。在前述几种山药品系选种试验的基础上，通过种植期试验筛选出山药良种，进一步确定其在特定生产地域的最佳生长日期。

4. 块茎贮藏试验　山药块茎的贮藏试验，主要是要搞清适合不同山药品种贮藏的外界温度和空气相对湿度。试验设计要求进行3次重复，一般将温度的试验处理设计得较多，每个处理所含块茎数量应不少于5个。普通山药的温度处理可按0℃、3℃、6℃、9℃、12℃设计，空气相对湿度处理可按60%、70%、80%设计。

5. 品质分析　主要是分析山药块茎和零余子的成分，个别品系也对茎叶进行成分分析。在一般成分分析中，对水分以普通常压干燥法定量；对脂肪以石油醚萃取法，求得粗脂肪数值；对粗蛋白质通过分解、蒸馏及滴定等步骤，测定出总氮量，乘以系数6.25，再换算成蛋白质含量；对粗纤维通过弱酸、弱碱及酒精处理后，再经灰化后失去的质量即是粗纤维量；对灰分先将样品在600℃条件下灰化，去除有机物，留下的绝大部分无机物就是灰分；对矿质元素含量的测定，要先将样品用三酸混合液（硝酸：高氯酸：硫酸=4：1：1）浸提并加热分解，或加入1摩尔盐酸静置24小时后过滤，并定容至50毫升，然后以火焰光度计分析K（钾）含量，以原子吸收分光光度计测定 Ca（钙）、Mg（镁）、Fe（铁）、Mn（锰）、Cu（铜）、Zn（锌）以及 Pb（铅）、Cd（镉）、As（砷）的含量；对氨基酸的测定，要先将块茎洗净、去皮、烘干、研粉，并经水解、过滤，稀释成 1 毫升，而后从中取 5 微升注入氨基酸自动分析仪分析，把所得数据与定量标准品比较，即可获得氨基酸组成及含量；对山药块茎的黏度分析，可用 100 克去皮山药块茎加入 3.5 倍水后，用果汁机打汁 1 分钟，利用黏度计测定，在 10 分钟后计算相关值，即可获得黏度数值；对山药块茎的色度，可用色差仪测定。以上所有分析的样品，均从各处理中随机取样，经 3～4 次重复，取平均值作为最后数据。同时，还要进行方差分析和显著性检验。

当前的问题是，山药从品质大类上仅分为药用型、菜用型和菜药兼用型。各地不同品种的山药，在当地特定的自然环境条件下，经过数十年、数百年甚至更长时间的自然生长或人工栽培，各自形成了独有的特点，有的最适合药用（如野山药），有的更适合菜用（如沛县水山药），也有的菜药兼用均很适宜（如农大短山药、农大长山药、怀山药、太谷山药）。因此，如果仅用一个入药标准去衡量山药的品质，势必以偏概全，造成大量菜用型和菜药兼用型优良品种的遗漏。因为这些品种既然拥有了普通蔬菜的用途，那么在入药的有效成分（主要是植物次生代谢产物）数量上会或多或少地受到一些影响，而在常规营养价值方面（淀粉、蛋白质、纤维素、矿质元素和各类维生素的含量）则各有其特点。中国农业大学山药课题组利用 HPLC（高效液相色谱法）指纹图谱技术建立了一套评价各类山药的品质技术体系，在这一问题的研究上取得了初步的成果（图 76）。

指纹图谱虽然包括光谱法、色谱法、X 衍射法、分子生物学方法等，但又以色谱法中的 HPLC 分离效果好、紫外检测灵敏度高、定量精密度高，组分收集容易，最适合绘制指纹图谱。采用指纹图

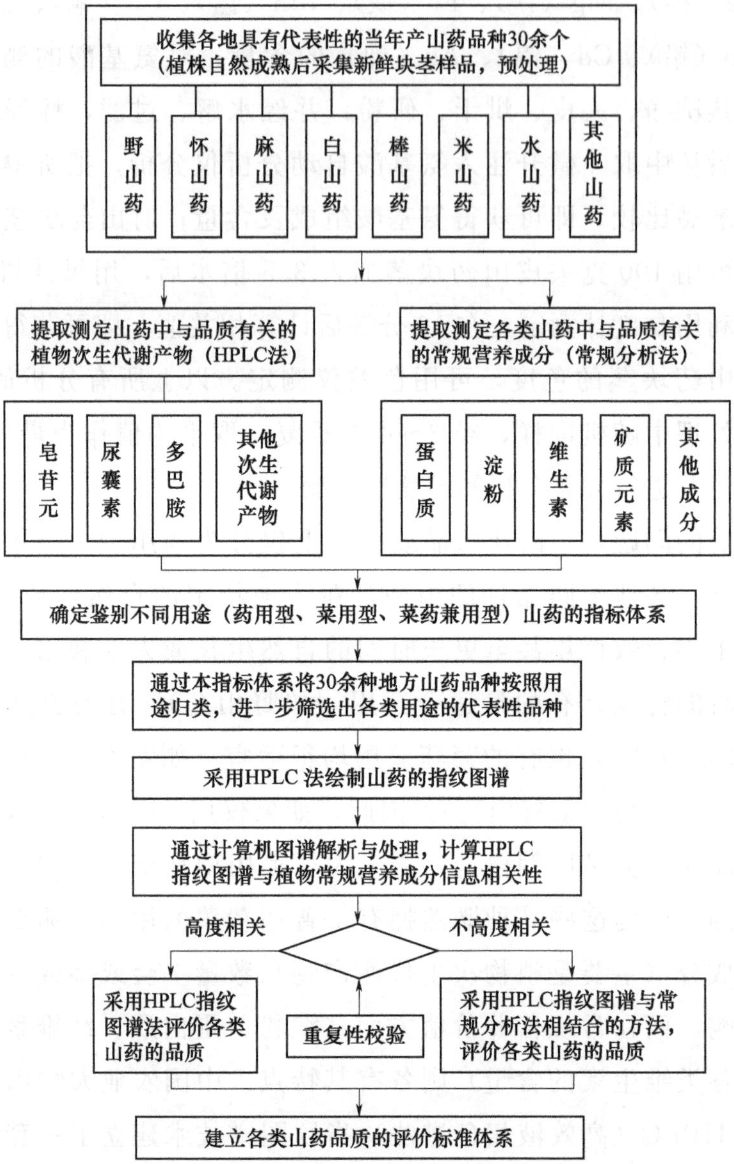

图 76　HPLC 指纹图谱评价山药品质体系技术路线图

谱评价山药品质的优势在于，没有必要搞清楚山药内含的全体化学成分，它反映的不是单一化学成分（结构）的信息，而是植物体内各种化学成分的整体信息，是一个多变量多指标的复杂体系，只要求图谱具有“指纹特征”，即专属、稳定、实用。故将其视为灰色系统或模糊系统。在 HPLC 指纹图谱中，只要确定一定数量的特征峰，即可绘制该种山药的指纹图谱。将该指纹图谱与本种山药的标准指纹图谱进行对照，即可了解所测试的山药是否达到规定品质标准。

需要指出的是，仅仅从大的用途（菜用、药用、菜药兼用）方面确立山药的品质标准，是远远不够的。因为山药的一些地方品种，虽然在与全国别的同用途品种相比时不占优势，但从品种多样性的观点来看，这些地方山药普通品种与引进新品种相比，在当地栽培历史更悠久，最具有当地风土特点，生长发育和特征特性与本地区的气候、土壤条件和耕作制度相适应，对一些不利因素具有较强的抗性，甚至对某些病虫害有天然抗性。这些品种的存在有其现实意义，而且其口味通常更适合当地消费者多年养成的消费习惯，所以不能简单地予以淘汰，并在一定时期和范围内仍然有着不可替代性。因此，也应该确定该品种的品质优级标准，指导该品种在当地的科学栽培和加工，避免同一品种山药在不同的栽培管理条件下产生较大的品质差异。

（三）病虫害调查及防治试验

山药病虫害调查及防治试验方法，以最易感染的炭疽病为例说明如下。

1. 病害概述

（1）普通名　炭疽病（Anthracnose）

（2）寄主　山药各品系

（3）危害性　本病为各山药品系最易感染的病害，严重年份发病率可达 100%。植株患病越早，对产量影响越严重。早期感染此病，可致全株枯萎死亡，造成绝收。

本病于每年4月山药开始萌芽时发生，并随植株生长而逐渐增加发病率，采收前达到最高峰。

（4）地理分布　各山药产区。

（5）症状　蔓的表面形成不规则黑褐色斑点，并沿蔓的纵轴方向扩大，顶梢受害可使生长停止，导致全株焦枯死亡。叶面初呈圆形或不规则褐色病斑，并随叶片的生长日渐扩大。典型病斑为黑褐色，中央呈灰白色，有些病斑周缘有黄色晕环。

2. 病原菌

（1）学名　胶孢炭疽菌（*Colletotrichum gloeosporioides*）

（2）形态　本菌的分生孢子产于孢子盘上，孢子盘上有刚毛；分生孢子呈短杆状，两端呈钝圆形。本菌未发现有性世代的子囊孢子。

3. 调查及防治试验方法

① 病株取样　从每块山药田随机选定10个点，在每个点中每平方米的范围内，任意选取50个叶片计算发病度，并检验病原菌种类和形态。

② 发病度标准　发病度标准以发病指数表示。每片山药叶的病斑数表示如下：0代表无病斑，1代表1～5个病斑，2代表6～10个病斑，3代表11～30个病斑，4代表31～60个病斑，5代表61个以上病斑。

③ 患病率的计算方法

$$\text{每个调查小区的患病率}=\frac{\sum(\text{发病指数}\times\text{该指数患病叶数})}{\text{全部调查叶数}\times 5}\times 100\%$$

每块山药田的患病率，以10个调查小区患病率的平均值表示。

④ 防治措施　首先，进行药剂筛选，查明各种备选药剂对山药炭疽病菌分生孢子的杀菌效果。其次，选出的药剂在大田实地喷施，进一步验证该药剂对山药炭疽病的防治效果。

三、良种繁育

经过选育获得的山药良种，需要采用正确的繁育技术保证种性不退化，然后进行大面积繁殖，以提供生产用种。因此，有必要建立分级繁育的制度，设置专门的山药留种田，逐步扩大繁殖，确保种薯的质量。当生产上发生品种退化时，要及时采用高质量的原种种薯加以更新，必要时也可以采用经过审定适合当地推广的山药新品种加以更换。

正规的山药种薯生产程序是：由原原种产生原种，再由原种产生良种。原原种是由育种工作人员直接生产和控制的质量最高的繁殖用种，原种是与原原种亲缘关系最近、质量仅次于原原种的繁殖用种；良种就是生产用种。由育种工作人员提供原原种，并实行严格的良种繁育程序，是提高种薯质量的重要保证。山药种薯生产程序如图 77 所示。

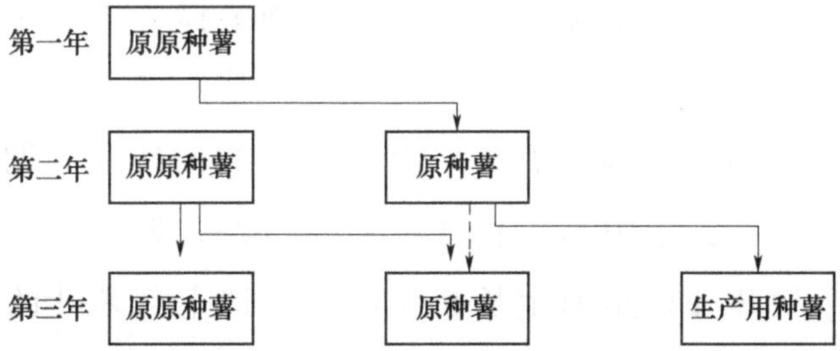

面积	1 000米^2	5 000米^2	50 000米^2
种薯用量	4 000株	20 000株	170万株
淘汰率	30%	25%	40%
实获种薯	2 800株	15 000株	102万株

图 77　山药种薯生产程序

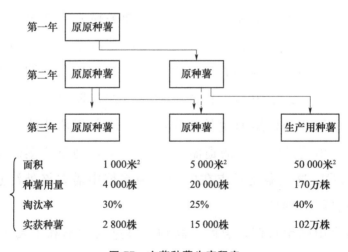

原原种薯由育种单位提供，可以防止“种出多门”造成的种薯杂乱。因为只有育种工作人员最熟悉原品种的特征特性，且育种技

术最好，育种单位的场地和设备条件也最优越，因而才有可能培育生产出高质量的原原种薯。原种薯的繁殖，应由各级原种场和授权的原种基地负责。原种薯的质量一般略低于原原种薯，其生产方法与注意事项与原原种薯相同。生产用种薯，也应由专业化的制种单位或有实力有条件的专业农户来生产繁殖。以下简要介绍一下山药良种繁育的生产要点。

（一）了解生长特性

总的来说，山药生长要求有温暖的气候，只有在无霜期才能生长。由于各地气候不同，山药的生长周期也不相同。生长期的长短对山药块茎的大小有着重要影响。作为采种栽培的山药，应尽量延长其生长期，以便获得较大的薯块，这有利于翌年扩大繁殖量和提高种薯质量。如果当地气候寒冷，无霜期较短，可考虑选择气候温暖、条件适宜的异地进行良种繁育。

山药发芽的适温为17～18℃。当年收获的山药必须经过冬季休眠，翌年春暖时才能萌芽。开春4月将种薯播入土壤中后，初期植株生长所需养分均由母薯供应。待山药出苗甩条、生长出茎叶，逐渐由新生茎叶和土壤提供养分，山药生长的前期和中期，以地上部茎叶生长为主。到了山药生长的中期和后期，地上部茎叶基本停止生长，地下块茎开始迅速生长膨大，同时地上部茎叶的养分不断向薯块转移。山药茎叶生长的适温为25～26℃，地下块茎的发育适温为22～23℃。这些温度要求在山药采种栽培中需要格外注意，否则难以获得良好的种薯。

在整个山药生长期，温度太高和干旱过久均不利于其生长发育。作为山药采种栽培，当地年降水量应为600～3 000毫米。雨量的多少与山药茎叶重成正比关系，与山药地下薯块重量亦成正比。山药对日照长短的感应与马铃薯相似，日照超过12小时有利于茎蔓及叶的生长，少于12小时的短日照环境则对块茎的形成及发育较为有利。山药采种栽培，以沙质壤土为佳，土壤酸碱度应接近中性。另外，采种栽培的山药应避免连作，否则会使土壤中的养分不平衡，病虫害严重，藤苗早枯，收获的种薯质量下降。山药采种栽培可与茄科、豆类、瓜类、芋头等作物轮作，效果较好。

（二）种薯栽种前需要催芽

山药采种栽培，需要进行种薯催芽。要挑选薯形良好、无病虫害的块茎，用消毒的不锈钢刀切块，每个切块的质量应达60～80克。切块须带有皮层，否则不能发生不定芽。切面上必须蘸上草木灰，以促进切面木栓化，防止病菌侵染造成腐烂。种薯切块后，经过日晒3～4小时，也可减少腐烂率。种薯切块后，可埋在湿沙里催芽。排列一层种薯铺一层湿沙，湿沙每层铺2～3厘米厚，最外层用薄膜覆盖好。待芽吐出1～2厘米时，即可栽种。

（三）注意栽后管理

山药采种栽培与普通栽培的管理大致相同。一般要求土壤为沙壤土，并要深耕耙碎，做高畦。深耕或挖沟的深度，随不同山药品系而异，但都必须具有满足山药块茎发育的空间。山药种田的灌水排水系统要力求完善。做畦后，可于畦中间开一小深沟（10厘米左右），施入基肥后（可每667米^{2}施入充分腐熟厩肥5 000千克）覆土4～5厘米，然后按事先定好的株距（20～30厘米）放入种薯，皮层面向下，再覆土3～5厘米厚，然后适量浇水。

山药在出苗后的3个月内，茎蔓生长迅速，这时要注意中耕除草和追肥。中耕除草的方法可参考山药常规栽培技术的有关内容。在山药采种栽培中，应该同时施用有机肥料与化肥，这样对收获种薯的质量有保证。每667米^{2}可追施有机肥料（如充分腐熟的厩肥）

100千克；另外，每667米^{2}增施硫酸铵30千克、过磷酸钙25千克、硫酸钾10千克。山药采种栽培，一般也须搭立支架。如果是种植新品种，也可不用支架，但株行距需相应扩大，株距40～50厘米，行距120～150厘米。山药采种栽培的病虫害防治，可参照山药常规栽培技术。山药种薯收获后，须贮存在阴凉通风的干燥处，以防止腐烂。若空气相对湿度高于80%，则种薯易发芽，难以贮存。

第十二章　山药试管繁殖技术

与传统的生产方式相比，试管繁殖（组织培养）具有以下优点：繁殖系数大，短期内即可满足大量需求；所需要的材料只是植株的一部分甚至不到1毫米就可获得大量的植株个体；在细胞及原生质体培养时，所需材料更少；组织培养的环境条件是人为控制的，10～40天就可以完成一个繁殖周期；每个周期中被繁殖材料的数量可以几何级数几倍、几十倍，甚至上百倍的增加。因此，虽然山药试管繁殖技术较难掌握（图78），但是该技术培育出的山药生长快，质量高，很有发展前途。

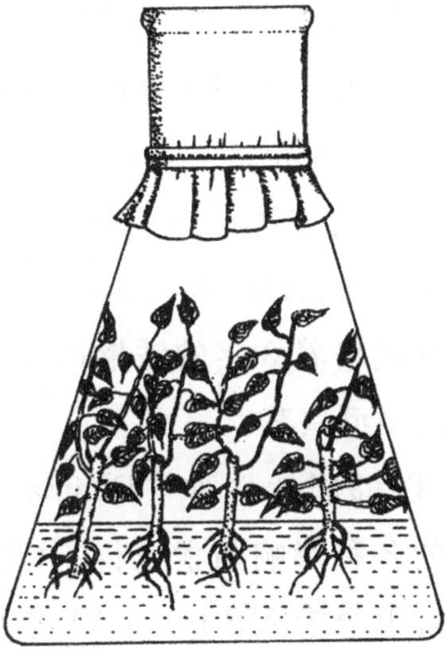

图78　山药试管苗生长情况

一、山药试管繁殖技术现状

（一）外植体的选择

山药试管繁殖常用的外植体有茎段、微型块茎（零余子）、叶片及茎尖。茎段培养主要用于快速繁殖、微型块茎及愈伤组织的诱导。蔡建荣等以早子山药零余子长出的茎段为外植体，在MS＋0.2～2毫克/升6-BA（6-苄氨基腺嘌呤）＋0.2～1毫克/升NAA（萘乙酸）的培养基培养出多芽体，平均芽数2～4个，将多芽体转入诱导生根快繁培养基MS＋0.2～2毫克/升6-BA＋0.2～1毫克/升NAA中，形成了生长健壮、叶色浓绿，生活力较强的再生植株。李明军等以继代3年的无菌苗的带节茎段为外植体，也培育出再生植株。

李明军等通过研究发现，在相同的培养条件下，无芽茎段有利于愈伤组织的形成，最佳的激素组合为MS＋1毫克/升6-BA＋0.5毫克/升NAA；带芽茎段有利于多芽体的形成，在1～2毫克/升6-BA＋0.1毫克/升NAA的培养基上，能形成3～5个芽的多芽体，通过带芽茎段形成多芽体的方法可以在短时间内繁殖出大量的试管苗，为怀山药优良品种的迅速推广种植提供了一条较为实用的途径。此外，李明军等还以继代培养3年的铁棍山药的试管苗的带叶茎段为外植体，直接培养出微型块茎。

Shin Jong Hee等以韩国栽培种“Danma”的带节茎段为外植体，对再生植株形成的各种影响因素进行了研究，结果显示，诱导多芽体形成的最佳激素组合为MS＋0.5～1毫克/升6-BA＋1毫克/升NAA；Noboru Inagaki等取栽培种“Yamatoimo”的带芽茎段，将其接种于MS培养基中，诱导形成微型块茎，并对外植体的长度、各种激素的使用及培养基的浓度对微型块茎形成的影响进行了研究。

山药微型块茎称为零余子，形态学上称珠芽。微型块茎培养主要用于山药愈伤组织的诱导及山药的快速繁殖。李明军等以零余子为外植体，筛选出最适脱分化培养基 MS+2 毫克/升 6-BA+2 毫克/升 NAA，再分化培养基 1 毫克/升 6-BA+1 毫克/升 NAA 和生根培养基 MS+2 毫克/升 KT（激动素）+0.02 毫克/升 NAA+0.1 毫克/升 PP333，并得到生长健壮的植株。移壮苗到装有河沙或珍珠岩的营养钵或穴盘中培养，成活率可达 90%以上。将成活的苗移入大田后生长健壮，对环境具有较好的适应性。

于倩等以铁棍山药等微型块茎为外植体，对愈伤组织的诱导形成及高频率再生进行了研究，发现形成愈伤组织的条件以暗培养，MS+2 毫克/升 6-BA+2 毫克/升 NAA 培养基的效果较好；愈伤组织再分化成苗的条件以光培养，MS+2 毫克/升 6-BA+0.5 毫克/升 NAA 培养基的效果为佳。Matsubara 等以栽培种“Tsukeneimo”的叶片作为外植体于 MS 培养基中培养，结果仅有 2.4%出芽，9%生根；而 Hiroyuki 等以“Yamatoimo”的幼叶为外植体，获得大量多芽体，形成植株苗，并培养出微型块茎。郭君丽等以怀山药叶片为外植体进行培养，结果表明，在各种光质下，NAA 浓度为 2 毫克/升时，怀山药叶片愈伤组织形成的时间最早；NAA 浓度为 2 毫克/升或 4 毫克/升时，痊愈率最高。

汪国莲等取淮山药成熟零余子，在室内催芽生长，剥取嫩茎茎尖（0.1～0.5 毫米），置于茎尖诱导培养基中培养，经过芽的诱导，生根培养获得长势良好的再生苗；Matsubara 等取“Tsukeneimo”茎尖培养于 MS+1 毫克/升 NAA+1 毫克/升 6-BA 中，得到愈伤组织，于 MS+0.1 毫克/升 NAA+0.1 毫克/升 6-BA 培养基中，有根、芽生成，平均每个外植体可诱导生成 6.3 个植株。

Araki 等以“Nagaimo”茎尖为外植体，研究了生长素、细胞激动素及氮含量对其培养结果的影响，结果显示：低水平氮有利于幼茎的形成，低含量NAA与1～2毫克/升6-BA的组合利于愈伤组织的形成，以MS＋0.01～0.1毫克/升6-BA＋0.01～0.1毫克/升NAA培养基进行愈伤组织的继代培养，能获得大量再生植株。Shin Jong Hee等以“Jangma”“Danma”“Dunggunma”三个品种为材料，取其茎尖，分别置于三种不同激素配比的培养基中，MS＋0.2毫克/升6-BA＋0.2毫克/升KT，MS＋0.2毫克/升KT＋0.01毫克/升NAA，MS＋0.2毫克/升6-BA。结果显示，三种培养基对芽的诱导有相同的效果；低盐不利于幼茎的伸长，但对于芽的诱导并无影响。

（二）培养条件的影响

迄今为止，在大部分关于山药组织培养的报道中，多数使用固体MS培养基，使用其他培养方式的鲜有报道：Sauer等建立了原生质体培养；Nagasawa等以茎段为外植体，诱导形成胚性愈伤组织，将其置于悬浮培养体系中诱导形成胚，而后形成再生植株。关于MS培养基，各种培养条件对愈伤组织、根及微型块茎诱导的影响概括如下。

1. 生长素与细胞分裂素的影响　大量的试验结果表明，在愈伤组织诱导过程中，没有使用或单独使用一种植物激素的培养基上，无论是在光下还是在暗处都不能诱导愈伤组织的形成。而细胞分裂素和生长素二者配合使用则可诱导形成愈伤组织，植物激素种类、浓度和配比不同，痊愈率也不同。这说明植物激素按一定比例进行组合是诱导愈伤组织形成的关键因子。李明军等以太谷山药零余子为外植体，分别在光暗条件下培养，结果显示，无论是在光下还是在暗处，都以1毫克/升NAA＋2毫克/升KT为最佳激素浓度配比；以铁棍山药叶片为外植体，以2毫克/升6-BA＋2毫克/升NAA为最佳激素浓度配比。

不同基因型山药，其适合的诱导愈伤组织形成的激素不同，于倩等以微型块茎为外植体，发现光培养下诱导铁棍山药形成愈伤组织，6-BA 的效果优于 KT，47 号山药则相反，KT 的效果优于 6-BA。代西梅等通过试验证明，铁棍山药零余子进行离体培养脱分化时需要较高浓度的生长素，而再分化出芽状体时则需要相对较高浓度的细胞分裂素。其诱导脱分化的最佳的激素组合为 2 毫克/升 6-BA＋2～4 毫克/升 NAA；诱导愈伤组织再分化的最佳激素组合为 2 毫克/升 6-BA＋0.5 毫克/升 NAA。

李明军等就不同生长调节剂对怀山药试管苗生长发育的影响进行了系统的研究，发现就诱导怀山药生根而言，0.1～0.5 毫克/升 NAA 和 0.1～2 毫克/升 IBA（吲哚丁酸）有利于生根，且 NAA 的诱导效应是 IBA 的 4～5 倍。NAA 和 IBA 是人工合成的生长素类物质，它们不仅能调节植物的营养生长，还能调节其贮存器官的生长。因此，可通过向培养基中加入这类物质来诱导出更多更大的微型块茎。李明军等通过试验证明，培养基中加入这类物质确实能诱导出比对照多且大的微型块茎。

2. 多效唑及赤霉素的影响　李明军等对怀山药带芽茎段和无芽茎段的离体培养研究结果表明，多效唑和赤霉素在愈伤组织的诱导和多芽体的形成过程中表现出了截然相反的作用效应，在愈伤组织的诱导中，多效唑抑制愈伤组织的形成，而赤霉素则促进愈伤组织的形成；在多芽体的形成过程中，多效唑促使多芽体中芽的数目增多，而赤霉素则使多芽体中芽的数目减少。对于赤霉素抑制芽的形成与生长，Shin Jong Hee 等在以韩国栽培种“Danma”的带节茎段为外植体，对再生植株形成的各种影响因素进行研究时，也得到同样的结果。

李明军等研究发现，当多效唑的浓度为 0.1 毫克/升时所诱导的微型块茎形成率较 0.01 毫克/升、0.05 毫克/升和 0.5 毫克/升的高，平均每个结微型块茎株所形成的微型块茎少且大。这说明适当浓度的多效唑有利于微型块茎的诱导，浓度过高或过低效果都不好。Shin Jong Hee 等发现，赤霉素的使用也有利于微型块茎的诱导形成。

李明军等通过试验发现，作为植物生长延缓剂的多效唑在试管苗的前期生长阶段主要促进根系生长；在后期生长中，老叶枯死，新叶倍增，从而使植株矮化，节间缩短，株型紧凑。同时，随着多效唑浓度的升高，其抑制作用更加明显。在2毫克/升或4毫克/升多效唑的培养基上，其形成的根粗短健壮，地上部分生长也较为旺盛，叶色浓绿，株型紧凑且有较多的腋芽。从培养壮苗的角度来看，2毫克/升或4毫克/升多效唑是较理想的培养基。

3. 蔗糖浓度的影响　李明军等以铁棍山药无芽茎段为外植体培养，在6-BA浓度一定的情况下，随着蔗糖浓度的提高，无芽茎段的痊愈率增加，表明蔗糖浓度的提高有利于愈伤组织的诱导；同时还发现当6-BA浓度为8毫克/升时，随着蔗糖浓度的提高，单芽数也逐渐增加，当蔗糖浓度为3%、6%、8%时，茎段上平均形成的单芽数分别为2、3、4，表明蔗糖浓度的提高也有促进多芽体形成的作用。

4. 光暗条件的影响　代西梅等对铁棍山药零余子进行离体培养时发现，光照培养的愈伤组织发生时间比暗培养要晚2～3天，且生长量要小一些，说明光对愈伤组织的发生起抑制作用。由光培养形成的愈伤组织，其芽状体出现时间要比暗培养形成的早5天，分化率高11%，这说明适当光照对愈伤组织的再分化是有利的。因此，诱导愈伤可在暗培养下进行，需再分化时，先转移到光培养下培养几天后，再转到分化培养基上让其再分化，效果较好。但是，对于不同的外植体，其在光暗条件下愈伤组织的诱导情况是不同的。李明军等研究发现，在暗处有利于零余子的诱导，而在光下，则有利于叶片的诱导。对零余子和叶片来说，光下褐化严重，而在暗处则褐化较轻或无褐化。

郭君丽等还就不同光质对愈伤组织中的可溶性蛋白质含量和过氧化物酶（POD）活性的影响进行了研究，结果显示，蓝光下可溶性蛋白质含量最高，平均值为 1.87 毫克/克鲜重；而黑暗下最低平均为 0.844 毫克/克鲜重。这一结果表明，蓝光对怀山药叶片愈伤组织中可溶性蛋白质的形成有促进作用。黄光下的过氧化物酶活性较高，显著高于其他 5 种光质，说明黄光有利于促进怀山药叶片愈伤组织中的过氧化物酶活性。

（三）中国农业大学山药课题组的研究结果

为建立山药再生体系，中国农业大学山药课题组以汾阳山药零余子及农大长山药 1 号茎段为试材，通过对不同外植体的培养，探讨了以茎段为外植体经愈伤途径建立植株再生体系，以零余子为外植体经愈伤途径、PLB（类原球茎）类似结构途径建立植株再生体系，并对再生植株的遗传稳定性进行 RAPD（随机扩增多态性 DNA 标记）及 ISSR（简单序列重复区间）检测（表 5 至表 9）。研究结果如下。

以山药品种农大长山药 1 号茎段为外植体，接种在添加不同浓度植物生长调节剂组合的 MS 培养基中，结果表明，山药茎段在适宜条件下能诱导产生两种形态的愈伤组织。其中，Ⅰ型愈伤诱导率可达到 100%，但其分化率较低，最高只能达到 20.9%。与此不同的是，Ⅱ型愈伤诱导率相对较低，仅为 26.7%，但其不定芽分化能力较强，在愈伤组织不被切割的情况下可达到 100%。Ⅰ型愈伤与Ⅱ型愈伤对光暗条件的要求也有所不同，Ⅰ型愈伤在光培养条件下能达到其诱导率的最高值 100%，而对Ⅱ型愈伤而言，暗培养更有利于其诱导产生（表 5 至表 7）。

表5　植物生长调节剂对山药茎段愈伤组织诱导的影响

编号	植物生长调节剂组合及浓度/（毫克/升）	6-BA	外植体数	愈伤诱导率/%	
	NAA			Ⅰ型愈伤	Ⅱ型愈伤
1	1.0	0.2	30	56.7cd	0b
2	2.0	0.2	30	56.7cd	0b
3	3.0	0.2	30	53.3d	0b
4	1.0	0.5	30	60.0cd	0b
5	2.0	0.5	30	56.7cd	10.0a
6	3.0	0.5	30	60.0cd	0b
7	1.0	2.0	30	100a	0b
8	2.0	2.0	30	100a	6.7a
9	3.0	2.0	30	80.0b	0b
10	1.0	3.0	30	73.3bc	0b
11	2.0	3.0	30	80.0b	0b
12	3.0	3.0	30	76.7b	0b

注：表中同列数据后不同小写字母表示差异显著（$P<0.05$），下表同。

表6　暗培养对Ⅱ型愈伤组织诱导的影响

编号	暗培养天数/天	接种数	Ⅱ型愈伤诱导率/%
1	0	30	10.0b
2	15	30	6.7b
3	30	30	16.7ab
4	45	30	26.7a
5	60	30	16.7ab

表7　植物生长调节剂对Ⅰ型愈伤不定芽分化的影响

编号	植物生长调节剂组合及浓度/（毫克/升）		外植体数	分化率/%
	6-BA	NAA		
1	1.0	0.01	24	0c
2	2.0	0.01	24	8.3abc
3	3.0	0.01	24	16.7ab

续表

编号	植物生长调节剂组合及浓度/（毫克/升）		外植体数	分化率/%
	6-BA	NAA		
4	1.0	0.10	24	4.2bc
5	2.0	0.10	24	20.9a
6	3.0	0.10	24	16.7ab
7	1.0	0.50	24	0c
8	2.0	0.50	24	0c
9	3.0	0.50	24	0c
10	1.0	1.00	24	0c
11	2.0	1.00	24	0c
12	3.0	1.00	24	0c

在以零余子为外植体的试验中，通过不同植物生长调节剂的添加，观察发现两种截然不同的再生方式。其中，NAA 与 6-BA 的组合利于器官发生途径的形成，虽然其愈伤诱导率可达到 100%，但不定芽分化较困难，试验中其分化率仅能达到 26.7%；以零余子为外植体的另一再生途径是 PLB 类似结构的诱导，此种再生方式在山药上尚无人报道。以 TDZ（噻苯隆）为诱导剂诱导发生的 PLB 类似结构极易萌发，每一个 PLB 类似结构都可以萌发形成一棵完整植株，且平均每块外植体最高可诱导产生 6.4 个 PLB 类似结构。由此看来，作为一种新的再生途径，其再生效率远高于原有的单块外植体只能诱导产生一棵苗的情形。但本试验中 PLB 类似结构的诱导率较低，仅为 32.7%（表 8 和表 9）。

表 8　植物生长调节剂对山药零余子不定芽分化的影响

编号	植物生长调节剂浓度/（毫克/升）		外植体数	不定芽分化率/%
	6-BA	NAA		
1	1.0	0.05	15	0b
2	2.0	0.05	15	6.7b
3	3.0	0.05	15	13.3ab

续表

编号	植物生长调节剂浓度/（毫克/升）		外植体数	不定芽分化率/%
	6-BA	NAA		
4	1.0	0.2	15	0b
5	2.0	0.2	15	13.3ab
6	3.0	0.2	15	26.7a
7	1.0	1.0	15	0b
8	2.0	1.0	15	0b
9	3.0	1.0	15	6.7b

表9　不同TDZ浓度对PLB类似结构诱导的影响

TDZ浓度	PLB类似结构诱导率/%	单个外植体诱导PLB类似结构个数
0	0.0d	0
0.1	4.2cd	3.5
0.2	10.4bc	4.8
0.5	32.7a	5.4
1.0	16.5b	6.4
2.0	6.1cd	5.0

本试验还对这一新的再生途径的再生苗进行了遗传稳定性分析，通过RAPD及ISSR分子检测均发现，此种再生方式较稳定，其再生苗植株和母本间基本没有差异。

二、山药试管培养基的配制

山药试管繁殖能否成功，选择适合的培养基是一个重要因素。培养基的种类和成分，直接影响到山药试管苗的生长。目前，采用的山药培养基，绝大多数是在MS培养基的基础上调制而成的。

（一）山药培养基的成分

使用效果较好的山药茎、叶培养基，其成分是：MS培养基＋

0.3 毫克/升 NAA+3 毫克/升 6-BA+0.5%活性炭。山药生根培养基的成分是：MS 培养基+0.2 毫克/升 NAA+0.5%活性炭。

目前，还有几种山药茎、叶培养基，也用得较多。它们分别是：

① 1/2 MS 培养基+1 毫克/升 KT+0.5 毫克/升 6-BA+1.5 毫克/升 IBA。

② MS 培养基+2 毫克/升 KT+1 毫克/升 IBA。

③ MS 培养基+2 毫克/升 KT。

④ 1/2 MS 培养基+1 毫克/升 KT+1.5 毫克/升 IBA。

（二）山药培养基的配制方法

1. 母液的配制与保存　为了减少工作量，便于低温贮存，一般要先配出比培养基浓度高 10～100 倍的母液。在配制母液时，要防止产生沉淀，因此在各种药品充分溶解后才能混合。同时，在混合时要注意先后次序，把钙离子（Ca^{2+}）、锰离子（Mn^{2+}）、钡离子（Ba^{2+}）、硫酸根（SO_4^{2-}）、磷酸根（PO_4^{3-}）错开，以免互相结合生成硫酸钙、硫酸钡、磷酸钙或磷酸锰而形成沉淀。在混合各种无机盐时，其稀释度要大，缓慢混合，边混合边搅拌。配制母液时，要用重蒸馏水等纯度较高的水。药品至少应用化学纯（CP）等级，以免带有杂质，防止对培养基造成不利影响。药品的称量及定容都要准确，称量不同的化学药品需使用不同的角匙，避免药品的交叉与混杂。

配制好的母液瓶上应分别贴上标签，注明母液号、配制倍数、日期及配 1 升培养基时所取的量。母液最好放在 2～4℃的冰箱中贮存，最好在 1 个月内用完，如发现有霉菌和沉淀物就不宜再使用。有些药品不溶于水，可以通过加热和不断搅拌使其溶解。对 NAA、IBA、IAA、GA_3、ZT（玉米素）、2,4-D 等生长素，可先用少量

95%酒精溶解，然后加水，如果溶解仍不完全，可再加热溶解。对KT和6-BA，可溶于少量1摩/升的盐酸中，再加水定容。为便于操作，对生长调节物质也可先配成原液，在配制培养基时按需要量采取并稀释即可。

2. 培养基的配制程序　配制培养基时，预先要做好准备工作。先将母液按顺序排好，把所需的各种玻璃器皿、量筒、烧杯、吸管、漏斗等放在合适的位置，称好琼脂、蔗糖，配好所需的生长调节物质，并备足重蒸馏水（或去离子水）、棉塞、包纸、橡皮筋等。然后，在烧杯或量筒内放一定量的水，以免加入药液时溅出。接着，按母液顺序量取规定的量，加入所需的生长调节物质，倒入已融化的琼脂中，再放入蔗糖，定容到所需体积。而后继续加温，不断搅拌，直至琼脂完全融化为止。山药培养基pH值一般要调整在6.5～6.8，可用1摩尔/升的盐酸或氢氧化钠来调节。

对配制好的培养基，要趁热（琼脂未凝固时）分装到准备接种用的三角瓶或试管中。分装时，可采用滴管法、虹吸法或漏斗直接分注法。分装时一定要掌握好装入量，一般以占三角瓶或试管容积的1/4～1/3为宜。分装时要防止培养基沾到管壁上，以免污染杂菌。分装后应立即在管口塞上棉塞或盖子，并做好标记。接着要认真进行灭菌。一般使用高压蒸汽灭菌锅，在120℃、1.1千克/厘米^{2}的条件下持续20分钟即可。使用灭菌锅前，要检查锅内是否有一定量的冷水。增压前，要将锅内的冷空气放尽，以使蒸汽均匀到达培养基的各部位。消毒时间和压力范围均不能超值，否则培养基容易变质、变色或不易凝固。灭菌结束后，切断电源，让锅内压力慢慢下降。当压力显示为0时，才可打开放气阀排气，然后打开锅盖取出培养基。由于IAA、ZT、IBA等遇热不稳定，可采用减压过滤装置灭菌后，再加入已经高压灭菌的培养基中。从灭菌锅取出培养基后，要让其凝固（三角瓶平正放置，试管斜面放置）。培养基凝固后，放到培养室中预培养 3 天，若没有发现污染，即可用于接种。暂时不用的培养基，可放在 10℃左右的恒温箱中保存。已含有生长调节物质的培养基，要在 5℃左右的低温条件下保存。培养基最多只可保存 1 个月，过期不可再用。

三、山药植株的接种

要选用无病、幼嫩的山药茎蔓作接种材料，这样容易成苗，而且不易丧失种性。接种用的山药茎蔓，要先切成长 1 厘米左右的小段，然后进行消毒处理。在消毒中，既要把接种材料上的病菌消灭，又不能损伤接种材料，影响其在培养基中的生长。因此，可选用漂白粉（5%～10%）、升汞（0.5%）、过氧化氢（3%～5%）、酒精（70%）等作消毒剂。漂白粉的杀菌效果较好，但应注意避光并干燥贮存；升汞消毒效果虽好，但有剧毒，消毒后要多次冲洗植株才能清除残余的汞。消毒时间随消毒剂不同而异，漂白粉（5%～10%）消毒时间一般控制在 10 分钟左右，升汞（0.5%）为 2 分钟，过氧化氢（3%～5%）为 10 分钟左右，酒精（70%）5～10 秒钟。

在接种时，不仅山药茎蔓要消毒，整个接种室及操作仪器均要消毒。目前，接种使用超净工作台的较多，但应放在洁净的屋内，窗户要密封。过滤膜要定期冲洗，以延长使用寿命。工作人员使用的工作服、口罩等，要定期高压灭菌。接种时，要用 70%的酒精擦洗双手，并杜绝谈话或咳嗽，否则易引发污染。整个接种工作应在近火焰处进行，先打开培养容器的瓶口，并使瓶口倾斜，瓶口低于瓶底，接种完毕立即盖好瓶口并封严。接种后，山药茎段在培养容器内的分布要均匀，以保证必要的营养面积和光照。要求山药茎段有一半左右（约 0.5 厘米）插入培养基中。

四、山药接种后的管理

（一）防止褐变

接种后的山药茎段很容易褐变，连带培养基也发生褐变。褐变的原因，主要是由于植物组织中的多酚氧化酶被激活，细胞中的代谢发生变化，酚类物质被氧化后产生醌类物质。这类物质大都呈棕褐色，会从植株逐渐扩散到培养基中，导致植株和培养基变褐，严重影响植株的生长和分化。在一般情况下，植株发生褐变后生长速度非常缓慢，失去了试管苗快速繁殖的意义。为防止山药茎段褐变，一般采用在培养基中加入活性炭的办法。加入0.1%～0.5%的活性炭，对吸附酚类物质的效果很明显。培养基中加入抗氧化剂（如维生素C），也有阻止褐变的作用。由于山药容易发生褐变，也可采用连续转移的方法，减轻或消除褐变。

（二）改善培养条件

对山药试管苗的培养，一般将温度控制在24℃左右为好，最低不低于16℃，最高不超过30℃。可采用恒温管理，也可采用昼夜变温管理。光照强度控制在5 000勒左右为好，采用太阳光照生长效果也不错。培养室内的空气相对湿度以控制在70%～80%为宜，过高易引起棉塞等长霉而增加污染率。

（三）继代培养的要求

山药试管苗在瓶内长满（未生根）时，就要转接培养基，进行继代培养。这样可在短期内得到大量的无根试管苗，经过生根处理后即可移栽。山药继代培养，多用固体培养基。要先对初代培养的山药苗进行分割、剪截，然后再转接到新鲜培养基上。继代培养的容器，一般要用比初代培养更大的三角烧瓶、广口瓶、大扁瓶等，以增加生长面积，加快繁殖速度。山药继代培养，一般不要超过4次，否则植株分化再生能力衰退，容易丧失种性，也不容易成活。

（四）试管苗的生根

山药试管苗经过继代培养后，可得到大量的无根幼苗，但要进一步转移诱导生根后，才能获得完整的山药幼苗。目前，山药试管苗可通过转移到生根培养基中生根，或直接在试管外生根。试管外生根，获得的山药幼苗适应性较强，移栽成活率较高。试管外生根，一般可将山药无根幼苗插入透气保温效果良好的生根基质中进行。可用泥炭与蛭石各半配成生根基质，也可用珍珠岩和泥炭各半配成生根基质。山药无根幼苗扦插完成后，要保持生根基质的温度在28℃左右，空气相对湿度为85%～90%，并用喷雾机喷施水雾，保持山药幼苗处于湿润状态。在喷施水雾的同时，可定期插喷生根剂。生根剂由生根效果好的植物生长调节物质配成，可选用0.2毫克/升NAA。生根剂可混入水雾中同时喷施，但浓度要进一步降低。一般经喷雾处理3～4周后，山药苗可长出完整的根系。然后，可停止喷雾，但要在山药苗上方罩上透明薄膜，四周封严，保持山药苗生长所需的湿润小气候条件。经2～3周后即可揭膜，再将山药苗放在温室内培养1～2周，然后即可将生长健壮的山药苗移至大田栽培。

（五）试管苗的移栽

山药试管苗的移栽是最后一个关键环节。山药幼苗从无菌、光温恒定、湿度饱和的培养条件下，转移到有菌、生长条件不稳定的自然环境下，这一过程的变化很剧烈，如果管理稍有疏忽，移栽就会失败。在移栽中，控制湿度是最重要的技术，一定要使山药苗从空气湿度饱和的环境中逐渐向空气湿度较低的大田环境平稳过渡，确保5厘米厚的表土层呈湿润状态。同时，温度的变化也要缓慢过渡，地温应该稳定在15℃以上。定植5天之内的管理尤其关键，一定要确保适宜的温、光、湿条件，避免恶劣天气的影响。定植5天后，山药苗基本度过缓苗期，开始生根、长叶、发条，这时要注意保持充足的肥水供应。在定植5～10天期间，应在每天中午向山药幼苗喷水，防止干萎。

五、降低生产成本的措施

目前，山药试管苗培养技术仍处在实验室阶段，成本较高是制约其大面积推广的重要原因之一。为此，在保证成活率的前提下，可采用以下措施降低山药试管苗的生产成本，为大面积推广创造条件。

首先，要尽量节省水电费开支。一般情况下，山药试管苗生产的水电开支，要占生产成本的1/3～1/2。因此，应尽量采用自然光照保温，试用自来水、泉水、井水代替重蒸馏水或去离子水配制培养基，采用常压蒸汽消毒等措施千方百计节省水电费。

其次，要尽量减少物资消耗。培养瓶可用果酱瓶或罐头瓶代替，简化山药培养基的配方，使用质量合格的价廉药品，努力从各方面降低生产成本。

第十三章　山药病虫害防治

近年来，山药病虫害有加重的趋势，而且还不断出现新的病虫害。因此，山药病虫害的防治，已成为发展山药生产的重要问题。为了有效地防治山药病虫害，下面就有关问题进行系统介绍。

一、山药病害防治

（一）山药病害的诊断

防治山药病害，先要进行科学的诊断，一般可分为症状观察、显微镜检查、环境分析、病原鉴定和人工诱发等方法。

1. 山药非传染性病害的诊断　山药非传染性病害的病株，在田间分布有一定的规律性，病株发生比较集中，发病时间比较一致。具体诊断方法如下。

【症状观察】　在田间观察病株时，可用放大镜仔细检查病部表面有无病原物所形成的结构物，必要时可将病株消毒后，置放于一定的温度和湿度环境下保持24～48小时，检查病部有无病症发生。

【显微镜检查】　按实验室常规操作方法，将发病部分组织切片，放在显微镜下观察，检查有无病原物。为了便于观察，最好做染色检查（非传染性山药病害的发病组织内检查不到任何微生物）。

【环境分析】　山药非传染性病害，是由不适宜环境引起的。因此，应注意分析病害发生与地势、地形、土壤、肥料的关系，气候条件与病害的关系，施用农药和化肥与病害的关系，废气、废水、废渣污染与病害的关系等，从环境因素中找出致病因素。

【病原鉴定】 在确诊属于山药非传染性病害后，还应进一步做好病原鉴定工作。根据病害发生的具体情况，可采用化学诊断、人工诱发和排除病因3种方法。化学诊断主要用于山药缺素病和盐碱害等，其方法是对山药植物组织和土壤成分进行化学分析，测定所含元素是否能满足山药生长需要。

【人工诱发】 人为地创造一个相似的发病环境，诱发病害，观察其症状是否相同。它适用于观察温度和湿度是否适宜、元素是否缺乏、是否药物中毒等山药非传染性病害。排除病因是在大致了解山药病害发生的环境条件下进行的，如茎腐病是由土壤中水分过多引起的，即可采用开沟排水的方法，观察山药块茎能否正常生长，从而确定病因。

2. 山药传染性病害的诊断 山药传染性病害开始出现时是分散的，然后从点到面逐渐扩展开来。具体诊断方法如下。

【症状观察】 大多数真菌病害除表现病状外，还可形成各种特征性结构物的病症。病毒病害的特点，是有病状而无病症。可根据这些特征，观察病症，找出病因。

【显微镜检查】 按实验室常规操作方法，在显微镜下仔细观察病原物的形态，如真菌的菌丝有无隔膜、孢子以及子实体的颜色、大小、细胞数目等。如系细菌病害，一般可看到大量细菌从病部溢出（细菌脓），这是诊断细菌病害简易而准确的方法。对病毒病害的显微镜检查，除检查病株中的内含体，还可用化学方法测定病组织中某些物质的累积，作为诊断的参考。植物感染病毒病后，组织内往往有淀粉累积，可用碘或碘化钾溶液测定其是否显现深蓝色淀粉斑。

【人工诱发】 人工诱发是在症状观察和显微镜检查的基础上进

行的。通过微生物的分离和培养工作，在适当的环境条件下进行接种试验，以确定病原物。

（二）山药病害的侵染循环

防治山药病害，还要了解山药病害的侵染循环过程。许多传染性病害的防治措施，就是根据病害侵染循环特点制定的。山药病害的侵染循环，主要表现在以下 3 个方面。

1. 病原物的越冬　病原物的越冬，是指病原物通过寄主（山药）的越冬休眠期，成为下一个生长季节的病原物的来源。所以，应及时采取措施，消灭寄生在越冬山药上的病原物，减轻翌年的病害。但山药病原物有各种越冬方式，如引起山药炭疽病的真菌病原物，是在山药的病残体和附近杂草上越冬的，应该有针对性地加以消灭。

2. 病原物的初次侵染和再次侵染　越冬的病原物在山药生长期间的第一次侵染，称为初次侵染；病原物在初次侵染的病株上，产生繁殖器官又传播到健株上危害，称为再次侵染。初次侵染的病原物主要来源于越冬的病原物，再次侵染的病原物主要是来自当年山药植株上的病原物。

山药传染性病害在侵染时有两种情况：一种是在山药整个生长季只有初次侵染；另一种是发生初次侵染后，还发生再次侵染。大多数山药的病原物都表现为再次侵染。如果环境条件对病害发生有利，再次侵染的次数就相应增多，病害的蔓延迅速；如果环境条件不适宜，侵染次数相应减少，病害发展缓慢。

对于山药整个生长季只有初次侵染的，应该集中力量消灭其越冬的病原物。对于有多次侵染的山药病害，除了消灭越冬的病原物，应根据病害发生情况和田间环境条件，采取有效措施进行防治。对侵染次数多的病害，如山药炭疽病，防治的次数要相应增加，否则不易达到根治目的。

3. 病原物的传播　山药病原物可以利用自身条件进行传播，如真菌的菌丝可以在土壤中生长，线虫可以在土中移动。绝大多数山药病原物，是依靠自然因素和人为因素进行传播的。自然因素中主要通过风、雨水、昆虫进行传播。人为因素中，以带病山药种苗的调运和田间操作所造成的传播最多。因此，切断病原物的传播途径，是防治山药病害的有效方法。

其中，风力传播是真菌的主要传播途径。真菌的孢子体积小而轻，数量多，很容易被风吹落在山药上。同时，细菌的菌痂也可随风吹走。山药病原菌孢子生活力强的，可远距离传播，生活力弱的只能近距离传播。防治风力传播山药病害的基本方法，是选育和种植抗病山药品种，加强田间管理，及时喷施农药。有些山药的病原物，可通过雨水和灌溉水传播。防治的办法主要是消灭初次侵染的病原菌，避免灌溉水流经病田。昆虫主要是传播病毒，山药病原物经昆虫传播的很少。人为因素传播山药病害占有一定比例，如用带病的种薯栽培和将含有病原物的肥料施入田里等。因此，需要加强田间管理，杜绝人为因素传播病害。

（三）山药病害防治措施

在对山药病害确诊并掌握病害侵染循环过程的基础上，即可有目标地进行山药病害的防治。山药病害防治一般包括农业防治和化学防治两个方面。

1. 农业防治　农业防治是利用山药生产中的育种、栽培、耕作等技术达到避免、减轻和消灭山药病害的方法，主要包括轮作、耕作、田园清洁、施肥、灌溉和选育抗病品种等。

(1) 轮作　轮作对消除寄生在冬眠山药上的病原菌和土壤寄居菌所致的病害，效果比较明显；对土壤寄居菌所致的病害，也能起到压低菌量、减轻病害的作用。一般山药至少3年轮作1次，否则易发生山药茎腐病和根结线虫病。常年栽培山药的老产区，提倡1年轮作1次。与山药轮作的作物，必须能起到调节地力的作用，而且必须是病原物寄主范围以外的作物，能够调节土壤根际微生物种群。山东省济宁市，种植山药实行每年隔行换沟轮作，能保证3年不重茬，效果也较好。

（2）耕作　耕作是直接改变山药地土壤环境的一种措施，它能直接消除在土中越冬的病原物。在山药传统栽培技术中的翻沟，可把遗留在地面上的病残体、越冬病原物的休眠结构（如菌核等）翻入土中，加速病残体的分解和腐烂，促使潜伏在病残体内的越冬病原物加速死亡，或使其到第二年失去传染作用。同时，土壤翻耕后，由于表土干燥和日光直接照射，也能使一部分病原物在短时间内失去生活力。

（3）田园清洁　田园清洁包括铲除田间杂草，把初发病的山药叶片、茎蔓及时摘除等，可以防止病原物在田间扩大蔓延，具有减少病原物再次侵染的作用。另外，在山药收获时，把遗留在地面上的病残株、杂草、腐烂根茎集中烧毁或择地深埋，对减少翌年山药病原物的初次侵染具有重要作用。

（4）施肥　施肥的种类、数量、方法等与山药病害的发生有着密切的关系。一般增施磷、钾肥，有利于山药机械组织的形成，增强抵抗病原物的能力。施用高锰酸钾，具有延迟山药发病的作用。施用过多氮肥，易使山药植株徒长，形成的茎叶组织柔嫩，导致其抗病性差，易生山药炭疽病。施用未腐熟的有机肥料（如厩肥），则极易把大量病原物带入山药地中，引发病害。

（5）灌溉　灌溉也与山药病害的发生有一定关系。地下水位高，积水不退，易发生山药茎腐病。灌溉水从山药发病田流向山药未发病田，也易蔓延病害。

（6）选育抗病品种　这是农业防治山药病害的有效方法。针对以风力传播的山药病害和由土壤传播的山药病害，栽培抗病品种就能起到抗病的作用。如栽培太谷毛山药，可以有效抗茎腐病的危害。在选育和利用山药抗病品种时，还应掌握病原物的动态，合理布局，及时轮换品种，并注意品种的提纯复壮。

2. 化学防治　山药病害化学防治的机制，主要体现在化学保护和化学治疗两个方面。

化学保护，就是在山药未发病之前喷施杀菌剂，以防止病原菌的侵入，使植株得到保护。使用杀菌剂的途径，包括在病原菌来源部位喷药和在可能侵染的山药植株上喷药两种。在病原菌来源部分施药，目的在于减少和消灭病原菌初次侵染的来源。在田间生长的山药植株上喷药，是化学保护的有效途径，药剂喷到植株表面形成一层薄膜，可抑制病原菌的孢子萌发或将其杀死。但是，由于病原菌的繁殖速度快，再次侵染的次数多，故在未发病的植株上喷药时，要求药剂的持效期更长一些，这样能减少喷药次数。在山药发病初期特别是在病害流行的生长季节及时喷药消灭发病中心，是很重要的环节。

化学治疗就是在山药感病后喷施药剂，阻止病害继续发展或恢复植株健康。山药病害的化学防治方法，主要有种薯处理、土壤消毒和给植株喷药3种。山药种薯的药物处理采用浸种的较多，就是把种薯浸到一定浓度的药液里，经过一定时间后取出晾干，再进行播种。浸种用的药剂必须是溶液或乳浊液，不能使用悬浮液。药液浓度和浸种时间都要严格掌握，否则会产生药害或药效不明显。药液的用量，以浸没种薯5～10厘米为宜。浸过种的药剂，可以继续使用多次，但要补充所减少的药液。浸种对防治山药茎腐病具有重要作用。土壤消毒，就是把药剂直接施入山药地中。目前，主要采用翻混法，即将农药施到土壤上随即翻耕，使药剂分散到土壤耕作层内，这一方法在防治山药茎腐病中较常采用。植株喷药，是山药病害化学防治的主要方式。喷药要均匀，做到完全覆盖。如果使用非内吸性药剂，还应把药液喷到山药叶片的背面，效果才好。喷雾应选择晴天、无风（或风力为1～2级）的条件下进行。大雨过后，对使用黏附力差或非内吸性药剂的区域，还应进行适当补喷。

为了正确实施对山药病害的化学防治，很有必要对杀菌剂的性能以及针对性用法作一介绍。常用的山药病害杀菌剂有多菌灵、甲霜灵、甲霜·锰锌、甲基硫菌灵、代森锌、福美双、百菌清、代森锰锌、硫黄·多菌灵、波尔多液等。另外，杀线虫剂有滴滴混剂等。以下简要介绍12种常用药剂。

（1）多菌灵　为浅棕色粉末，不溶于水。遇碱、酸不稳定，为内吸性广谱杀菌剂，高效低毒。常见剂型有25%、50%可湿性粉剂等。可用于防治山药茎腐病，但连续使用次数不能超过3次，否则病原物易产生抗药性。

（2）甲霜灵　为白色或米色粉末，不易燃，可在水中分散悬浮，贮存稳定性好，为低毒内吸性杀菌剂，有效成分通过根、茎、叶部进入植物体内。常见剂型有25%可湿性粉剂等。可用于防治山药炭疽病，但只宜作辅剂使用，使用次数不能超过3次。

（3）甲霜·锰锌　为红色或黄色粉末，不易燃，可在水中分散悬浮，具有内吸和保护作用。常见剂型有58%可湿性粉剂等。可用于防治山药叶斑病和炭疽病。

（4）甲基硫菌灵　为淡黄色或白色粉末，难溶于水，易溶于二甲基甲酰胺，遇碱较稳定，为内吸性广谱杀菌剂，具有保护和防治作用，属高效低毒品种。常见剂型有50%、70%可湿性粉剂等，可用于防治山药枯萎病、炭疽病、叶斑病。该剂不能与含铜的制剂混用，否则会降低药效。

（5）代森锌　为淡黄色或灰色粉末，稍带臭鸡蛋气味，难溶于水，不溶于大多数有机溶剂，遇碱或酸都易分解，特别是在高温和潮湿的情况下分解更快，是一种保护性有机硫杀菌剂，杀菌谱广，对植物很安全，一般不会产生药害。常见剂型有65%、80%可湿性粉剂等，可防治山药炭疽病、叶斑病。不可与碱性及铜、汞剂混用。

(6) 福美双　为无色或淡黄色粉末，不溶于水，遇酸易分解，为保护性杀菌剂，对植物安全，很少有药害。常见剂型有40%、80%可湿性粉剂等，可防治山药炭疽病、叶斑病，但只宜作辅剂使用。

(7) 百菌清　为无色无味的结晶，不溶于水，溶于有机溶剂，耐雨水冲洗，不耐强碱。对人畜低毒，对皮肤和黏膜有刺激性。常见剂型有75%可湿性粉剂等，可防治山药炭疽病、叶斑病。不能与强碱混合使用，否则会降低药效。

(8) 代森锰锌　为黄色粉末，不溶于水及大多数有机溶剂，高温下遇潮湿遇酸会分解，对人畜低毒。常见剂型有70%可湿性粉剂等，可防治山药炭疽病和叶斑病。

(9) 硫黄·多菌灵　由多菌灵和硫黄配合而成，具有两者特有的性状，具有广谱性。常见剂型有40%悬浮剂等，可防治山药锈病、炭疽病和叶斑病。

(10) 唑醚·代森联　一种广谱、高效杀菌剂，在植物组织中具有一定的渗透能力，缺乏明显内吸性能，具有较好的保护作用，有良好的病害预防和治疗效果。常见剂型有60%水分散粒剂等，可防治山药锈病，对山药炭疽病、叶斑病也具有一定的防治作用。

(11) 波尔多液　可由药农自行配制，是由硫酸铜溶液和石灰乳混合而成的一种天蓝色胶状悬浮液，杀菌的主要成分为碱式硫酸铜。该剂是一种胶状悬浮液，黏着力强，喷到植物表面可以形成一层薄膜，不易为雨水冲刷，药效期一般可达15天左右，是一种很好的保护性杀菌剂。该剂放置过久，会使悬浮的胶粒互相聚合沉淀而形成结晶，降低黏着力，因而使用波尔多液时应现配现用，不能久放。该剂对金属有腐蚀性，配制时不宜使用金属容器，最好用陶器或木桶。配制波尔多液时应注意选用质量好的生石灰和硫酸铜为原料。生石灰以色白、质轻、块状的为好，不新鲜的石灰多半风化为碳酸钙和氢氧化钙，故不宜使用。硫酸铜最好是纯蓝色的，以不夹带绿色或黄绿色的杂质为佳。

在配制该药剂时，石灰乳和硫酸铜液均应冷却至室温，否则波尔多液胶粒在高温下极易凝聚而发生沉淀。两种原液混合后稍加搅拌即可，不要搅拌太久或时间过长，以免影响其悬浮性。波尔多液对植物安全，所含的微量铜能促进植物叶绿素的形成，所以喷施波尔多液后能增加叶片中叶绿素的含量。该剂可防治山药炭疽病、叶斑病，但只宜在发病初期施用，在发病盛期只能作辅剂使用。在山药苗期使用时，浓度要适当降低。

（12）滴滴混剂　是二氯丙烯和二氯丙烷的混合剂，为黄色至绿色的油状液体，有大蒜臭味，易燃，难溶于水，易溶于有机溶剂。在稀酸和稀碱中稳定，与无机酸、浓酸和某些金属物质易起反应，液体及蒸气对人有毒。每667米^{2}用原药30千克，在播种前15天使用。开沟深度为15～24厘米，将药施于沟中，然后覆土盖实，以达到熏蒸杀虫的目的。该药剂可防治山药根结线虫病、根腐线虫病。

（四）山药主要病害的防治实例

1. 山药炭疽病

【症　状】　发病初期，在山药叶片上产生褐色下陷的不规则小斑，后来逐渐扩大成黑褐色，边缘清晰，形成圆形或不规则形的病斑。病斑直径0.2～0.8厘米，后期病斑中部呈灰色至灰白色，上面有不规则的同心轮纹，病斑周围的健叶有发黄现象。叶柄受害后，初期表现为水渍状褐色病斑，后期病部呈现黑褐色干缩，致使叶片脱落。茎部受害后，初期会产生褐色小点，后期逐渐扩大成圆形或菱形的黑褐色病斑，病部略下陷或者干缩，天气潮湿时可产生粉红色黏状物。

【防治方法】 首先，要在收获后清扫山药残体枝叶及杂草落叶，并集中烧埋，减少越冬病原物。其次，要适当更新架材，减少架材上寄生的病原物。在栽培过程中，要设法降低田间湿度，改善通风透光条件。药剂防治，一般可在发病后用70%代森锰锌可湿性粉剂500～600倍液、75%百菌清可湿性粉剂500～600倍液、50%甲基硫菌灵可湿性粉剂700～800倍液交替喷雾（视病情轻重喷药2～4次）。也可在发病初期用65%代森锌可湿性粉剂500倍液，或40%多菌灵悬浮剂800倍液喷雾，共喷2～3次，每次间隔8～10天，雨后应补喷药液。

2. 山药褐斑病

【症 状】 发病初期，叶面出现黄色或黄白色病斑，边缘不十分明显，蔓延扩大后呈现褐色的不规则形，上无轮纹。发病后期病斑边缘微凸起，中间淡褐色，上生小黑点，有些病斑能形成穿孔，严重时致使叶片枯死。在叶柄和茎上，会形成长圆形病斑。

【防治方法】 首先，不宜施用过多氮肥。其次，在收获山药后将残体枝叶和杂草深埋。另外，尽量增高架材高度，加强山药植株的通风透光，降低温度和湿度。药剂防治，可用50%甲基硫菌灵可湿性粉剂500倍液和70%代森锰锌可湿性粉剂800倍液交替喷雾，共喷2～3次，每次间隔10天左右，雨后要及时补喷。

3. 山药茎腐病

【症 状】 发病初期，地上茎部形成褐色不规则的斑点物，发病后期斑点逐渐扩大成深褐色长圆形病斑，病部有凹陷。严重时地下块茎干缩，并有淡褐色丝状霉点出现。

【防治方法】 首先，要坚持轮作换茬，种植山药2～3年后，必须进行3年以上轮作，并且不施未腐熟的带病原菌的肥料，田间防止积水。其次，要在山药种植前用50%多菌灵可湿性粉剂500倍液浸种薯30分钟，晾干后再播种。另外，要积极采用药剂防治，一般在发病初期用50%多菌灵可湿性粉剂400～500倍液，或75%百菌清可湿性粉剂600倍液，或90%敌磺钠原药500倍液灌根，共灌2～3次，每次间隔15天左右。

4. 山药根结线虫病

【症　状】　受害块茎表面呈暗褐色，无光泽，大多数形成畸形，在线虫侵入点附近肿胀凸起，并出现很多直径2～7毫米的线虫根结，严重时线虫根结愈合在一处。山药根系受害后，产生米粒大小的根结，剖视病部能见到乳白色的线虫（图79）。该病能使整个山药植株长势变弱，叶片变小直到发黄脱落。

【防治方法】　首先，应加强植株检疫，不从发病区调用种薯，并及时轮作倒茬，收获后将植株残体集中选择远地深埋。其次，应选用无病健壮种薯，不施未充分腐熟的带病原菌的肥料。另外，如果栽培规程允许，要有限度地进行土壤药剂消毒。如果进行有机栽培，绝对禁止使用农药。总体来说，山药的栽培规程越来越严格，所以土壤药剂消毒可供选择的农药越来越少。

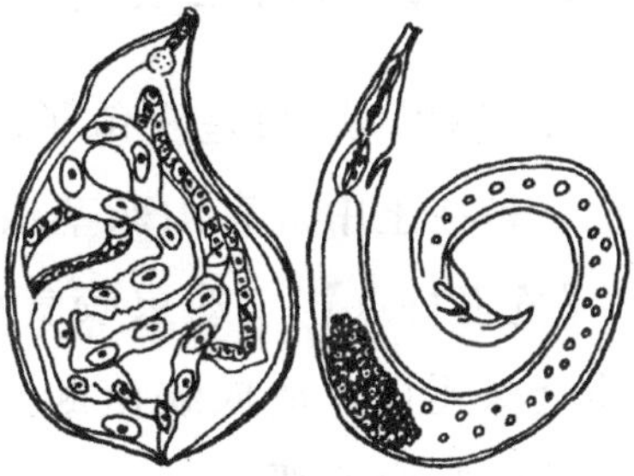

图79　山药根结线虫

5. 山药根腐线虫病

【症　状】　在山药的整个生长期均可发病。发病初期，危害山药种薯和幼根、幼茎，发病后期则危害山药块茎。山药根系受害后，表面出现水渍状暗黄色伤口，并逐渐变为黑褐色缢缩点。山药块茎受害后，先出现浅黄色的点状物，后扩展为圆形或不规则形病斑，病斑内部为黑褐色海绵状物。

【防治方法】 首先，要选用不带病原的健康种薯做种，有条件的还可进行温汤浸种，即将种薯放置在52～54℃的温水中浸泡10分钟，并上下搅动2次，使其受热均匀，以达到杀灭线虫的目的。也可用50%多菌灵可湿性粉剂500倍液浸种48小时，浸后晾干再进行播种。其次，在病害较重的情况下，对土壤要进行消毒，播种前施用98%棉隆颗粒剂充分与土混合，使药剂均匀分布在深30厘米以内的土层中。再次，要实行合理轮作，与小麦、玉米、红麻、白菜、地瓜、萝卜换茬，3年以后在原田再种植山药。

二、山药虫害防治

（一）山药的主要害虫

1. 蛴螬　蛴螬是金龟子幼虫的统称（图80），又称白土蚕、白地蚕，是在土中危害山药茎根的害虫，对山药叶片的危害不重。

【危害特点】 幼虫咬食种薯，并能直接咬断山药幼苗的根系，致使全株死亡，造成缺苗断垄，影响山药的产量和质量。成虫对山药叶片的咬食不严重。

【形态特征】 老熟幼虫体长35～45毫米，整体多皱褶，静止时弯成弓形，臀节粗大。头部黄褐色，胴部乳白色。头部前顶刚毛每侧各3根，纵向排列。肛门孔呈三射裂缝状，肛腹片后部覆毛区散生钩状刚毛，无刺毛列。成虫体长16～22毫米，体黑色或黑褐色。小盾片近于半圆形。鞘翅长，椭圆形，有光泽，每侧各有4条明显的纵肋。前足胫节外侧

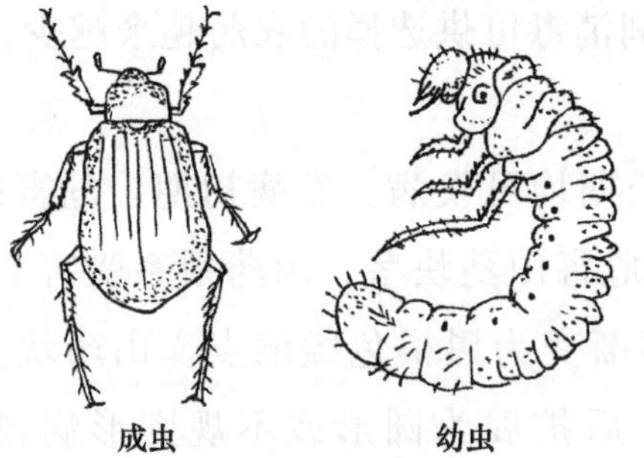

图80　蛴螬

有 3 个齿，内侧有 1 个距。

【生活习性】　北方地区 1～2 年发生 1 代，以幼虫和成虫在土中越冬。5～7 月成虫大量出现，成虫有假死性和趋光性，并对未腐熟的厩肥有强烈趋性。白天多藏在土中，晚上 20～21 时为取食、交尾活动盛期。一般交尾后 10～15 天开始产卵（产于松软湿润的土壤内），每雌可产卵 100 粒左右。卵期 15～22 天；幼虫期 340～400 天，冬季在 55～150 厘米深土中越冬。蛹期约 20 天。蝼蛄始终在地下活动，与土壤温度和湿度关系密切，一般当 10 厘米深处土温达 5℃时开始上升至表土层，土温达 13～18℃时活动最盛，土温达 23℃以上时则往深土中移动。土壤湿润时活动性强，小雨连阴天气危害尤重。

2. 小地老虎　又称土蚕、黑土蚕、地蚕、黑地蚕（图 81）。其幼虫危害山药近地面的种薯、根系和幼苗，能造成整株死亡，严重的会大面积缺苗断垄。

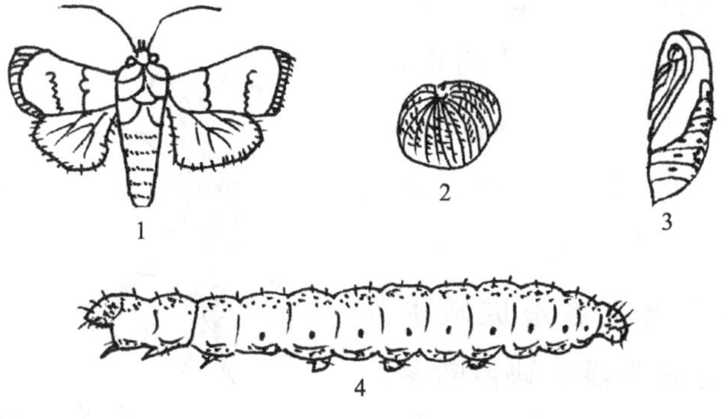

1.成虫；2.卵；3.蛹；4.幼虫

图 81　小地老虎

【形态特征】　成虫体长 16～23 毫米，深褐色。前翅由内横线、外横线将全翅分为 3 段，具有显著的肾状斑、环形纹、棒状纹和 2 个黑色剑状纹；后翅灰色无斑纹。卵长 0.5 毫米，半球形，表面具纵横隆纹，初产时为乳白色，后出现红色斑纹，孵化前灰黑色。幼虫体长37～47毫米，灰黑色，体表布满大小不等的颗粒，臀板黄褐色，具有2条深褐色纵带。蛹长18～23毫米，赤褐色，有光泽，第五至第七腹节背面的刻点比侧面的刻点大，臀棘短刺1对。

【生活习性】 每年发生代数，由北向南逐渐增多，黑龙江省1年发生2代，北京市1年发生3～4代，江苏省1年发生5代，福建省1年发生6代。成虫对黑光灯及糖、醋、酒等趋性较强。在夜间活动和交尾产卵，卵产在5厘米以下的小杂草上，每雌平均产卵800～1 000粒。幼虫共6龄，3龄前在地表的杂草或寄主幼嫩部位取食，危害不大，3龄后白天在表土中潜伏，夜间出来危害，动作敏捷，常自相残杀。老熟幼虫有假死习性，受惊缩成环形。幼虫发育历期：15℃为67天，20℃为32天，30℃为18天。蛹发育历期为12～18天，越冬蛹则长达180天。小地老虎喜温暖及潮湿的条件，最适发育温区为13～25℃，适于在低洼内涝、雨水充足地区生活。如果山药地周围杂草多、蜜源植物多，为小地老虎的成虫提供产卵场所和充足食源，将会形成严重的虫源。

3. 非洲蝼蛄 又称普通蝼蛄、小蝼蛄、拉拉蛄、地拉蛄、土狗子、地狗子、水狗（图82）。成虫和若虫均在土中危害山药根茎，易使山药根系脱离土壤造成缺水死亡，严重时造成明显的缺苗断垄。

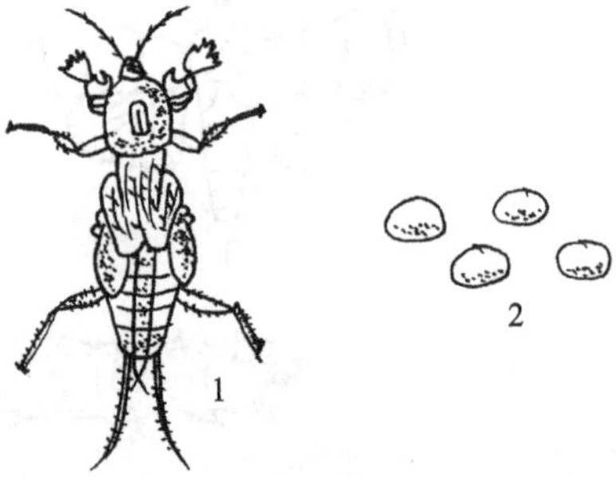

1.成虫；2.卵

图82 非洲蝼蛄

【形态特征】 成虫体长30～35毫米，灰褐色，腹部色较浅，全身密布细毛。头圆锥形，触角丝状，前胸背板为卵圆形，中间具有明显的暗红色长心脏形凹陷斑。前翅灰褐色，较短，仅及腹中部。后翅扇形，较长，超过腹部末端。腹末具有1对尾须。前足为开掘足，后足胫节背面内侧有4个距。

【生活习性】 在我国北方约2年发生1代，南方1年发生1代，以成虫或若虫在地下越冬。春天清明节后上升到地表活动，在洞口可顶起一小堆虚土。5月上旬至6月中旬是蝼蛄最活跃的时期，也是第一次危害高峰。6月下旬至8月下旬，天气炎热，转入地下活动。6～7月为产卵盛期。9月气温下降，再次上升地表，形成第二次危害高峰。10月中旬以后，陆续钻入深层土中越冬。蝼蛄昼伏夜出，以夜间21～23时活动最盛。早春或晚秋气候凉爽，仅在表土层活动，不到地面上来。蝼蛄具有趋光性，对香甜物质等有强烈趋性。成虫和若虫均喜欢在软潮的壤土或沙壤土上活动，最适宜在气温13～20℃，20厘米土温为15～20℃的条件下活动。温度过高或过低，则潜入深土层中隐藏。

4. 沟金针虫 又称沟叩头虫、沟叩头甲、土蚰蜒、芨芨虫、钢丝虫（图83）。幼虫在土中取食种薯及幼根，对山药块茎危害较重，常常在块茎上留下许多洞眼，有些还藏在块茎内休眠。若沟金针虫大发生，可导致大面积缺苗断垄。

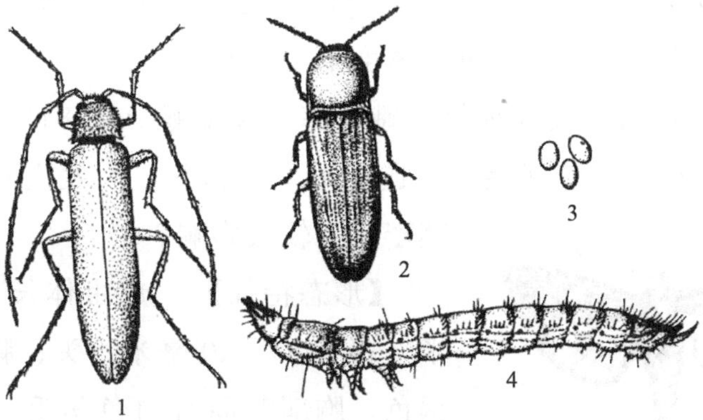

1.雄成虫；2.雌成虫；3.卵；4.幼虫

图83 沟金针虫

【形态特征】 老熟幼虫体长20～30毫米，细长筒形略扁，体壁坚硬而光滑，有黄色细毛，两侧较密。体黄色，前头和口器为暗褐色，头扁平，上唇三叉状突起，胸部、腹部背面中央呈一条细纵沟。尾端分叉，稍向上弯曲，各叉内侧各有1个小齿。各体节宽大于长，从头部至第九腹节渐宽。

【生活习性】 每2～3年发生1代，以幼虫和成虫在土中越冬。在中原地区，越冬成虫于2月下旬出蛰，3～4月为活动盛期，白天在表土内潜伏，夜间出土交尾产卵。雌成虫无飞行能力，每次产卵约90粒；雄成虫善飞，有趋光性。卵发育历期约40天，5月上旬幼虫孵化。在食源充分时，当年体长可长至15毫米以上。到第三年8月下旬，幼虫老熟后入20厘米左右深的土层中做土室化蛹，蛹期16天左右。9月羽化，当年在原蛹室内越冬。在北京地区，3月下旬土温达到9℃时开始危害，4月上中旬危害最烈。5月上旬后，幼虫则趋向13～17厘米深的土层中栖息。9月下旬至10月上旬，土温降至18℃左右时，幼虫又上升到表土层中活动。10月下旬随着土温下降，幼虫开始下潜。至11月下旬，10厘米深处土温在1.5℃左右时，沟金针虫潜到27～33厘米深的土层中越冬。由于雌成虫活动能力弱，一般在原地交尾产卵，扩散危害受到限制，因此在虫口高的田内防治1次后，短期内种群密度不易回升。

5. 斜纹夜蛾 又称莲纹夜蛾、莲纹夜盗蛾（图84）。幼虫咬食山药叶片，有时能咬断茎蔓，造成地上部枯死，大发生时对山药块茎产量有较大影响。

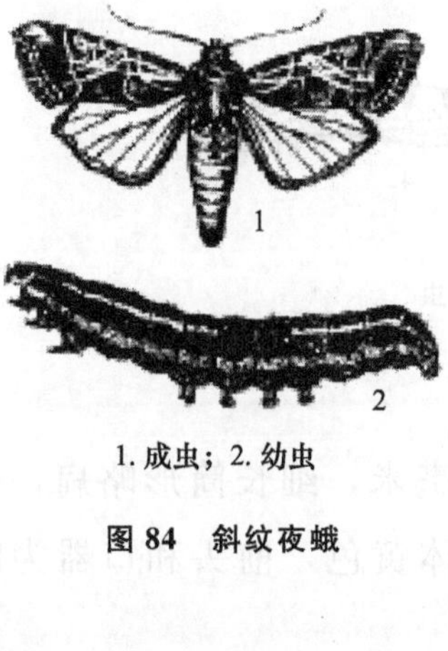

1. 成虫；2. 幼虫

图84 斜纹夜蛾

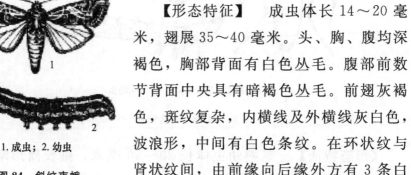

【形态特征】 成虫体长14～20毫米，翅展35～40毫米。头、胸、腹均深褐色，胸部背面有白色丛毛。腹部前数节背面中央具有暗褐色丛毛。前翅灰褐色，斑纹复杂，内横线及外横线灰白色，波浪形，中间有白色条纹。在环状纹与肾状纹间，由前缘向后缘外方有3条白

色斜线。后翅白色、无斑纹。前后翅常有水红色至紫红色闪光。卵为扁半球形，直径 0.4～0.5 毫米，初产黄白色，后转淡绿色，孵化前紫黑色。卵粒集结成 3～4 层的卵块，外覆灰黄色疏松绒毛。幼虫体长 35～47 毫米，头部黑褐色，胴部体色因寄主和虫口密度不同而异。背线、亚背线及气门下线均为灰黄色及橙黄色。从中胸至第九腹节在亚背线内侧有三角形黑斑 1 对。胸足近黑色，腹足暗褐色。蛹长 15～20 毫米，赭红色，腹部背面第四至第七节近前缘处各有小刻点 1 个。臀棘短，有 1 对大而弯曲的刺，刺的基部分开。

【生活习性】　在华北地区 1 年发生 4～5 代，长江流域 1 年发生 5～6 代，在广东、广西、福建和台湾等地可终年繁殖。成虫夜间活动，飞行力强，一次可飞 10 米左右的距离。成虫有趋光性，并对糖、醋、酒液及发酵的胡萝卜、麦芽、豆饼、牛粪等有趋性。成虫营养不足时产卵很少，卵多产于高大、茂密的田边作物上，以产于植株中部叶片背面叶脉分叉处为最多。初孵幼虫群集取食，3 龄前仅食叶肉，残留上表皮及叶脉，叶呈白纱状后转黄色，容易识别。4 龄后进入暴食期，多在傍晚出来危害。幼虫共 6 龄。老熟幼虫在1～3 厘米表土内做土室化蛹，土壤板结时可在枯叶层下化蛹。各地在 7～10 月危害严重。

6. 山药叶蜂　该虫主要咬食山药叶片（图 85）。山药叶蜂大发生时，几天之内可造成山药叶片严重缺损，影响块茎产量。

【形态特征】　成虫体长 6～8 毫米，头部和中、后胸背面两侧为黑色，其余橙蓝色，但胫节端部及各跗节端部为黑色。翅基半部为黄褐色，向外渐淡，至翅尖透明，前缘有一黑带与翅痣相连。触角黑色，

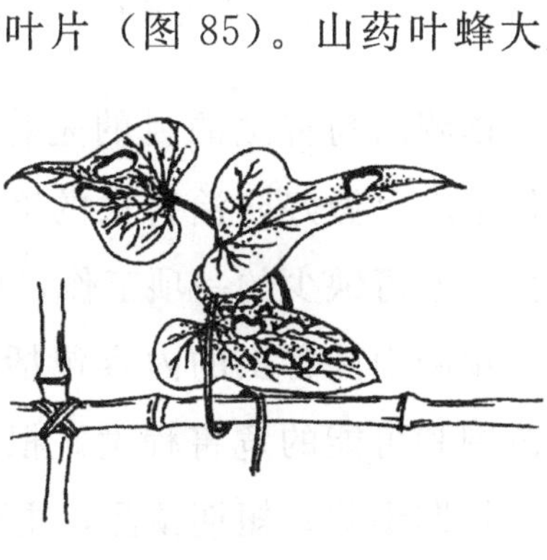

图 85　山药叶片被叶蜂咬食后的症状

雄成虫基部2节，淡黄色。腹部橙黄色，雌成虫腹末有短小的黑色产卵器。卵近圆形，0.4～0.8毫米长，卵壳光滑。初产时乳白色，后逐渐变为淡黄色。幼虫体长约15毫米，头部黑色，胴部蓝黑色，各体节具有很多皱纹及许多小突起，胸部较粗，腹部较细，具有3对胸足和8对腹足。蛹的头部黑色，蛹体初为黄白色，后转橙色(图86)。

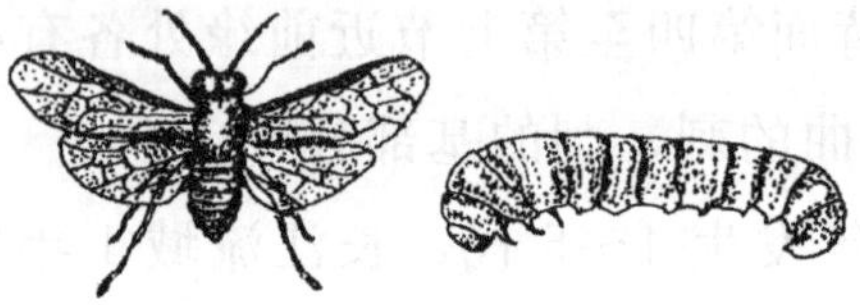

图86　山药叶蜂

【生活习性】　在我国北方1年发生4代。各代发生时间：第一代5月上旬至6月中旬，第二代6月上旬至7月中旬，第三代7月上旬至8月下旬，第四代8月中旬至10月中旬。成虫在晴朗高温的白天极为活泼，并交尾产卵。卵产入叶缘组织内，呈小隆起，每处1～4粒，常在叶缘产成一排，每次产卵40～150粒。卵发育历期在春、秋季为11～14天，夏季为6～9天。幼虫共有5龄，发育历期10～12天。幼虫早晚活动取食，有假死习性。老熟幼虫入土作茧化蛹。每年春、秋季为两个发生高峰期。

(二) 山药害虫预测方法

预测山药害虫的目的是将害虫未来的动态趋势及时发布出去，以便于农民做好防治害虫的准备工作。在大面积栽培山药时，预测害虫是不可缺少的一项工作，由基层农业技术人员完成为宜。

预测山药害虫的内容包括：预测害虫发生时期、发生数量、发生范围和可能的危害程度。根据预测时间的长短，可分为短期、中期和长期预测。短期预测，主要是预测近期虫情动态，一般为10天左右的虫情预测。中期预测，主要是预测1个世代以上的虫情或1个月左右的虫情。长期预测，主要是预测当年的虫情，以及害虫发生趋势估计。

1. 预测山药害虫发生期　山药害虫发生期预测是关于某一虫态出现时期的预测，比如何时羽化，何时孵化，何时化蛹，何时迁飞等。发生期预测的准确性，对于抓住关键时期防治山药虫害甚为重要。发生期预测，是以虫态历期的资料为依据，只要知道前一虫期的出现期，并考虑近期的环境条件，便可推断出后一虫期的出现期。发生期预测的方法，主要有期距预测法和积温预测法。

（1）期距预测法　期距是两个虫态出现的时间距离，或上下两个世代同一虫态出现的时间距离。预测期距通常采用人工饲养、田间调查、诱集预测等办法进行。人工饲养时，应尽量使害虫处于近似自然的条件下，观察统计虫卵、幼虫、蛹和成虫的期距。田间调查时，要从某一虫态出现前开始，每隔1～3天进行1次，统计各虫态所占百分比，然后将系统调查统计的百分比排列，便可看出害虫发育进度的变化规律。通常将某虫态出现数量达20%时定为“始盛期”，达50%时定为“盛发高峰期”，达80%时定为“盛发末期”。根据前一虫态与后一虫态盛发高峰期的相间时间，即可定为“盛发高峰期距”。田间调查还可按害虫各虫态分级标准进行发生期预测，比如根据田间总卵量，将卵按其发育进度不同和色泽变化不一来分析，统计各种卵的百分率。根据田间总蛹量及各级蛹的百分率预测发生期，准确度较高。诱集预测，即在害虫发生期前，逐日统计所获虫量，据此可看出当地当年各代成虫始见期、盛发期、高峰期和终见期，将上下两代的有关数据加以比较，即可预测出害虫发生的期距。

（2）积温预测法　对害虫发育快慢起主导作用的是气温高低。已知某一虫态或全世代的发育起点温度和有效积温，就可根据田间调查资料，利用当地近期气象预报的平均气温，以积温公式预测下一虫态（或世代）的发生期。同时，根据历年害虫发生期与气温关系的资料，可建立当地害虫发生期的预测模式。

2. 预测害虫发生量　山药害虫数量的增减是比较复杂的问题，一方面取决于害虫的虫口基数、繁殖力和存活率等内在因素，另一方面又受气候条件、天敌和食料条件等环境因素的影响。因此，预测山药害虫发生量需要考虑害虫与环境因素的辩证关系。

预测害虫发生量有多种做法。一是根据田间虫口密度调查资料，与历史资料进行对比分析，就可判断害虫发生数量的趋势以及危害程度。二是采用相关分析方法，以害虫发生量与单因子或多因子的相关分析结果，制订预测模式。三是根据多年资料做出坐标图，将当年气象预报与坐标图比较，估计害虫数量的趋势。另外，也可用害虫生命表，根据当地当代或某虫态因各种原因所致的死亡率，并考虑害虫繁殖力，预测下一代或下一虫态的发生量。近年来，害虫数量预测愈来愈多地借助计算机进行统计分析，预测的准确度进一步得到提高。

（三）山药害虫防治措施

对山药害虫主要采用化学防治的方法。该方法具有如下优点：一是防治效果好，既可在害虫发生前作为预防性措施，以避免或减少害虫的危害，又可在害虫发生后作为急救措施，迅速消除害虫的危害；二是不受地区和季节性限制，能大面积机械化使用化学药剂；三是杀虫范围广，几乎所有害虫均可用杀虫剂防治。但是，若化学药剂使用不当，也易造成人畜中毒，植物药害和环境污染等问题。因此，在使用杀虫剂时一定要慎重，注意和其他方法配合使用，尽量做到合理使用，避免残毒，达到经济、安全、高效地保护山药正常生长的目的。

1. 对症下药　在使用某种杀虫剂时，必须先了解该药的性能和防治对象，才能做到对症下药，取得良好的防治效果。因为杀虫剂的种类很多，防治的范围和对象也不同，有的能兼治多种害虫，有的只能防治某一类害虫。

2. 适时用药 各种害虫的习性和危害期各有不同，其防治的适期也有所不同。例如，防治危害山药叶片的斜纹夜蛾幼虫，一般应在 3 龄前防治。因为此时虫体小、抗药力弱，用较少的药剂就可发挥较高的防治效果；但也不能用药过早，否则由于药效期有限，先孵化的害虫已被杀死，而后孵化的害虫依然危害，而不得不进行二次防治。因此，既要有准确的虫情预测，又要抓时机、抢速度，争取在适宜的时间内施药。

3. 采用最有效的施药方法 要使药剂防治害虫效果良好，必须选用最有效的施药方法。目前较多采用的施药方法有喷粉法、喷雾法、浇灌法、浸种法、毒土法、毒饵法、熏蒸法等。比如施用敌百虫、辛硫磷、溴氰菊酯、氰戊菊酯等，宜采用喷雾（粉）法，同时也可采用浇灌、浸种、熏蒸等方法。

4. 保证施药质量 施药时应力求均匀周到，叶片正反两面均应着药，土施时也要尽量混匀，否则很难保证防治效果。同时，施药还要考虑气候因素，一般应在无风或微风天气施药。另外，要注意气温的高低，气温低时大多数有机磷制剂杀虫效果不好，故应选择中午气温较高时施药。

5. 避免药害和污染 山药苗期对杀虫剂比较敏感，浓度稍高就易产生药害，使植株叶片出现斑点，发生萎缩和卷曲现象，严重时整株死亡。因此，在施用杀虫剂时，最好先选几株山药做一个小试验，确定安全后再大面积施用。另外，一般在山药收获前 1 个月之内就要停止土施杀虫剂，以防止对块茎造成污染。要积极提倡使用高效、低毒、低残留的安全农药（杀虫剂），并且配合其他防治方法，形成综合防治的良好局面。

(四)克服山药害虫抗药性的对策

1. 实施综合防治　由于用药次数越多，害虫的抗药性越强，因此要实施综合防治，把农业管理措施、生物防治、物理防治、人工防治等与化学防治结合起来，只在害虫危害的关键虫龄期采用化学防治，尽量减少施药次数和施药量，不能见虫就施药。

2. 轮换使用不同作用机理的杀虫剂　轮换使用不同作用机制的杀虫剂，能克服和延缓害虫抗药性的增强。在选择替换农药时，应选择无交互抗性的药剂进行交替，如可互相交替使用有机磷和有机氯杀虫剂。

3. 混合使用杀虫剂　把不同作用机制的杀虫剂混合使用，是克服害虫抗药性的良好办法，不仅能克服和延缓害虫的抗药性，而且能起到兼治病害、增强药效、减少农药用量、降低成本等作用。比如把乐果与马拉硫磷混用，既可延缓害虫抗药性，又能明显增强药效。

4. 换用新药剂　一种山药害虫对某种药剂产生抗药性的情况下，换用新药剂是克服害虫抗药性的办法之一。选用的新药剂，应是与原用药剂没有交互抗性的药剂，最好是选用有负交互抗性的药剂。

5. 加用增效剂　增效剂本身对害虫一般无毒效，但对害虫的酶系有抑制作用。比如增效醚对多功能氧化酶、磷酸三苯酯对酯酶，都有显著的抑制作用。在一些种类的农药中，加入一定量的增效剂，可以明显增强药效。

(五)防治山药害虫的主要杀虫剂

1. 敌百虫　纯品为白色结晶粉末，稍有气味，易潮解，属于广谱性杀虫剂，具有胃毒和触杀作用，残效期短，对人畜较安全。常见剂型有2.5％粉剂、90％原药、80％可湿性粉剂。可防治小地老虎、蝼蛄等山药害虫。在块茎收获前7天，应停止使用。

2. 辛硫磷　纯品为浅黄色，不溶于水，易溶于有机溶剂，遇碱分解，具有触杀及胃毒作用，为广谱性杀虫剂，对人畜低毒，残效期短。常见剂型有50％乳油、5％颗粒剂。可防治小地老虎、斜纹夜蛾、蛴螬、蝼蛄等山药害虫。注意不要与碱性农药混用，不在强光下喷施。

3. 亚胺硫磷　纯品为白色结晶，无臭，难溶于水，可溶于甲醇、乙醇、苯、甲苯、丙酮、二甲苯、四氯化碳等，遇碱性物质易分解。商品制剂乳油为棕色油状液体，有特殊的刺激性臭味。具有触杀及胃毒作用，同时也有一定的内渗杀虫作用，是广谱性杀虫剂，对人畜中等毒性，残效期较长。常见剂型有20％、25％乳油。可防治小地老虎、黄地老虎等山药害虫。注意不能与碱性农药混用。

4. 甲萘威　纯品为白色结晶，微溶于水，可溶于丙酮、苯、乙醇等有机溶剂，对光、热和酸性物质较稳定，遇碱易分解，对人畜低毒。具有触杀及胃毒作用，也有微弱的熏蒸和内吸作用。常见剂型有25％、50％可湿性粉剂和5％粉剂。可防治斜纹夜蛾、蚜虫等山药害虫。

5. 杀螟丹　纯品为无色柱状结晶，可溶于水及甲醇，难溶于乙醇、丙酮、氯仿、苯等有机溶剂。稍有吸湿性，对金属有腐蚀性，在常温及酸性条件下稳定，在碱性条件下不稳定。具有强烈的触杀作用，也具有一定的胃毒及内吸作用，残效期较长，对人畜低毒。常见剂型有50％、98％可溶性粉剂。可防治蝼蛄、蛴螬等山药害虫。

6. 溴氰菊酯　原药为无味白色粉末，不溶于水，能溶于丙酮、二甲苯等多种有机溶剂。在酸性液中稳定，碱性液中不稳定，耐光、耐热性能较好。制剂为透明状，淡黄色或黄色液体，带有芳香气味。

具有触杀和胃毒作用，是中等毒性广谱性杀虫剂，对天敌杀伤也较严重。常见剂型有2.5%乳油。可防治斜纹夜蛾、造桥虫、叶蜂等食叶山药害虫。注意应在幼虫3龄前防治，如虫体超过3龄，则要进行人工捕杀防治。

7. 高效氯氟氰菊酯　原药为淡黄色固体，无臭，不溶于水，能溶于多种有机溶剂。具有触杀和胃毒作用，无内吸性，是广谱、高效、中等毒性的杀虫剂。对害虫天敌杀伤也较严重。常见剂型有2.5%乳油。可防治斜纹夜蛾、造桥虫等山药害虫。注意不能与碱性农药混用。

8. 氟氯氰菊酯　原药为棕色黏稠液体，不溶于水，能溶于丙酮、甲苯、二氯甲烷等有机溶剂。在酸性条件下稳定，在碱性条件下易分解。具有触杀和胃毒作用，无内吸性，为低毒杀虫剂，药效迅速，残效期较长。常见剂型有2.5%乳油。可防治斜纹夜蛾、造桥虫、叶蜂等山药害虫。

9. 氯氰菊酯　原药为棕色黏稠状液体，不溶于水，能溶于丙酮、乙烷、二甲苯等有机溶剂。在酸性、中性条件下稳定，遇碱会分解。耐光耐热性能良好。具有触杀和胃毒作用，无内吸性，是广谱、高效、中等毒性的杀虫剂。常见剂型有10%乳油。可防治斜纹夜蛾、造桥虫、叶蜂等山药害虫。

10. 氰戊菊酯　原药为黄色油状液体，不溶于水，能溶于丙酮、甲醇、氯仿、二甲苯等有机溶剂。对光、热稳定，遇碱易分解。具有触杀和胃毒作用，无内吸性，是广谱、高效、中等毒性杀虫剂，对害虫天敌的杀伤力也较大。常见剂型有20%乳油。可防治斜纹夜蛾、造桥虫等山药害虫。

11. 高效氰戊菊酯　原药为棕色黏稠液体，不溶于水，易溶于丙酮、氯仿、二甲苯等有机溶剂，在酸性介质中稳定，在碱性介质中分解。具有触杀和胃毒作用，是中等毒性杀虫剂，杀虫范围广、效率高。常见剂型有5%乳油。可防治斜纹夜蛾、造桥虫等山药害虫。

12. 灭多威　纯品为白色结晶体，有轻微硫黄味，易溶于甲醇、丙酮、乙醇等有机溶剂中，遇碱易分解。具有触杀和胃毒作用，是内吸性高毒杀虫剂，药效期较短。常见剂型有24%水剂、90%可溶性粉剂。可防治斜纹夜蛾、造桥虫、叶蜂、蚜虫等山药害虫。喷药时应穿好防护衣，避免药液与皮肤接触。

13. 乐果　纯品为白色结晶固体，略具樟脑臭味，较易溶于水，在酸性溶液中稳定，在碱性溶液中迅速水解，能溶于多种有机溶剂。具有强烈的触杀和内吸作用，也具有一定的胃毒作用，对人畜低毒。常见剂型有40%、50%乳油和2%粉剂等。可防治金针虫、蝼蛄、蛴螬等山药害虫。

14. 哒嗪硫磷　纯品为白色针状结晶，难溶于水，易溶于丙酮、甲醇、乙醚等有机溶剂。对酸、热较稳定，对强碱不稳定。具有触杀和胃毒作用，无内吸作用，是高效、低毒、低残留、广谱性有机磷杀虫剂。常见剂型有20%乳油、2%粉剂。可防治造桥虫、叶蜂等山药害虫。

15. 嘧啶氧磷　原药为淡黄色油状液体，能溶于醇、丙酮、乙酸乙酯、苯、甲苯、二氯乙烷等多种有机溶剂。受热、遇碱、遇酸都会分解。具有触杀、胃毒和内吸作用，属中等毒性杀虫剂。常见剂型有40%、50%乳油。可防治蝼蛄、蛴螬、地老虎等山药害虫。使用时应注意随配随用，不宜久放。

第十四章　山药贮藏

山药贮藏既是生产的延续，又是生产的补充，必须精心搞好。长山药产区多在我国中部、北部一带。这里无霜期较短，冬季寒冷。一般都在寒冬到来之前，一次性将山药从田中挖掘起来，进行贮藏。有的要贮藏到翌年的4～5月，有的甚至要贮存到新山药上市的9～10月。也就是说，有的是贮存半年，有的则需贮存整整1年。即使是较为暖和的地区，山药可在田中越冬，但到了第二年4月，也还是要把山药从田中掘起，放入窖中贮藏，直到新山药上市，历时整整半年。

扁山药块茎的冬季贮藏适温为14～19℃。如果低于14℃，块茎容易受到寒害，这时虽然在块茎外观上看似良好，但内部已逐渐呈吸水海绵状，这是明显的内部腐烂症状。如果在20℃的室温下贮藏，则贮藏2个月即会造成块茎100%萌芽。最低温度不能低于0℃，短时间内在－4℃左右也不会造成冻伤。山药块茎的贮藏周期可达170天，最长的可达185天。圆山药块茎冬季在2～5℃条件下贮藏最佳，低于0℃则受冻腐烂，高于7℃则易发芽。多数长山药块茎的冬季贮藏适温为8～12℃，东北等寒地山药的冬季贮藏适温为5～7℃。

山药在深秋收获后，整个寒冷的冬天都被贮藏在窖中，这种贮藏叫山药的冬藏。春天收获的山药，要经过一个炎热夏季的贮藏，称为夏藏。将山药从秋季贮到春季，又从春贮到秋，这种既要过冬又要越夏的1年贮存，称为山药的四季贮藏，也称整年贮藏。下面主要介绍一下山药的冬季贮藏和夏季贮藏。

一、冬季贮藏

冬季贮藏是山药最普通的也是最主要的贮藏方式。这种方式应用范围广，贮藏办法多。各地进行山药冬季贮藏都是就地取材，因地制宜，方式多样。按贮藏地点的不同，又分为室内贮藏和室外贮藏，地上式贮藏、地下式贮藏以及半地下式贮藏。按贮藏设施与方式的不同，分为沟藏、窖藏、堆藏、井藏、筐藏以及冷库贮藏等。

（一）沟　藏

山药沟藏是将山药放在沟内或坑内的贮藏方式。一般沟深 1～2 米，沟宽 1 米。沟的方向以东西延长方向为好，但山药摆入沟中，则以南北向为宜。沟的长度视需要而定。沟藏一般在我国中南部冬季较为温暖的山药产区使用。为了避开突降的冷气流，山药一经挖出就应立即排放在沟内。这就需要预先选好地址挖好沟。排山药时，一层山药一层土，每层山药的厚度，一般为 7～10 厘米，较细的山药可以排 2 根。一层土的厚度为 2～4 厘米。所用的土壤要稍干燥一些，不应太湿。沟内所排贮的山药，总厚度不要超过 80 厘米。顶部要盖一层细土，而且随着气温的下降，还要不断加厚顶部的土层。最冷时，上面的土层应有 20 厘米上下。顶部土层要求在当地冻土层以下 5～10 厘米处，以防山药受冻。采用这样的贮藏方法，保持一般的温湿度，可以使山药贮存 5 个月左右。

也可以在室内仓库的水泥地上用砖砌起高 1 米的埋藏坑，坑底铺 10 厘米厚的细沙土，然后一层山药一层沙，沙的厚度 1～2 厘米，堆至离坑口 10 厘米时，用细沙将坑口铺平。这种办法也可贮存山药 4～5 个月，且很少有冷害。

(二) 窖 藏

在华北地区，山药种植者常将山药贮存在白菜窖或甘薯窖中，这是一种临时性贮藏措施。这种藏窖，一般在秋天建窖，春天拆除，也叫棚窖。有地下式和半地下式两种，地上部分垒成土墙，窖顶用木料、秸秆、泥土等做成棚盖，顶上开设天窗。在高寒地区，窖顶泥土很厚，有的厚达40～50厘米。一般窖深1～1.5米，宽1.5～2米，坐北面南，南面设门，人员可以进出，便于检查和管理。

有的利用井窖贮藏山药，这在地下水位低的黏重土壤地区较多。这种井窖深入地下3～4米，是一种坚固耐用的蔬菜贮藏窖，一经建窖，可使用多年。窑窖也可以贮藏山药，但都在土质坚实的山坡处，依坡挖窖，坐南向北，朝北开门，很多蔬菜都可以采用这种方式贮存。

(三) 堆 藏

较为温暖的山药产区常采用室内就地堆藏的办法。堆藏时，在地上铺好秸秆，山药与秸秆按同一方向摆好，摆一层山药，放一层秸秆，可以堆放1米高，然后在上面盖好秸草。随着气温的下降，要加厚秸草，并覆盖塑料薄膜。也可以用沙土代替秸秆，一层山药一层沙，每层沙土厚度为5～6厘米，最上面盖上10厘米厚的湿沙后，加盖塑料薄膜。我国中北部地区的老产区，如果零星栽培，收获的山药有不少是堆放在家中贮藏的，这既可避免冷害，又方便管理，取用自如。小量出售，可以随取随卖。

扁山药和圆山药产区，由于多在温暖地带，因而应用山药室外贮藏方式较多。贮藏山药时，一般选在排水良好的地段挖浅沟，可以将山药堆放至离地面50～60厘米处，再在上部覆盖10厘米厚的土即可。

(四) 冬藏注意事项

长山药的冬季贮藏，在我国北方主要是防止山药受冷害和冻害的问题。虽然说山药在冰点的温度条件下，甚至短时间的－3～－4℃，均不会受冻，但从市面上出售的长山药来看，尤其是在冬至到立春这一段时间，买到的山药常有受冻害的现象。因此，一定要注意在贮藏和销售中加强对山药的防冻保护，以提高山药的商品价值。当然，温度过高也会烂薯，这也需要加以防止。

准备作冬藏的山药，一定要在霜降以前收获，不可过晚。过晚时气温会进一步下降，山药很易遭受冷害，形成褐斑或发生褐变。在低温下，山药块茎内的淀粉降解为还原糖，味变甜，烹调时颜色变褐。低温还会使山药抗性减弱，常常引起青霉菌、镰刀菌等一些腐生性强的病菌的二次感染，扩大腐烂。有时候气温骤冷，还会使山药细胞间隙及细胞内结冰，形成冻害。收获后的山药，脱离了母体，但仍是一个活的有机体，其生命活动还在继续进行，不但不能再从母体那里获得水分和养分，还要消耗自身的营养。它的整个代谢过程，实际上是在向衰老败坏的方向发展，只有掌握好收获适期，才能减缓这一过程的进行。

收获时山药含水量高，组织脆嫩，极易造成损伤，在挖掘、拔起、包装、运输等过程中，只要有一个环节不注意，就会使山药皮层擦破或被折断，伤口外露，造成感染和烂薯，甚至全窖腐败。为了避免出现更多的创伤，最好是连同山药嘴子一起整株贮存。有伤口的山药，要尽量设法在温度较高、湿度较小的条件下，将其伤口风干，形成愈伤组织。这时，温度越低，湿度越大，越不利于山药伤口周皮细胞的木栓化，也不利于木栓组织的增厚。有人试验，在30℃的温度和55%的空气相对湿度条件下，山药的愈伤组织形成最快。2天就有1～2层细胞转化，7天即可形成愈伤组织，10天便有几层细胞木栓化，极有利于山药的安全贮藏。当然，也可以在有伤口的地方涂上石灰粉杀菌，然后再贮存。

中国农业大学山药课题组研制的一种山药保护剂对于造成山药

腐烂的病原微生物有良好的杀灭作用。这是一种高效、无污染、纯中药的山药贮藏与保鲜保护剂，降低山药块茎腐烂率的效果明显，腐烂降低率在70%以上，并且可使山药的贮藏时间延长30～60天。使用这种保护剂能使消费者在春夏季享用到高品质的山药产品，也能保证山药产销者获得较高的经济效益，具有广阔的应用前景。

二、夏季贮藏

夏季贮藏要比冬季寒期贮藏难，不是随便堆在哪个地方就行的。因为冬季贮藏期实际上是山药长达5个月的休眠期。在山药休眠期中，只要给它一定的温湿度条件，一般情况下它也不会发芽，就是山药豆也只生根不会发芽。但是，夏季山药贮藏就不同了，其首要任务就是抑制山药萌芽。

（一）严格控制温度和湿度

进行山药夏季贮藏，需要注意的是抑制其萌芽的手段，关键是严格控制温度和湿度，使夏季贮存温度始终保持在2～4℃，炎夏也不能超过5℃，空气相对湿度则应高一些，以保持在80%～90%为宜。由于温度和山药的各种生理生化反应的速度呈正相关，因此温度对山药衰老和变质败坏的影响至关重要。只有控制温度，才能控制山药营养物质的转移，使山药继续保持休眠，抑制其发育和成熟。山药的呼吸强度并不是很高，但在这个时期的贮存过程中，温度即使提高0.5～1℃，也会起到破坏的作用。因为呼吸要消耗碳水化合物、蛋白质和脂肪，过多过快的消耗，会使山药的营养价值迅速下降。所以，控制温度，使山药保持正常缓慢的呼吸作用，是山药贮存保鲜和抑制萌芽的关键所在。

（二）使用生长抑制剂

抑制萌芽的另一个手段，是使用生长抑制剂。1960年以前，人们只知道酚类物质是植物体内的生长抑制剂，后来才知道山药体内也存在一种叫脱落酸（ABA）的天然抑制剂，其抑制活性比酚类强百倍，目前该制剂已可人工合成。处理山药用的青鲜素（MH）就是很重要的一种人工合成脱落酸类似物。只要是准备作夏季贮藏的山药，就应该使用青鲜素进行处理，处理越早越好。试验证明，应用青鲜素处理山药，可以诱导山药芽和块茎进行休眠，延迟萌发，还可增强细胞的保水力，以及促进山药块茎和零余子与植株形成离层，便于收获。因为它的结构与核酸中的二氧嘧啶很相似，它进入山药体内可代替后者的位置，阻止代谢产物的合成，也就抑制了山药的生长。

据试验，在8月5日用0.3%青鲜素喷布山药植株茎叶，于8月30日收获后放在室内，山药块茎损失很少，且经青鲜素处理后，山药先端还会变得钝圆，与成熟的山药没有两样。同时，山药干物率也有所提高。4月掘起并准备入窖贮藏的山药块茎，可在现场喷布青鲜素，同样有效。对于扁山药，以0.2%青鲜素处理扁山药植株，不仅可以增厚块茎的皮层，还增加了固形物和黏液的含量。但青鲜素对有些山药品种处理效果不显著。

第十五章　山药加工与开发利用

山药是药食兼用的重要农产品，既具有重要的食用价值，又具有重要的医疗保健功效，是大众喜爱的药中珍品和美食佳蔬，在国内外市场很受欢迎，经济效益很高，社会效益显著，发展前景广阔。近年来，山药的加工和开发利用有了很大发展，在人类生活中的重要地位和作用越来越被人们所认识。

一、山药保健食品的加工与开发利用

山药是人类食用最早的植物之一。早在唐朝诗人杜甫的诗中就有“充肠多薯蓣”的名句。山药块茎肥厚多汁，又甜又绵，且带黏性，生食熟食，都是美味。根据山东省农业科学院对汾阳长山药的检验结果，其块茎中平均含粗蛋白质 14.48%，粗纤维 3.48%，淀粉 43.7%，糖 1.14%，灰分 5.51%，钾 2.62%，磷 0.72%，钙 0.12%，镁 0.14%，铁 53.57 毫克/千克，锌 29.22 毫克/千克，铜 10.58 毫克/千克，锰 5.38 毫克/千克。

人类所需的 18 种氨基酸中，山药中含有 16 种。另外，山药含有丰富的维生素和矿物质，以及占干重 8%的黏液物质，营养价值都很高，而且容易被人体吸收利用。此外，山药还含有一些特殊的对人体非常有用的物质，如山药次生代谢产物尿素、皂苷元、胆碱、多巴胺、去氢表雄酮等。为此，从古至今，人们都是无病时吃山药，有病时也吃山药。食用山药能够起到益气力、长肌肉、耳聪目明、延年益寿的作用。以下着重介绍一些传统的和新开发的山药风味小吃。

（一）山药粥

在众多的粥品中，用山药熬制的各种米粥历来都被推为上品，被称为“神仙粥”，对于身体虚弱、肾气亏损、盗汗脾虚、羸瘦腹泻者具有很好的滋补和保健效果。

1. 小米山药粥　用小米100克、山药200克。先将山药洗净切块放入锅内，加水适量煮30分钟，然后再将洗净的小米加入锅中继续煮沸，待山药绵软后起锅即成。常喝小米山药粥，对治疗体虚乏力、泄泻、失眠等症有益。

2. 糯米山药粥　先将糯米50克洗净，浸泡一夜，加入洗净炒熟的山药100克、砂糖和胡椒煮成粥，食用后可调理久泄，兼补肾精，固肠胃。若将零余子入粥同煮，效果更好。

3. 扁豆怀山粥　用山药150克、扁豆75克（炒熟）、大米100克煮成粥，可治脾胃虚弱、食欲不振、食少久泄、小儿疳积等症。

4. 八宝粥　将山药、红枣、芡实、薏米、白扁豆、莲肉、桂圆、百合各50克，洗净放入锅内，加水适量，煎煮40分钟，然后加入大米150克，继续煮烂成粥。

如用茯苓、党参、白术代替红枣、桂圆和百合，效果更好。但煎煮后需将党参和白术药渣捞出，方可加米共煮。食用时可加适量冰糖。对治疗体虚乏力、虚睡、泄泻、失眠、口渴、咳嗽、少痰等症有益。

5. 山药粟米粥　山药25克，粟米或大米50克，白糖适量，按常法煮成粥，加入白糖调食。每日1～2次，对治疗脾胃虚弱所致的消化不良、食少、腹泻等症有益。

6. 山药羊肉粥　羊肉300克，煮熟后研成泥状，山药500克捣碎，将羊肉汤和羊肉泥、山药、糯米150克同煮。煮好后加适量精盐、生姜、味精等调料，酌量分次温热食用，对于治疗泄泻，水谷不化，食欲不振，食后脘闷不舒，稍进油腻之物则大便次数增多，脸色萎黄，肢倦无力以及舌质淡红、苔白、脉缓弱等症有益。

7. 人参山药鸡粥　鸡肝150克开水焯后待用，用鸡身做15杯清汤，鸡肉撕成丝状，人参5克或用参须切成片粒备用。将人参片和一杯米放入鸡汤内煮粥，煮到六成熟时加入山药10克，待米煮软时加入切成薄片的鸡肝和鸡肉丝，并加盐调味。这种粥适于老人、病人和体质虚弱者食用。

8. 淮山芡实瘦肉粥　取大米100克洗净，用精盐少许腌拌，放入开水中先熬粥，而后将山药150克，洗净的芡实50克（切块并用水稍浸），瘦肉300克（洗净并切块），放入粥内同熬，最后用精盐调味食用。

熬各种山药粥所用大米，以粳米为好，尤以春稻为美，丝苗米最佳。一般将米洗净沥干后，最好以少许盐拌匀，再加适量生油，粥味更觉甘香。熬肉粥和咸味粥加水应稍多些，熬甜粥加水应稍少些。配料中加果蔬时，要等米煮熟后再下锅。熬肉粥时要有好粥底，即在煲白粥时加上猪骨、腐竹、鱼干等材料，使粥味道更好。

（二）山药糕

山药色白，细软，黏性很大，很容易做成山药泥。山药泥与米粉、面粉等掺和一起，可做成各式美味糕点和佳肴。

用山药泥制作的食品中，以甜味者居多。山药泥的制法，各地有所不同。一般做法是先将山药清洗干净，削去外皮，上笼蒸熟或下锅煮烂。蒸时要火旺气足，一次蒸好，充分吸收水分，变得烂糊，然后反复揉至细软糊状。用山药泥可做成各种山药糕，也可用于调味做馅。

1. 山药玉米油炸糕　用70%山药泥和30%玉米面揉和在一起，包上红糖等甜馅做成圆饼状，下油锅炸成。这种炸糕色鲜味美，甜软可口，营养丰富，老少皆宜。

2. 山药豆馅糕　鲜山药500克，豆馅150克，京糕（即山楂糕）150克，面粉60克，糖150克，青红丝少许。将山药洗净去皮蒸烂挤成泥，加入面粉中搓成面团，把面团擀开铺平，抹平豆馅，摆上京糕，撒上白糖、青丝、红丝，切成条状入笼蒸熟即成，经常食用可补脾胃，助消化，尤其适合幼儿食用。

（三）山药饼

1. 山药玉米面饼　用30%山药、60%玉米面、10%白面，加入适量红糖或白糖做成。先洗净山药，上笼蒸软，去皮后挤压成山药泥，加入红糖或白糖做成饼馅。玉米面加入白面和好待发，用半发的面做皮，包成圆饼，上笼蒸熟。该食品为粗粮细作，味道很好。

2. 山药蒸月饼　用30%山药、70%白面，加入适量糖精做成。将山药洗净去皮蒸软（或先蒸后去皮），抹成山药泥后加入糖精做成馅，发面做皮，包成月饼形状，入笼蒸熟，再用可食红色颜料点缀即成。这种月饼甜软适度。

3. 山药山楂饼　用山楂（去核）、山药、白糖做成。先将山楂和山药洗净蒸熟，冷后加糖搅匀压成薄饼食用。这种饼能健脾消食、和中止泻，对治疗小儿脾虚久泻、食后腹胀、不思饮食、消化不良等病症有益。

4. 一品山药饼　用鲜山药500克、面粉150克、白糖150克，以及核桃仁、什锦果料、蜂蜜、猪油、淀粉少许。将山药洗净、去皮，蒸熟后放入大碗中，加面粉揉成团放面案上做成圆饼状，摆上核桃仁和什锦果料，上笼蒸20分钟，在圆饼上浇一层糖蜜汁即成。这种饼可滋阴补肾，增进营养，适用于肾阴亏损而致消渴、尿频、遗精等病症的病人食用。

5. 蜜汁山药饼　将山药250克洗净去皮，上笼蒸熟后做成山药泥，用白面50克和在一起，加入白糖和蜂蜜少许，包入澄沙（即细豆沙），制成直径4厘米的圆饼，下油锅炸成金黄色时捞出即成。这种饼蜜甜绵软，富含营养。

（四）山药风味小吃

1. 山药馅包子　用山药60%、白面40%做成。山药洗净削皮，上笼蒸熟，挤压成泥，加入糖精或红、白糖做成糖馅，白面用开水和好做皮，包成三角形或圆形的包子，上笼蒸熟即成。这种包子甜软适口。

2. 头脑（又名八珍汤，太原小吃）　头脑是山西特产，闻名全国。将羊肉切成小块，每块50～100克（5千克肉可做40碗头脑），放在60℃的热水锅里用旺火把肉煮熟后捞出，晾在案板上，原汤倒在缸里备用。

用白面2千克上笼蒸熟，晾凉擀开，细箩筛过，用冷水泡上待用。将黄酒糟400克用冷水浸泡1小时后过箩，滤净渣滓备用。

将山药1千克洗净切成滚刀片，将莲菜1千克切成半月片。把清好的汤和糟水倒在锅里，旺火煮沸，水将开时撇去脏沫，将肉和黄酒1.6千克下锅，开锅后将肉捞在盆里，用原汤泡住，并将泡好的熟面放入对成糊汤。吃时，将山药、肉、莲菜等分成四等份盛在碗里，加些羊尾巴油丁，灌上糊汤，即成头脑。

3. 山药元宵　用鲜山药150克、糯米粉250克、白糖150克以及胡椒面少许做成。将山药洗净去皮，蒸熟后压成泥，加入白糖、胡椒粉拌匀。糯米粉加水适量揉成软面团，包入山药馅即成。山药元宵，可随做随吃，能补肝肾，健脾养胃，对治疗肾虚精亏、腰腿无力、食欲不振等病症有益。

二、山药菜肴的加工与开发利用

山药是很好的副食品，可做出许多美味菜肴，其中所含的营养元素，有很多是其他蔬菜所没有的。

用山药烹饪菜肴的种类和方法，古书《素食说略》及《遵生八笺》中早有详细记载，现今用山药已可做成上百种美味佳肴，或红烧或白煮，或与肉共炒，可荤可素，或咸或甜，深受大众喜爱。以下介绍几种用山药做成的菜肴。

（一）拔丝山药

这是最普通的山药菜。用山药 200 克洗净去皮，切成滚刀块，下油锅炸成黄色，捞出后将油撇去。锅中放入白糖 75 克，小火炒成糖色。然后将山药放入，翻锅撒芝麻 5 克，待糖全部滚在山药上后，出锅装盘即成。上盘时随带冷开水 1 碗，吃时把山药在冷水里稍微蘸一下，以防烫嘴。拔丝山药具有香、甜、脆、嫩的特点，而且能拔出丝来。

（二）罗汉排骨

用山药 150 克，洗净去皮切成 3 厘米长的小段，再顺长切成 12 片，一般为 0.9 厘米宽，0.6 厘米厚，再用面筋 150 克分别缠在每片山药上，但两头要露出山药来，下热油锅炸成金黄色捞出，即成排骨形状。锅中少放一点水，加入白糖 75 克和少许精盐，上火熬成浓汁，倒入“排骨”，使糖全部裹在“排骨”上，最后撒上芝麻仁。这种山药菜的特点是香、甜、酥、脆、咸。

（三）喇嘛素糖醋三样

取山药 100 克，洗净去皮，切成火柴棍粗细；大青椒 50 克，切成同样细丝；把食用琼脂用水泡湿。将熟面筋50克和山药、辣椒三丝调色，用食用琼脂捆成12捆，同蛋清、粉面糊调在一起，下热油锅炸成金黄色后捞在盘里。锅里放油，上火加热，把白糖40克和酱油、葱花、姜米、蒜泥、醋放在一个盘里，加点豆制汤，放入淀粉25克，倒在锅里烹成糖醋汁，浇在上面即成。吃时甜酸适度，十分可口。

（四）素鸭蛋

取山药250克，洗净、去皮、蒸熟，压成山药泥，和味精、粉面、精盐拌在一起。用胡萝卜100克，去皮煮熟后压成泥。锅里少放些油，上火加热，先放胡萝卜泥，加点精盐稍炒一下，倒在碗里，制成3个圆球，再把山药泥做成3个圆饼，包住胡萝卜球，团成鸭蛋形状即成。吃时又软又香。

三、山药饮料、果酱的加工与开发利用

山药可加工成各种饮料、果酱和罐头，这些加工食品上市后很畅销，深受大众喜爱，很有发展前途。

（一）山药饮料

1. 山药奶汁加工法

(1) 原料　鲜山药、蔗糖、明胶、柠檬酸、香精、山梨酸钾、奶粉。

(2) 设备　高压灭菌锅、胶体磨、多用绞肉机、烘箱、自动电位滴定计。

(3) 生产工艺流程　选料→清洗、刮皮→切片烘干→研磨加水煮沸→调配装罐灭菌→成品。

(4) 配方1　每1 000克饮料含山药粉80克、蔗糖120克、柠檬酸0.8克、明胶4克，饮料pH值为3.30，糖度10%～12%。该配方风味较好，但稍有沉淀。

(5) 配方2　每1 000克饮料含山药粉80克、蔗糖120克、柠檬酸1.2克、奶粉50克、山梨酸钾1克，饮料pH值为3.46，糖度11%。该配方酸甜可口，黏度合适。

(6) 操作注意事项

① 奶粉首先要配成浓度5%的奶液，并加热到50℃左右，把相同温度的蔗糖液倒入后充分搅拌，同时缓慢加热至85℃，然后冷却，再把柠檬酸加入，连续搅拌15～20分钟。

② 山药奶汁中可适当添加少量食用香精，可掩盖部分山药味，使饮料风味更佳。

③ 灭菌一般采用巴氏灭菌法（80℃），时间20～30分钟。注意在高温下灭菌，控制时间要适当，否则会使蛋白质变性沉淀。

2. 山药蜜汁加工法

(1) 原料　鲜山药、蜂蜜、蛋白糖、柠檬酸、维生素C、食品级氯化钠和氯化钙。

(2) 生产工艺流程　选料→清洗刮皮→切片护色→加水煮汁→冷却榨汁→过滤果汁→与配料调配→装罐封口→杀菌冷却→检验成品。

(3) 操作注意事项

① 复合护色剂配方应选用0.25%维生素C、1%食品级氯化钠、0.5%食品级氯化钙、0.3%柠檬酸，浸泡山药片30分钟为宜。该配方不存在二氧化硫等有害物质，护色后不用冲洗，这样既能增加成品的抗氧化能力，防止褐变，又能增加成品的营养价值。

② 山药片经护色后，最好加10倍水煮15分钟后压榨取汁，这样蜜汁的风味浓，且不易褐变。

③ 调配糖酸比的配方，宜采用0.15%蜂蜜、0.18%蛋白糖、0.11%柠檬酸，这样调制出来的成品风味好，且适合中老年人饮用。

④ 在100℃下灭菌处理10分钟，可以很好地保持色、香、味，成品质量稳定，山药风味浓郁。

3. 山药酸奶加工法

(1) 原料 鲜山药、脱脂奶粉、双歧杆菌、乳酸菌、蔗糖、稳定剂羧甲基纤维素钠和藻酸丙二醇酯、柠檬酸、维生素C。

(2) 生产工艺流程 选料→清洗去皮→护色熟化→搅匀、打浆、调配均质→定量装瓶灭菌→加入双歧杆菌和乳酸菌的混合菌群，发酵后即为成品。

(3) 操作注意事项

① 护色配方应选用0.15%柠檬酸与0.5%维生素C混合液。

② 稳定剂配方选用0.15%羧甲基纤维素钠和0.15%藻酸丙二醇酯的混合液。

③ 调配的脱脂奶液与山药泥的比例为3∶7。

④ 发酵温度应保持在40℃左右，发酵时间为10小时。发酵的菌种乳酸菌与双歧杆菌的比例保持在1∶5为宜，接种量保持7%较合适。蔗糖含量保持9%为宜。这样加工出来的成品，外观乳白色，口感细腻，并具有弹性，风味独特。

(二) 山药枸杞果酱

(1) 原料 鲜山药、新鲜枸杞、卡拉胶、蔗糖、柠檬酸、山梨酸钾。

(2) 生产工艺流程 鲜山药经预处理、破碎打浆、均质→卡拉胶经清洗、浸泡、热溶解、过滤→新鲜枸杞经清洗、浸泡、打浆、均质→蔗糖经热溶解、除杂、过滤→调配加热浓缩→热装罐、密封、杀菌、冷却→检验成品。

（3）配方　山药泥30%～35%，枸杞泥5%，卡拉胶3%，山梨酸钾0.01%，蔗糖20%～30%，柠檬酸少许。

（4）操作注意事项

① 卡拉胶清洗干净后，要在凉开水中浸泡2～3小时，吸足水分后再加热煮沸溶解。

② 蔗糖加热溶化后，先配成60%的溶液，清除表面杂质，再经糖浆过滤机过滤后使用。

③ 将各种原料调配好后，应搅拌均匀后，再加热到85℃左右，使其充分混匀。

（三）山药清水罐头

（1）原料　鲜山药、精盐、食品级氯化钙、柠檬酸。

（2）生产工艺流程　选料→清洗去皮→护色→分切预煮→装罐注液→排气、密封、杀菌→冷却、擦干、保温→检验成品。

（3）操作注意事项

① 用流水洗净山药外皮上的泥沙，注意不要损伤山药外皮。洗净后，用不锈钢刀去皮，并尽快投入护色液中护色。

② 应采用复合护色剂护色，配方为0.2%柠檬酸、0.2%食品级氯化钙和0.5%精盐，护色时间保持5～6小时。

③ 应根据罐型结构，把山药块茎切分成方块形或长圆柱对剖形。

④ 山药和预煮液的比例，应保持在1.5∶1。先将水煮沸后再倒入山药块，重新沸腾后保持微沸10～15分钟。预煮时应及时搅动，避免煳锅。

⑤ 装罐液中应调入0.1%柠檬酸、0.5%精盐，保持pH值3左右。煮沸过滤后趁热装罐，并留出5～8毫米的顶隙。

⑥ 成品在恒温箱中保温7天，每天观察胀罐情况，合格后方可出厂销售。

四、山药的药用与加工

山药是山中之药，食中之药，不仅可以做成保健食品，而且具有治疗疾病的药用功能。

（一）山药的药用功能

1. 山药可治诸虚百损，疗五劳七伤　《本草纲目》中指出："山药治诸虚百损，疗五劳七伤，去头面游风，止腰痛，除烦热，补心气不足，开达心孔，多记事，强筋骨，益肾气，健脾胃，止泻痢，化痰涎，润皮毛。生捣贴肿，硬毒能治。"

《医学衷中参西录》中的玉液汤和滋培汤，以山药配黄芪，可治消渴、虚劳喘逆。

山药能止泻痢。通变白头翁汤、扶中汤、薯蓣汤等都是含有山药的粥汤，对泻痢很有疗效。补脾健胃也是山药的重要作用。

山药块茎中含粗纤维，可刺激肠胃道运动，促进肠胃内容物排空，有助于消化。单吃山药效果就很好，若与其他药物配合，如山药与鸡内金、车前子等配伍，对婴儿秋季腹泻等消化不良症疗效甚好。

2. 山药可降低血压　中药六味地黄丸、八味地黄丸、归芍地黄丸等，都是有山药配伍的有名方剂，不仅用于治疗肾虚，还用于治疗高血压、糖尿病、哮喘、神经衰弱和腰腿痛等病症。

3. 山药可以延缓衰老　现代科学证明，山药能使加速有机体衰老的酶的活性显著降低。比如，六味地黄丸可治疗慢性肾炎、高血压、糖尿病、神经衰弱等病症。知柏地黄丸可治疗强直性脊椎炎和妇科胎漏、崩漏、阴痒、经闭等阴虚火旺症，归芍地黄丸可治耳痛耳鸣、阴虚自汗等。含山药的八味地黄丸，主治产后虚汗不止。保元清降汤、保元寒降汤，可治吐血和鼻出血。寒淋汤和膏淋汤，可治淋浊。山药还可治肺结核、伤寒及妇女经带病症，这都有利于延年益寿。

4. 山药具有一定的抗肿瘤作用　山药块茎富含多糖，可刺激和调节人体免疫系统，因此常作增强免疫能力的保健药品使用。山药多糖，对环磷酰胺导致的细胞免疫抑制有对抗作用，能使被抑制的细胞免疫功能部分或全部恢复正常。山药还能提升白细胞的吞噬作用。

另外，山药中所含的尿囊素，具有麻醉镇痛作用，可促进上皮生长，消炎和抑菌，常用于治疗手足皲裂、鱼鳞病和多种角化性皮肤病。

前面介绍的是山药作为主食和副食进补，后面是讲山药作为汤剂方药健身，这都说明了山药有一定的药用价值和滋补作用，为历代医学家所重视。因此，经常食用山药，有益于健康。

（二）山药药材加工

山药作为药用，需要对鲜山药进行加工，制成毛条或光条。把山药加工干制成药材，主要有以下 3 种方法（以长山药为例）。

1. 毛条加工方法　加工前要选好料，宜选长 20 厘米以上、直径 3 厘米左右、无病虫与霉烂、条直的山药块茎。选好料后，将块茎先端（栽子部分块茎粗硬，药用品质不好，不宜入药）全部切除，将块茎放入水中洗净泥土，泡在水中用竹刀刮净外皮及须根，放入熏炉中熏干。每 100 千克去皮鲜山药，用硫黄 0.5～1 千克熏蒸 12 小时左右。如果山药含水率较高，可适当延长熏蒸时间。

熏炉用砖砌成，一般长 1.6 米，宽 1.2～1.4 米，高 1.2 米。熏炉下部一侧设一炉口，炉口宽和高各 12 厘米左右，里面放入燃硫黄容器。炉内四周用砖支起，在离地面 20 厘米处架上一排木条，间隔

20～30厘米，将山药块茎放在木条上。装满山药后，用麻袋、草包等盖严上部，然后点燃硫黄熏蒸。用硫黄熏蒸后，块茎色泽洁白，变软，内部水分渗出，然后再烘干即可。有的地区是先用硫黄熏蒸5～6小时，取出晒至外皮稍干后再入炉熏蒸，如此反复熏蒸至干为度。用火烤烘干时，火力要小而匀，防止出现块茎烤焦或造成块茎外干里湿、发空等现象。

毛条加工完成后，表面应该达到黄白色或棕黄色，纵皱及栓皮明显，断面洁白色，并有少量须根痕，质地坚实而不易折断，直径在1.5厘米以上。味甘，微酸，嚼之发黏。

2. 光条加工方法　光条一般用毛条山药进一步加工而成。块茎熏硫黄后，趁其尚软时放在光滑桌案上，再用一光滑小木板把山药搓成圆柱形（如果山药已经干燥，需用净水泡软无干心时再搓）；然后用刀切齐，晒干。之后，用小刀刮净山药块茎上的病斑及残存表皮，再用细木砂纸搓磨，直至山药块茎外表平滑、洁白，两端平齐，立放时能站住为好。有些地方将光条搓挂上绿豆粉浆，而后再晒干，效果很好，商品价值较高。

3. 山药片炮制方法　山药加工成光条后，还不能直接入药，一般须先切成山药片，再经过麸炒炮制才可入药。具体方法是：按山药片10千克、麸皮2千克、蜂蜜100克、白酒（50°左右）50毫升的比例备料。炮制前，将麸皮、蜂蜜、白酒拌匀置于锅内，加火炒至冒烟时，倒入山药片并不断翻搅，用中火炒至山药片发黄为止，放凉后筛去麸皮即成。这种炮制法，蜂蜜能增强山药片的光泽度，白酒能除去麸皮熏烤气味，并使山药片色泽清亮，气味香甜。

炮制山药片也可采用如下方法：先取碾细过筛的灶心土置于热锅中，加入经过挑选的大小一致的生山药片，然后均匀翻炒，当感觉山药片由硬变软，又由软开始变硬时，即可立即出锅，筛去土后平摊放凉，装入纸袋中即成。

第十六章 山药其他问题答疑

1. 老百姓认为山药是大补之药，具体补什么？为什么山药能够补肺？

从中医营养学的角度，山药不能算是大补药，因为山药是一种可以日常食用的菜药粮三用作物，它能平补气阴，所以山药应该是平补药。大补药是不能日常食用的，比如说，人参就不能日常食用，必须在医生的指导下对症下药，定期服用。

现代药理学研究表明山药具有滋补、助消化、止咳、祛痰、脱敏和降血糖等作用。

中医认为山药味甘性平。归脾、肺、肾经，益气养阴，所以山药不仅补肺，还补脾肺肾。中医还有一种说法，山药块茎肉白色，白色入肺，可补肺平喘止咳；山药味甘，微甜，可入脾；山药黏液是滑的，所以它也入肾；还可以固精止带。凡脾虚食少，体倦便溏，及妇女带下，儿童消化不良的泄泻等皆可应用。

2. 请进一步谈谈山药的营养和药用价值？

据测定：山药每500克约含蛋白质7.1克、糖67克、钙67毫克、磷200毫克、铁1.4毫克、热量1239千焦（296千卡），还含有丰富的维生素A。李时珍在《本草纲目》中评价它是“健脾补益、滋精固肾、治诸百病，疗五劳七伤”的佳品，常吃可以益肾气、健脾胃。《神农本草经》将其列为补虚上品，有“小人参”的美誉。

山药是一种菜药粮兼用的农作物，是很多中成药的主要成分，总结起来，山药的功效颇多，主要有以下4点。

(1) 健脾益胃、助消化

山药含有淀粉酶、多酚氧化酶等物质，有利于脾胃消化吸收，是一味平补脾胃的药食两用之品。不论是脾阳亏还是胃阴虚，皆可食用。临床上常与胃肠饮同用治脾胃虚弱、食少体倦、泄泻等病症。

(2) 滋肾益精

山药含有多种营养素，有强健机体、滋肾益精的作用。

(3) 益肺止咳

山药含有皂苷、黏液质，有润滑、滋润的作用，故可益肺气，养肺阴，治疗肺虚痰嗽久咳之症。

(4) 延年益寿

山药含有大量的黏液蛋白、维生素及微量元素，能有效阻止血脂在血管壁的沉淀，预防心血疾病，具有益志安神、延年益寿的功效。

3. 请简要介绍一下山药中医方剂的情况？

根据中医方剂中常见的六百多首山药方进行统计分析，结果表明，山药在中药方剂中最常配伍的药物类别依次是：补益药、利水渗湿药、收涩药、清热药、安神药、温里药。很多中医名家都喜欢用山药配伍入药，比如民国期间的著名中医张锡纯对山药情有独钟，用它治疗了很多疑难重症。据文献记载，张锡纯不用其他中药，仅用山药水就治愈过危重病人。

4. 哪些人不宜大量食用山药？

山药对普通人来说是良药，但对以下4类人来说，不能大量食用。一是便秘的人。山药中含有丰富的淀粉，对容易便秘的患者，应该远离或少吃山药。因为山药属温补食材，便秘患者吃山药，无异于火上浇油。二是爱吃麻辣火锅的人。很多人喜欢吃麻辣火锅，但麻辣火锅本属辛辣上火之物，如果在吃火锅的时候，加上山药，更会使人上火，从而导致咽干咽痛、上火长痘。三是糖尿病患者。

虽然说山药含有的黏液蛋白有降低血糖的作用，但山药属根茎类作物，淀粉含量较高，如果过多食用反而不会降低血糖，甚至会导致血糖升高。因此，患有糖尿病的人不可一次吃过量的山药，如果某些患者偏爱食山药，那么应适当减少主食的量，否则就会适得其反。四是前列腺癌症患者和乳腺癌患者。山药中含有的薯蓣皂苷元成分，在人体内可以合成激素，如睾丸激素和雌性激素。因此，对于男性患有前列腺癌、女性患有乳腺癌的病人来说都不宜大量食用。

5. 山药具有美容养颜功能吗？

山药的确有一定的美容养颜功能，主要是因为山药含有一定比例的赖氨酸。赖氨酸是合成胶原蛋白的重要成分，胶原蛋白有助于提高皮肤弹性，预防皮肤早衰。

6. 山药有防困提神效果吗？

山药含有比较丰富的钾元素。钾元素可调节人体酸碱平衡、防止血压上升，又能够防止血压过低，稳定的血压可以清心怡神，具有防困提神效果。

7. 山药有食用最佳季节吗？怎么吃最科学？

山药营养价值丰富，一年四季都适合食用，最适合的季节是冬季和春季。作为美食，山药的做法多种多样，既可以“拌”“炝”“炒”，又可以“炖”“焖”“烤”，随个人的喜好，想怎么做就怎么做。但从营养的角度讲，蒸和煮破坏营养成分小，是上选吃法。

8. 山药黏丝是什么？山药去皮的时候为啥手痒，和芋头的原因一样吗？

山药黏丝就是山药的黏液质，它是一种多糖蛋白，其中大约含蛋白质 1.36％、多糖 1.50％、水分 96.57％、脂肪 0.06％。山药去皮时的黏液，就是山药黏丝，其中的糖蛋白和薯蓣皂苷会刺激皮肤引起过敏手痒。和芋头的原因基本一样。山药煮熟以后蛋白质变性，过敏性则降低或消失。

9. 山药生吃会过敏吗?

通常来讲，生吃不会过敏，但山药含有异体蛋白和一些生物碱，敏感人群会发生一定程度的过敏反应（如接触性皮炎）。山药煮熟以后，异体蛋白质变性，生物碱含量降低，食用后就不会再发生过敏或者过敏减轻。山药中含有少量生物碱，它对人体是有好处的，但有些过敏体质的人会对这种碱性物质过敏，导致入口食用后嘴里发麻，这是正常反应，不能算作过敏。

10. 哪里的铁棍山药好?

铁棍山药又称河南怀山药，主要是在河南省焦作地区栽培，在山东、河北、陕西等地也有少量栽培，其中以焦作温县地区的品质较好。

11. 淮山药是怀山药还是麻山药?

淮山药既不是怀山药，也不是麻山药。它有时候是山药的统称，有时候也专指一种江苏省淮北地区栽培的传统品种，当地俗称毛山药。此品种肉质绵软，品质优良。块茎长圆柱形，长80～100厘米，直径为3～4厘米。植株生长势中等。蔓长3米，叶片较大，缺刻小，叶脉7条，基部叶片互生，其余对生，间有轮生。块茎颜色较深，为深褐色，须根较多。淀粉含量较高。瘤密，肉白，质紧。叶腋间着生零余子。每公顷产山药25～30吨。淮阴市灌南县等地栽培面积较大。晚熟，生育期为220天。

12. 梧桐山药作为广受欢迎的全国农产品地理标志产品，它有什么典故吗?

梧桐山药产地位于山西省孝义市东部平川区域梧桐镇，属山西台背斜及新生代内陆断陷盆地（即太原盆地的西南缘，吕梁台背斜的东翼）。区内由西向东基本上呈北东、东南的单斜构造，地层出露主要为古生界和新生界地层，地势平坦，土地肥沃，水利条件较好，为山药优质产地。

据史料记载，战国时期，魏将吴起曾在梧桐镇屯兵镇守西河，故名吴屯，后村内建崇相寺，寺内广植梧桐，民间俗语有“家有梧桐树，招得凤凰来。”村民以祥瑞谐音更名梧桐。在当时，这一带已开始有山药种植。魏将吴起在此屯兵期间，为弥补粮草不足，调节军营伙食，带领士兵并动员乡民广种山药，因此在这一时期，梧桐山药开始获得发展。据说吴起常用山药做成菜肴，招待当地的官员、名流及往来的客人，其中以清蒸山药和拔丝山药最为出名，一直流传至今，是梧桐一带有名的美味佳肴。梧桐山药种植由来已久，明清时期，古怀庆府一带（今河南沁阳市）药商经常到梧桐收购加工山药，并在当地建起了加工作坊；在清代，因其产品具有肉质极白，质脆，易熟，黏质多，黏丝不易拉断，入口甜绵，营养丰富等特点，曾长期被作为朝廷贡品，素有“地下人参”的美称。

梧桐山药以其独特的地理环境，独特的优良品种和栽培技术，形成了梧桐山药文化。据清乾隆三十五年（1770）《孝义县志》记载：“山药谷雨时种于园地，霜降后掘地而取，南乡民多种如艺禾麦焉”。清末，石象山人的《冯济川日记》曰：“选梧桐山药，烹调拔丝山药；选西乡核桃仁，烹饪桃仁肉片，皆为本邑名菜佳肴。”民间俗语有：“梧桐的山药，蔚屯的蒜，曹村的豆腐不用看。”这三样为当地“三宝”，其中应以梧桐山药最为著名。清光绪年间梧桐山药加工成山药片还被出口到荷兰、日本等地。

2011 年 08 月 17 日，中华人民共和国农业部批准对“梧桐山药”实施农产品地理标志登记保护。

13. 山药的粗细长短弯直情况如何？山药外皮颜色、肉质粗细、果肉颜色如何？山药好品质的标志是什么？

山药块茎形状的变异较多，虽然大致可以分为长山药、扁山药和圆山药，但在各个类型中都有中间类型的变异。尤其是扁山药，块茎变化最大，有掌形的、扇状的、“八”字形的，甚至还有长形的。山药块茎形状的变异，主要是受到遗传和环境的影响，其中土壤环境的影响最大。即使各地系统分离的品种中，个体的变异也很复杂。正因为块茎的多变性，完全可以根据既定方针进行不断选择，获得优质品种。

棍棒形长山药，上端很细，中下部较粗，一般长度为60～90厘米，最长的可达2米。其直径一般为3～10厘米，单株块茎重0.5～3.0千克，最重的可达5千克以上。其肉极白，黏液很多，尖端组织色泽洁白或淡黄，且有深黄色根冠状附属物，此为栓皮质保护组织。块茎停止生长后，尖端逐渐变成钝圆，并呈浅棕色。扁山药块茎扁平，上窄下宽，且具纵向褶襞，形如脚掌。圆山药多为短圆筒形，或呈团块状，长15厘米，直径10厘米左右。大薯的形状和颜色较多，有长形的、扁形的、圆形的，五股八杈，肉为红色或紫红色。

山药外皮无伤，肉色鲜亮，含水率较低，常规营养成分（蛋白质、脂肪、碳水化合物、钾、维生素、膳食纤维等）和次生代谢产物（包括萜类、酚类和生物碱等，如多巴胺、薯蓣皂苷元、尿囊素等）含量较高，这是山药高品质的标志。

14. 山药块茎的果肉软了是不是就腐烂坏了？

山药块茎果肉变软，先检查山药的颜色，掰开一段山药，如果山药果肉颜色变成黄色或者其他颜色，那就不能食用了。若是没有变色也没有腐烂的迹象，说明山药没有坏，只是山药营养成分有一定的流失，食用口感会变差，勉强可以吃。

15. 山药买回来怎么存放可以长时间保鲜？

一般家庭放在5～20℃常温通风处保存，比如封闭的北阳台，凉爽的楼道，一般秋冬季可以存放3～4个月不成问题，很多可以保存到第二年5月。不要用塑料袋来存放山药，那样透气性不好；也不要用报纸直接保存，报纸上的铅会渗入到山药内部对健康不利；可以用餐巾纸或厨房专用纸包裹后，再用报纸包裹放好。山药保存的环境要做到四点：干燥，通风，避光，阴凉。

如果家里的冰箱有足够的冷藏空间，也可以将暂时不吃的山药冷藏保存1～2个月。为了保持口感最好带皮保存，并且不要清洗山药上的泥土，等吃的时候再洗净可以最大程度地保持原味，只需要用保鲜膜包裹好或者放入密封袋中即可。不要放到冷冻室内，不然山药受冻后口感变差。山药最好与水果隔开，因为水果在低温缓慢成熟的过程中会放出乙烯，导致山药加速生长并变质。

16. 山药种植的经济效益如何？

一般来讲，目前山药在国内种植每公顷每年纯收入在7万～8万元，有些地区有实力的山药专业大户种植面积超过100公顷，每公顷纯收入超过10万元，总收入超过1 000万元。

17. 山药在什么地区、什么季节种植较好？

山药种植首选六年没有种过山药，肥沃的、排水良好的深厚沙壤土，土层深度1米以上。山药种植的地区很广泛，全国各地都有栽培。一般在春季种植，多选在3月中下旬和4月进行，东北高寒地区在5月进行。此时气温正在逐步回升，有利于幼苗的生长，而且也有少量降雨，能提供一个温暖湿润的环境。夏季温度较高，不利于它的生长，冬季则容易冻伤幼苗。

参考文献

[1] 李时珍.本草纲目[M].北京:人民卫生出版社,1982.
[2] 忽思慧.饮膳正要[M].北京:人民卫生出版社,1986.
[3] 王士雄.随息居饮食谱[M].南京:江苏科学技术出版社,1983.
[4] 赵鸿钧.塑料大棚园艺[M].2 版.北京:科学出版社,1984.
[5] 李明军.怀山药组织培养及其应用[M].北京:科学出版社,2004.
[6] 赵冰.中国山药[M].北京:中国农业大学出版社,2020.

后　记

笔者从事山药研究与推广三十余年，时间不算短，如果孔明夸诸葛亮——自吹自擂的话，成果勉强有一些（比如曾获国家科技进步奖），也有一定影响力（比如经常接受中央电视台等各种媒体采访，经常接到各地来电来信咨询，经常参加各种山药会议），因此时不时有朋友送一顶高帽，著名的李志民老教授还亲自题写“山药之父”卷轴，希望笔者悬挂在办公室放光。

双手合十！多谢各位师长朋友！笔者自知愚钝，并没有什么大师道行，仅是努力探索的山药小兵卒，目前仍在不断前行之中。《山药》一书2001年出版，至今已有二十多年，期间再版一次，去年金盾出版社编辑老师联系笔者，希望修订发行第3版，笔者欣然同意。山药产业在近三十年的发展日新月异，各级政府和广大消费者以及广大药农、生产销售厂商愈加重视，愈加受益，当然也不断冒出新的问题、新的情况需要研究解决。

《山药》第3版结合山药产业发展的紧迫需求，把原有章节内容进一步充实完善，将先进性和实用性有机融合起来，深入浅出，图文并茂，竭力为山药产业的健康发展踔厉奋发，笃行不怠！

自勉杂诗一首！

五百劫风霜雨雪，猛回头沧海桑田。
踏征途星辰盖地，栽山药金刚宝莲。

2024年8月于中国农业大学
山药课题组梧桐山药（孝义）基地　赵冰